VOYAGES

DE

PYTHAGORE.

Culte et Cérémonies d'Isis en Egypte.

Pag. 39. Suiv.t

VOYAGES DE PYTHAGORE

EN ÉGYPTE,

DANS LA CHALDÉE, DANS L'INDE,

EN CRÈTE, A SPARTE,

EN SICILE, A ROME, A CARTHAGE,

A MARSEILLE ET DANS LES GAULES;

SUIVIS

DE SES LOIS POLITIQUES ET MORALES.

TOME SECOND.

A PARIS,

CHEZ DETERVILLE, LIBRAIRE, RUE DU BATTOIR,
N°. 16, QUARTIER DE L'ODÉON.

AN SEPTIÈME.

VOYAGES DE PYTHAGORE.

§. LVII.

Pythagore chez les prêtres de Memphis.

JE n'avais pas besoin qu'on me recommandât le silence sur une intrigue de cour, avortée : un seul objet m'occupait fortement : j'avais à cœur de connaître à fond la doctrine égyptienne. Pour parvenir au but de tous mes desirs, je crus qu'avant d'interroger les monumens de pierre, je devais m'adresser aux hommes, et d'abord aux prêtres d'Isis et d'Osiris. J'allai droit à leur temple, et me présentai à eux, muni du sceau royal. « Savans pontifes, recommandé par deux rois, justes appréciateurs de vos mérites, je viens éclairer ma jeunesse au flambeau de vos connaissances profondes, et m'initier à vos saints mystères. Les prêtres d'Héliopolis me renvoient à vous, comme à leurs aînés.

LE CHEF DES PRÊTRES DE MEMPHIS. Etranger, par la même raison, nous t'invitons à poursuivre ta route jusqu'à la grande Diospolis. (1) C'est dans cette première source que tu pourras puiser les lumières dont tu parais avide.

---

(1) *Pythagoram circum egerunt Memphitae ad Diospolitas.* Porphyr. Scheffer. XIV.

PYTHAGORE. Pontifes! je ne viens pas violer votre temple, ni vos secrets. Je ne viens pas d'une main prophane soulever les voiles de votre sanctuaire impénétrable. Je n'ai d'autres titres que mon ardent amour pour la vérité. Si la vérité n'était plus sur la terre, si on me disait qu'elle s'est refugiée dans le soleil; j'irais demander à quelque nouveau Dédale des ailes pour y monter, dussé-je m'exposer à la chute d'Icare. De graves personnages m'ont affirmé que l'Egypte renferme le temple de la Vérité; pontifes, j'ai pensé que c'était celui dont la garde et l'entretien vous sont confiés. Vous me renvoyez modestement à Thèbes : c'est déjà une leçon salutaire, un sage avertissement que vous me donnez; vous voulez sans doute me faire entendre que la vérité n'est pas un fruit mûr dans toutes les saisons de la vie. Daignerez-vous, du moins, me laisser toucher aux dernières branches de l'arbre de la science jusqu'à ce qu'un jour, avec l'âge, je puisse atteindre aux sommités de cet arbre divin? Comme on doit toujours sortir d'un temple meilleur qu'on n'y est entré, instruisez-moi, du moins, de ce que tout mortel raisonnable doit penser des deux antiques divinités dont vous dispensez les faveurs ».

A ce discours, les prêtres tinrent une espèce de conseil dont le résultat fut de nommer un d'entre eux pour me servir d'interprète. « Etranger, me dit aussitôt celui-ci : saches d'abord que par le nom d'*Isis* (1) nous entendons la vraie science, la connaissance parfaite, l'évidence des choses; et par le voile d'Isis, non

---

(1) Voy. le *traité d'Isis et d'Osiris*, par Plutarque.

pas toujours le mystère qu'il est quelquefois prudent de jeter sur certaines vérités, mais plus souvent encore, cette modestie, cette sage réserve qui caractérise la vraie science.

Typhon au contraire représente le mensonge audacieux, le faux qui se masque à la ressemblance du vrai, pour lui porter de plus surs coups et pour mieux tromper les hommes, déjà si crédules par eux-mêmes.

Nous donnons à Isis pour père tantôt Mercure, tantôt Prométhée, l'un inventeur de l'éloquence, l'autre de la musique; parce que la vérité est toujours assez éloquente; parce que la science du vrai a une harmonie qui charme l'oreille. C'est pourquoi, dans Hermopolis, on appelle Isis la première, l'aînée des muses; nous donnons aussi ce nom à la Nature, parce qu'elle est l'*ancienne* de toutes choses. *Isis* et (1) *ancienne* sont synonymes dans notre idiome.

On nomme encore Isis la justice qui n'est autre chose que l'évidence des faits, afin de rendre à chacun ce qui lui est véritablement dû.

Le choix de la couleur et de la matière de ces vêtemens retrace la pureté des principes que nous devons professer. Nous avons rejeté la laine comme trop sujette à se maculer. Un tissu de lin (2) nous couvre; et afin d'éviter toute souillure contractée à notre insçu, nous nous rasons la tête.

Nous ressemblons un peu aux momies, en cela que la ceinture qui nous soutient les reins est chargée de caractères hiéroglyphiques.

---

(1) Diod. sic. I. *bibl.*

(2) L'antiquité désignait les prêtres d'Isis par l'epithète *linigeri*. On croit que le lin d'Égypte était une espèce de coton, *byssus*.

Pythagore. J'estimais la vérité semblable à la nature, c'est-à-dire pouvant se passer de tout cet appareil.

Le prêtre de Memphis. Nous pensons ainsi; mais les hommes, et sur-tout le peuple...

Par le même motif, on ne sert point sur nos tables la chair des animaux; tout corps commence à se corrompre du moment qu'il cesse de vivre.

Trop de nourriture épaissit les humeurs et y porte de mauvais germes; nous nous abstenons du sel qui provoque l'appétit, et de l'eau du Nil qui a la vertu d'engraisser les animaux qui s'en abreuvent. Nous ne buvons, ainsi que notre dieu Apis, que d'une eau de source réservée pour ce temple. Ce régime nous conserve habituellement la faculté d'étudier, sans distraction, les lois de la nature. Ainsi que dans le temple d'Héliopolis, il n'entre jamais de vin dans celui-ci. Cette liqueur force à dire la vérité, ceux qui ont le plus d'intérêt à se taire. Mais ce n'est pas ainsi que nous voulons qu'on la dise. La bonne vérité, celle qu'il importe de connaître, ne se trouve que sur des lèvres pures et dégagées de toute contrainte. Nous défendons le vin aux rois qu'il ne faut pas habituer à la couleur du sang, ni exposer au danger de perdre la raison qui leur reste...

Pythagore. Amasis fait ses libations avec le vin grec..... en dépit de ses obligations et de votre prudence.

Le prêtre de Memphis. C'est que les rois sont moins dociles que le peuple. L'impunité est une exception aux meilleures lois.

Bien que nous brûlons devant la porte de nos temples, le neuvième jour du premier mois, les mêmes poissons que le peuple fait griller devant son logis, nous ne les mangeons point; il n'est pas convenable que tout soit commun au peuple et à ses prêtres. La même nourriture et les mêmes vérités ne conviennent pas à tout le monde.

Pythagore. Le soleil luit pour le peuple comme pour les prêtres.

Le prêtre. Oui. Mais le pontife, qui exerce ses yeux plus que ses bras, doit mieux voir et se nourrir plus légèrement que ceux qui font un usage plus fréquent de leurs bras que de leurs yeux.

Ces détails préliminaires apprennent du moins que la morale est l'observation scrupuleuse et la pratique constante de quantité de petites choses qui concourent à former un grand ensemble, et un tout parfaitement ordonné.

Pythagore. On m'a parlé d'une hiérarchie de pouvoirs.

Le prêtre. Nos prédécesseurs dans les temples de l'Egypte, ont fait eux-mêmes la distribution des rangs de la société civile. Ils ont cru devoir se mettre à la première place.

Pythagore. C'est au flambeau à marcher devant.

Le prêtre. Ils ont assigné la dernière au commerce. (1)

Pythagore. Il est, ce semble, une profession qu'il fallait dégrader plus qu'elle encore. Le trafiquant est un peu moins vil que le soldat. Quoi de plus abject que l'homme qui vend son sang comme une denrée?

Le prêtre. Sésosiris le conquérant a voulu

---

(1) *Hist. du commerce.* II. Voll. 1758. *in-12.*

que les gens de guerre eussent le pas sur les gens de négoce.

Pythagore. Et vous avez respecté cette décision royale ?

Le prêtre. Chez les autres nations, le roi est presque toujours un guerrier. Il semble que quand on est habile dans l'art de tuer des hommes, on en sait assez pour les gouverner. En Egypte, le monarque avant d'en remplir les fonctions, doit faire un noviciat parmi les prêtres : nous l'initions dans les profondeurs de la sagesse ; il prend communication des vérités qui ne doivent point être sues de tous. C'est pour cela que nous plaçons des sphinx à l'entrée de nos temples. Ces figures symboliques composées de la tête et du sein d'une femme, du corps d'un chien, des griffes d'un lion, des ailes et de la queue d'un dragon, désignent assez que les voiles du sanctuaire couvrent de mystérieuses vérités, à l'usage d'un petit nombre de mortels choisis, éprouvés, et faits pour commander au vulgaire ignorant et grossier. A Thèbes, on t'expliquera, peut-être, ce que je ne puis que t'indiquer ici, jeune étranger.

Dans la ville de Saïs, l'image d'Isis est accompagnée de cette inscription énigmatique : « Je suis ce qui a été, ce qui est et ce qui sera. Nul homme n'a soulevé mon voile ».

Tu ne saurais croire combien cette image attire de monde.

Pythagore. Serait-ce parce que la curiosité est la reine de l'univers ?

Le Prêtre. Il y a un concours non moins prodigieux aux autels de Jupiter *Ammon*, où *le Ténébreux*, ou *le Caché*, dans notre idiome antique.

PYTHAGORE. Prêtre d'Isis, tu me fais naître une réflexion, et il faut que je te la soumette : il est bien étrange que l'endroit de la terre où il y a le plus de sagesse et de vérité, soit en même-temps celui où l'on rencontre le plus de mystères et d'énigmes. La vérité ressemblerait-elle à ces parfums précieux qui s'évaporent, s'ils ne sont renfermés soigneusement dans des vases bien clos ?

LE PRÊTRE. Je ne suis point ici pour lever tes doutes. Je ne te dois que l'exposition nue de notre théogonie. Quand on vient en Egypte et dans ce temple, il faut avoir appris déjà à entendre à demi-mot ! Nous ne nous flattons pas de rendre la vue aux aveugles, ni l'ouïe aux sourds. Saches pourtant que ceux-là cherchent à se venger de ce qu'ils ne nous ont pas compris, qui comparent la sagesse égyptienne à la toile des araignées, laquelle, composée de poussière, n'enveloppe et ne cache que du vide, et sert de piége aux insectes sans expérience. Les prêtres d'Egypte se sont mieux caractérisés dans le sanctuaire de leurs temples, et dans l'ordonnance de leurs cérémonies religieuses. Nos temples sont construits de manière qu'on rencontre alternativement des parties éclairées et spacieuses, d'autres étroites et sombres comme les tombeaux. Nos solennités sont un mélange de tristesse et de joie, comme dans la vie humaine. Ces contrastes, ou, si tu veux, ces contradictions, se retrouvent jusque dans la destinée du Dieu que nous servons. Le corps de notre Osiris ne saurait être en deux endroits à la fois ; et pourtant on te le montrera dans Abydos comme on le fait voir ici, à Memphis ; car il a pris la forme du taureau Apis. Néanmoins, les citoyens riches veulent en mourant, être tous inhumés sur le territoire d'Abydos.

Pythagore. Et cette ville sans doute rend des actions de grâces à Osiris, pour une superstition innocente qui la fait vivre. Ainsi, dans le système social, comme dans celui de la nature, il est possible de profiter des vices de l'esprit. Il n'est que ceux de l'ame dont on ne puisse rien tirer d'utile.

Le prêtre. Comme au bout d'un certain nombre d'années, nous sommes obligés de faire les funérailles du taureau Apis, Memphis a conservé l'honneur de passer pour le lieu de la sépulture d'Osiris, circonstance précieuse, qui donne à cette ville le nom qu'elle porte. Tu remarqueras que ce nom signifie en même-temps *le port des hommes de bien*. Et cette étimologie n'est pas sans intention de notre part : de même que la tombe a été pour Osiris un port de salut, où il s'est vu à l'abri des persécutions de Typhon ; l'homme de bien aussi n'a d'autre refuge contre le méchant, que le tombeau. La vie de l'homme est un combat journalier du bien et du mal. La mort est la cessation de cette guerre, et l'instant du repos.

Pythagore. Cette théorie n'a rien d'encourageant.

Le prêtre. Il est encore une autre opinion touchant la sépulture d'Osiris, que l'on place à Busiris, sa ville natale. Ce n'est encore qu'un sens moral, pour exprimer que l'homme de bien, en mourant, retourne-là où il était avant de naître. Il n'a rien perdu en combattant toute sa vie. Il retourne au point d'où il est parti, c'est-à-dire, au sein de la nature, qui, après l'avoir éprouvé, le réserve à de nouvelles épreuves, ou à de plus grandes jouissances.

Pythagore. Je reconnais ici toute la sagesse égyptienne.

Le prêtre. D'après cette dernière considération, notre théogonie enseigne qu'Osiris ayant terminé sa course mortelle sur la terre, prit sa place au ciel dans la constellation du chien, gardien fidelle de notre Egypte; Typhon est devenu l'étoile de l'ourse.

Etranger! tu as pu voir ces deux animaux, et plusieurs autres encore encensés dans nos temples. Saches, à ce sujet, que l'Egypte entière ne contribue pas aux frais de l'entretien de ce culte. La haute Thébaïde, où nous t'envoyons, s'en est exemptée, en ne reconnaissant qu'une grande divinité, qui les comprend toutes, et dont le nom est *Cnef*. Ce Dieu universel ne naquit et ne mourra jamais. Ils disent, à Thèbes, qu'on ne doit d'hommage qu'à lui seul. Car, si on partageait son encens entre lui et les mortels vertueux, dont les animaux utiles sont le type, bientôt on en abuserait pour donner aux Dieux les vices des hommes, ou pour donner aux méchans les attributs des Dieux bons. On pourrait même en tirer une conséquence bien plus dangereuse. Ceux qui n'estiment pas beaucoup les pontifes, ont déjà voulu insinuer qu'il n'y a d'autres Dieux que les hommes déifiés par la crainte ou par la reconnaissance, tels que les deux frères Osiris et Typhon. A les croire, les prêtres, comme des magiciens, ont métamorphosé en

Dieux non-seulement les mortels, mais même les animaux, les plantes, et principalement les astres. En sorte que, disent-ils, on ne peut faire un pas sans marcher sur un Dieu ; on ne peut manger, sans avoir un Dieu sous la dent; on ne peut lever les yeux aux ciel la nuit comme le jour, sans rencontrer des Dieux à l'infini auteurs du froid et du chaud, du beau temps et des orages. Mais le peuple, jusqu'à présent, s'en est si bien trouvé, qu'il a toujours regardé de mauvais œil l'ennemi des Dieux et des prêtres.

PYTHAGORE. Et cela vous rassure.

LE PRÊTRE. Il est un systême mixte qui a des partisans. On veut qu'il y ait eu, à une certaine époque, des êtres qui n'étaient ni Dieux ni hommes, mais participans de ces deux natures. On les désigne sous les termes de bons et mauvais génies. Dans cette classe mitoyenne, on range Isis, Osiris et Typhon, que les Grecs ont déjà adoptés sous le nom d'Apollon et de Cérès, ou de Bacchus et de Pithon. On a peuplé les airs de ces bons ou mauvais génies. On leur attribue tout ce qui se passe sur la terre de bien ou de mal. Un royaume est-il déchiré par une guerre civile? quand les deux factions sont aux prises, chacune d'elles croit avoir les bons génies de son côté ; tandis qu'elles sont toutes deux sous l'empire des mauvais qui les poussent en sens contraire, pour les détruire l'une par l'autre.

Suivant une autre opinion, ces génies, placés entre le ciel et la terre, exercent des fonctions plus honorables ; ils sont les médiateurs des Dieux et des hommes, de même que les prêtres d'Egypte se placent entre le peuple et le roi. Non-seulement chaque mortel, mais même chaque ville, chaque nation a son génie conducteur, *son Agathos-Dœmon*, qui se chargent de nos prières, les font parvenir jusqu'au pied du trône des immortels, y joignent leurs intercessions, et nous rapportent la réponse favorable ou sévère. Ces bons génies sont les ames pures des gens de biens : leur bon esprit plane sur nous après leur mort, et nous sert comme de bouclier contre les atteintes des démons opposés, ou de fanal pour nous aider à franchir les pas difficiles de la vie. Tout l'espace entre la terre et le ciel est peuplé de ces Demi-Dieux, dont l'Egypte se plaît à reconnoître les heureuses influences. Quelquefois on les loge dans les planètes. Isis occupe la lune, Osiris séjourne dans le soleil. Il y en a dans Saturne, Mercure, Mars, Vénus. Choisissant la planète qui a le plus de rapport à leurs caractères, de-là, ils dominent et protégent les habitans du globe doués des passions analogues. Sur ce système théogonique sont fondés les calculs de l'astrologie, science mixte, composée de principes théologiques, astronomiques et historiques. Les momies et les pyramides de la plaine de Memphis, doivent leurs origines à cette théorie politico-religieuse. Le peuple d'Egypte aurait bien de la peine à rendre raison de sa croyance au *Cnef*, ou à un Dieu suprême, ainsi qu'à cette immortalité dont on jouira, lui a-t-il été dit, dans un monde meilleur. Mais il aime à croire aux génies ; ils sont plus à sa portée. Il se persuade sans peine, que nos parens, nos amis, une épouse qui nous été chère, et dont nous conservons avec soin les dépouilles, ne sont pas tout-à-fait perdus pour nous, après leurs trépas. On se plaît à penser que cet esprit qui animait leurs corps, continue d'habiter les mêmes lieux, garde les mêmes habitudes, converse avec nous pendant le sommeil, et dégagé pour un temps de l'enveloppe, ou de la forme dont la nature l'avait revêtu pour le faire concourir à ses desseins, préside à toutes nos actions, surveille nos entreprises, et nous inspire plus ou moins sagement. Quand l'Egyptien mélancolique et sensible, a perdu son ami ou son père, après les angoisses de la première douleur, il se dit avec une sorte de consolation : « Mon ami, mon père n'est qu'éloigné de moi. Du haut de la constellation du chien, il tient ses regards constamment attachés sur moi. Il ne cessera d'être mon gardien, mon guide fidelle. Il sera pour moi le dieu Anubis ?

L'amant et l'époux se livrent de même aux plus douces illusions. Quand l'étoile de Vénus apparaît aux cieux le matin et le soir : la voilà, disent-ils, celle que j'aime ; elle précède le soleil ; plus tard, elle sera à sa suite. Elle ouvre sur moi son œil tendre. Elle vient assiduement m'annoncer un beau jour et de belles nuits.

Jeune étranger, s'il faut peu de choses pour briser le cœur de l'homme, peu de choses aussi lui suffisent pour le réconforter. Quel est le sage assez ennemi de son repos et de l'espèce humaine, pour vouloir remplacer ces impostures si chères par la triste réalité.

PYTHAGORE. Cet échafaudage religieux n'est-il pas renversé par un autre ? Si les gens de bien ont pour eux le bon génie d'Osiris, les méchans peuvent réclamer le mauvais génie de Typhon. La fable de ces deux êtres n'est pas rassurante pour la vertu, puisque Typhon vint à bout de tous ses horribles desseins, et persécuta cruellement Osiris. Il fut puni ; mais après avoir eu le loisir de commettre ses forfaits.

Le prêtre. C'est l'histoire de ce qui se passe journellement sous nos yeux. Nous n'y avons mis du nôtre que notre moralité. Nous ajoutons : « Osiris, le même encore que Sérapis, est ce que les Grecs appellent leur Pluton ; par conséquent, Isis se retrouve dans Proserpine, afin que le méchant ne puisse avoir de refuge ni sur la terre, ni aux cieux, ni même dans la nuit du trépas. Par tout il rencontre des accusateurs, des juges et des châtimens.

§. LVIII.

Pythagore s'instruit de la doctrine égyptienne.

Le prêtre de Memphis. L'usage qui tend plutôt à multiplier les Dieux qu'à en restraindre le nombre, l'usage mieux encore qu'une doctrine plus certaine, a fait de Sérapis une divinité distincte de celle d'Osiris. Nos étymologistes sacrés dérivent ce mot de l'antique expression égyptienne *Sévesthois*, qui signifie pousser en avant, remuer une grande masse ; ce qui peut s'appliquer à l'astre du jour qui fait tout mouvoir, et au quadrupède laborieux qui retourne les terres les plus fortes, en y plongeant le soc de la charrue. Et remarques, jeune étranger, que les institutions égyptiennes, malgré leurs écarts, ramènent sans cesse aux deux seuls objets dignes de toute l'attention des hommes, le soleil et l'agriculture. Nous ne les séparons jamais l'un de l'autre. Nous les plaçons dans le même temple.

PYTHAGORE. Vos usages ne semblent pas tous marqués à ce coin de sagesse. On m'a prévenu déjà qu'à la fête d'Osiris, les hommes qui portent une chevelure rousse, n'osent se montrer dans la crainte d'être maltraités par le peuple. Cependant, des cheveux de la couleur de l'or, ont quelqu'analogie avec ceux du soleil. Si je voulais peindre un hiéroglyphe de l'astre du jour dardant ses rayons, je représenterais la tête d'un homme extrêmement blond.

LE PRÊTRE. Oui ; mais Osiris était brun. C'est une tradition constante. Typhon au contraire, était rouge. Le peuple, meilleur observateur qu'on ne le croit, a remarqué que les hommes roux sont ordinairement plus malfaisans que les autres. Il étend sa prévention défavorable jusque sur les ânes de cette couleur, qui lui paraissent plus vicieux et moins dociles que ceux d'un autre poil. Pendant la solennité du soleil, ce serait une impiété que de donner à manger au quadrupède à longues oreilles, qui porte la couleur de Typhon. Jadis, on le précipitait, le jour de la fête d'Osiris. Depuis, nous avons trouvé le moyen de conserver une espèce utile. Dans les sacrifices des mois phaosi et payni, qui sont les deuxième et dixième de notre calendrier, nous nous contentons d'une figure de pâte dorée, représentant un âne roux, lié et prêt à être jeté dans le précipice. Cette expiation doit plaire beaucoup à Osiris, depuis l'anecdote sacrée que voici :

« Typhon ayant perdu une bataille, se sauva

sur une ânesse rousse, qui le porta pendant sept jours et sept nuits. Dans la dernière de ces nuits, après s'être reposés ensemble d'une aussi longue course, l'ânesse se trouva fécondée par Typhon. Le fruit d'un hymen aussi étrange fut deux jumeaux, mâle et femelle, qui servirent de souche à une petite peuplade voisine (1), mal vue et méprisée.

La proscription sacrée des animaux à poil roux s'étend jusque sur les bœufs de cette nuance. Nous y avons mis un correctif, qui rend presque nul cet abus des choses saintes. Un seul poil blanc ou noir trouvé sur l'animal destiné au sacrifice, suffit pour le faire rejeter. Il ne peut être admis, qu'avec l'empreinte du sceau des pontifes, attestant qu'il a été examiné et jugé convenable.

PYTHAGORE. Pontife! que d'*ambages*! que de détours! la sagesse de l'Egypte ressemble un peu à son Nil : elle ne prend pas la ligne droite pour arriver au but.

LE PRÊTRE. On ne nous suivrait pas, si nous ne choisissions des sentiers obscurs et tortueux.

PYTHAGORE. Pontife! dans ce cas on va seul.....

LE PRÊTRE. Et on n'est utile qu'à soi.

L'Egypte apprit à la Grèce l'art des allégories. Long-temps avant les prêtres de Saturne, de Junon et de Vulcain, nous nous exercions sur Isis et Osiris. Celui-ci, considéré sous un certain rapport, n'est autre chose que le Nil qui féconde le sein d'Isis ou de la terre.

PYTHAGORE. Cette tradition mythologique a

---

(1) Les Hébreux : c'était les ilotes de l'Egypte.

sans doute fait placer le principe général des corps dans l'eau (1).

Le prêtre. Celle du Nil donne et conserve l'existence à l'Egypte. Typhon est la mer où notre fleuve va se rendre, pour s'y perdre et voir ses membres dispersés çà et là. Isis, ou la terre d'Egypte, voit avec regret son époux Osiris, ou le Nil, se précipiter dans le gouffre de l'onde amère. Mais comme il a pu la fertiliser en passant, le peuple assemblé sur l'une de ses rives, celle du côté de l'Arabie, répète des lamentations sur ce beau fleuve qui, né à gauche (2), va mourir à droite. Nous regardons le côté du soleil levant, comme la face du monde. Ensuite on prononce malédiction sur la mer. Le sel dont elle est imprégnée, devient l'écume impure de Typhon. C'est pour cela que nous ne saluons jamais l'homme dont la profession est de vivre sur mer, tel qu'un pilote. De-là aussi dérive l'aversion des Egyptiens pour les voyages maritimes, et pour tout commerce étranger, qu'ils ne peuvent faire que sur les côtes et dans les ports.

Pythagore. Prêtre isiaque! l'Egypte n'appréhende-t-elle point qu'on interprète autrement sa nullité parmi les puissances maritimes ? ne pourrait-t-on pas l'accuser d'attribuer à des motifs de religion ce qui n'est dû qu'à sa timidité naturelle, et à son peu d'industrie ? car enfin, une pyramide, un obélisque, un temple tel que celui-ci, est peut-être un monument qui suppose moins de génie qu'une petite flotte voguant sur la mer, avec la vélocité

---

(1) *Examen du fatalisme.* tom. I.
(2) C'est-à-dire, coule du midi au septentrion.

d'une

d'une phalange de grues qui émigrent d'un pays dans un autre, au milieu des airs.

Le prêtre. Les Egyptiens consentiront volontiers à être réputés moins industrieux que les autres peuples, pourvu qu'on leur accorde qu'ils en sont les plus sages. Les enfans du Nil s'applaudissent jusqu'à ce moment de s'être fait un scrupule de quitter leur patrie, pour se commettre sur mer. Ils n'envient pas la gloire, encore moins les richesses des Phéniciens; et si les aventures d'Osiris et de Typhon ont pu contribuer à leur faire prendre une résolution aussi prudente; ces fables saintes sont plus profitables que certaines vérités.

Il n'est pas jusqu'à l'Hygiène qui n'ait su en tirer parti pour déclarer insalubre l'usage trop fréquent de cette quantité prodigieuse de poissons que le Nil abreuve de ses flots et alimente de son limon. Nous en avons fait même l'hiéroglyphe de la haine. Tu pourras en voir un exemple sous le vestibule du temple de Minerve, à Saïs. On y a peint un enfant nouveau-né, et un vieillard; puis un épervier et tout auprès un poisson, et enfin un cheval marin, pour signifier cette sentence : « Vous qui arrivez à la vie, et vous qui en partez, jeunes et vieux ! sachez que les Dieux haïssent toute injuste violence ».

Jeune voyageur ! la figure de l'épervier est le signe générique des Dieux. Le cheval marin qui tue son père et viole sa mère, passe chez nous pour le symbole des hommes sans frein qui se permettent tout.

Remarques encore que l'inscription caractérise la violence; elle porte : *toute violence injuste*, parce qu'il y en a de légitimes : celle

Tome II.

qu'on fait au méchant, pour l'empêcher de nuire davantage, est sans doute louable, et doit plaire aux Dieux comme aux hommes.

Ceux de nous qui s'adonnent aux sciences naturelles, généralisant davantage leurs idées, entendent par Osiris, non pas seulement les eaux du Nil, mais encore l'eau-principe, sans laquelle les germes ne seraient point productifs. Ils veulent que Typhon soit un principe dessiccatif, ennemi par conséquent d'Osiris. Ils le peignent avec une chevelure rousse et un teint jaune et de la couleur des feuilles en automne, pour exprimer cette saison de la vie, où tout se dessèche et ne produit plus rien. Osiris est brun ; ses cheveux ont cette nuance foncée de la terre, quand elle est humectée et prête au développement des germes ; ainsi qu'on voit notre Égypte, après l'inondation. C'est pour cela, disent-ils, par suite de leur système, que le cœur est tout à la fois chaud et humide. Qu'on le prive de la circulation du sang et de l'étincelle de la vie, il se flétrit. C'est pour cela encore que, selon d'autres, il ne faut pas dire le char doré du Soleil, le char argenté de la Lune, ou d'*Io*, c'est le nom de l'astre des nuits ; ces deux planètes faisant le tour du globe dans des nacelles portées sur l'onde génératrice, et mère de toutes choses.

Les fêtes pamélyes sont instituées d'après ces considérations. Au milieu de la pompe sacrée, on porte l'image d'Osiris avec le signe de la virilité, *triphallyque*, ou trois fois grand comme nature, au-dessus d'une *hydrie* (1) ; cérémonial tout symbolique ! il

---

(1) Vase servant à contenir de l'eau.

nous enseigne qu'il y a trois principes de toutes choses, l'eau, l'air et la terre ; lesquels peuvent se réduire à un seul, l'eau. Typhon, qui représente le principe opposé, en mutilant Osiris, indique que tout se combat dans l'univers, et que le génie de la destruction veille sans cesse pour contrarier celui de la réproduction. Quand Typhon, vainqueur de son frère, lui porte le dernier outrage, en jetant dans la mer le signe de sa virilité, on s'écrie : c'en est fait du monde ! mais la divinité des flots amers, Isis, la même que votre Thétis, sait reproduire et multiplier ce qu'on avait cru pour toujours enseveli au fond de l'onde, et ramène l'humide printemps, c'est-à-dire les rosées fécondantes et les pluies génératrices, à la suite de l'automne desséché, image du sommeil et du tombeau de la nature.

C'est pourquoi l'étoile caniculaire qui attire l'eau, est consacrée à Isis. Nous rendons aussi un culte au lion ; nous plaçons sa tête superbe pour ornement sur la porte de nos temples, en observant de lui faire ouvrir la gueule, parce que le Nil se déborde, quand Osiris ou le Soleil, après les pluies du printemps, passe au signe du lion. Alors, il faut entendre par le Nil un découlement d'Osiris, pris tantôt pour l'astre du jour, cause première, tantôt pour l'Océan, cause seconde de l'inondation. Dans ce dernier sens, Isis est la terre d'Egypte seulement, laquelle fécondée par une émanation d'Osiris, produit Orus, c'est-à-dire, cet heureux tempérament de l'air, qui fait germer en abondance toutes sortes de productions. Le Dieu nouveau-né est nourri par Latône, dans les marais de la ville de Buto ; image des terres basses, baignées d'eaux, et couvertes de vapeurs, sauvegardes de la sécheresse.

Notre mythologie enseigne qu'Osiris, considéré comme le Nil, s'unit en adultère avec Nephtis; on exprime ainsi le moment où le fleuve hors de rives, se répand jusqu'aux extrémités des terres qui avoisinent la mer, et qui fussent demeurées stériles sans ce débordement. Typhon se fâche de voir son domaine envahi par son frère ; il appelle à lui pour se venger, une reine éthiopienne. Elle accourt : c'est-à-dire, les vents méridionaux maîtrisent les Etésiens, ou septentrionaux, et chassant les nues en Ethiopie, s'opposent aux pluies, et causent la sécheresse. Alors le Nil se resserre, s'appauvrit et ne porte qu'un maigre tribut à la mer, devenue son tombeau, ou ce coffre d'Orisis dans lequel les mythologues le font disparaître. La terre d'Egypte est en deuil. Ce qui arrive au mois d'Athyr, le troisième de l'année. Partageant la tristesse commune, nous montrons au peuple le taureau Apis, dont les cornes dorées sont recouvertes d'un voile de lin, teint en noir. Ce cérémonial lugubre dure quatre jours, à commencer du dix-septième d'Athyr; un jour pour chacune des plaies dont l'Egypte est frappée : d'abord le tarissement du Nil ; ensuite la victoire que les vents du midi, qui gagnent le dessus, remportent sur ceux du septentrion qui baissent ; le troisième, la briéveté des jours et la longueur des nuits ; enfin, la nudité et la sécheresse de la terre. La nuit du dix-neuvième jour, revêtus de nos habits sacerdotaux, nous descendons vers la mer, portant l'arche sainte qui renferme un petit vase d'or dans lequel il y a de l'eau douce. Le peuple alors s'écrie avec joie : Osiris est retrouvé.

PYTHAGORE. Tout ceci me rappelle les funérailles et la résurrection d'Adonis à Byblos.

LE PRÊTRE. C'est que les vérités font le tour du monde, en se donnant la main........

PYTHAGORE. Ainsi que les fables.

LE PRÊTRE. Tous les ans, on renouvelle cette solennité, parce que tous les ans Typhon et Osiris, ou l'eau et la sécheresse, semblent se livrer de nouveaux combats; car l'intention de la nature n'est pas qu'Osiris ou Typhon soit vainqueur de l'autre. L'univers ne doit la durée de sa forme qu'à l'équilibre des puissances de l'onde et du feu. Si l'une des deux avait constamment le dessus, tout deviendrait eau ou feu. C'est par le mélange et l'harmonie des élémens rivaux, que le grand Tout subsiste, sans éprouver de trop fortes catastrophes.

§. LIX.

Suite.

Nous nous servons aussi quelquefois de la mythologie d'Osiris pour expliquer les révolutions lunaires. Ce Demi-Dieu compte autant d'années de règne en Egypte, que la lune de jour. Il disparut le dix-septième du mois. C'est l'époque où on peut mieux juger de l'âge de la lune. Osiris (1) mort, fut démembré en quatorze parties; précisément, le même nombre de jours que la lune met à croître et

(1) Diod. sic. *bibl.*

à décroître. Les crues du Nil observent les mêmes proportions. La plus haute, qui a lieu dans la contrée Eléphantine, monte à vingt-huit *draas* ou coudées. La plus basse, mesurée à Mendès et à Xoïs, est de six coudées, c'est le nombre de la première phase. Enfin, la crue moyenne, quand elle se fait bien, aux environs de Memphis, s'éleve à quatorze coudées ; ce qui répond au temps que parcoure la lune pour remplir son disque. Apis, l'hiéroglyphe vivant d'Osiris, doit naître alors que la lumière génératrice descend de la lune et frappe la génisse, quand elle convoite la présence de Mnevis. C'est pour cela que le poil du taureau Apis doit dessiner le croissant argenté de l'astre des nuits. Nous solennisons la nouvelle lune du mois Phamenoth, le septième de l'année, et nous appelons cette fête l'entrée d'Osiris dans la lune : alors la prime-vére commence à se montrer dans nos champs.

PYTHAGORE. Pontife, j'admire ce système hiéroglyphique ; je lui crois de la profondeur... mais tu avoueras qu'on pouvait s'en passer. La *prime-vère* dit plus et mieux que le poil du taureau Apis.

LE PRÊTRE. Cette fleur des champs n'en dit pas assez pour le peuple trop éloigné de la Nature.

PYTHAGORE. Eh bien ! il faut l'y ramener....

LE PRÊTRE. Plus souvent Isis est reconnue pour la divinité de la génération, et la lune pour la mère du monde ; fécondée par les rayons du soleil, elle verse sur ce globe des influences qui le fertilisent. (1)

---

(1) *Isis nihil aliud est quam Natura rerum.* Macrob.

Homère qui étudia la sagesse égyptienne à la source, n'en a retiré que des demi-vérités; ou n'a point osé dire tout ce qu'il avait appris. Les deux tonneaux de l'un de ses poëmes ont été fabriqués chez nous. De l'un, découlent les biens; de l'autre, les maux qui sont sur la terre; mais il ne prépose à leur distribution qu'un seul Dieu. Comment une seule et même divinité peut-elle dispenser à la fois le mal et le bien? N'est-ce pas un blasphême de la déclarer cause commune du vice et de la vertu, du mensonge et de la vérité, du jour et des ténèbres? Le génie du bien peut-il faire le mal? Le génie du mal peut-il faire le bien? Ce n'est pas ce que nous lui avions enseigné. Son Jupiter aux deux tonneaux lui a fourni le sujet de be ax vers; mais il ne satisfait pas la raison. Nous lui avions dit qu'il faut de toute nécessité admettre deux principes, deux puissances contraires et indépendantes l'une de l'autre, un Osiris et un Typhon. Deux causes distinctes sont indispensables pour expliquer des effets opposés. S'avisa-t-on jamais de soumettre l'éclatante sphère du soleil au génie obscur de Typhon? Osiris seul y préside; et pour marque de sa divinité, nous lui donnons un sceptre au haut duquel est un œil ouvert. Nous célébrons la fête des yeux du monde, le trentième jour du mois épihi, le onzième de l'année; quand le soleil et la lune sont sur la même ligne droite. Le 28 du mois phaophi, le deuxième de l'an, nous fêtons le bâton du soleil. En ce temps, l'équinoxe d'automne est passé. Le père de la chaleur a besoin d'un appui; il commence à décliner, et ne marche plus qu'obliquement, en s'éloignant de notre Egypte.

Au solstice d'hiver, nous conduisons une vache sept fois autour du temple d'Osiris, comme pour aller à la recherche du soleil qui nous a quittés et que nous ne reverrons dans sa splendeur qu'au solstice d'été, après une révolution de sept mois.

Orus ou *Arueris*, fils d'Isis, fut le premier qui sacrifia au soleil le matin de la quatrième journée de chaque mois. Nous brûlons des parfums sur son autel trois fois par jour; à son lever, à midi et à son couchant.

Osiris étant le soleil, la lune doit être Isis, (1) figurée en conséquence dans nos temples un croissant sur la tête, et quelquefois un voile noir sur le visage, comme portant le deuil de l'absence de son époux, c'est-à-dire, de son opposition avec elle. Alors elle est censée courir après lui; et c'est pour cela que les jeunes amans l'invoquent, la nuit, sur les rives du Nil. Les nouveaux époux ne sacrifient point non plus à l'hymen, avant de prononcer mystérieusement le nom d'Isis, consacré dans cette occurrence pour désigner le principal attribut qui distingue une femme d'un homme. Isis, sous ce rapport, est le type naturel de la génération des êtres. C'est la Vénus de la Grèce.

PYTHAGORE. Egypte! Egypte! que n'as-tu aussi ton Homère!

LE PRÊTRE. La ville de Coptos, dans la moyenne Egypte, possède un simulacre d'Orus fils d'Isis, représenté tenant dans sa main le sexe viril dont il a privé Typhon, puni à son tour par la peine du talion : pour signifier que

---

(1) Voyez les *notes* de Sam. Squire, sur sa traduction latine du *traité d'Isis*, de Plutarque.

le génie du mal ou le mauvais principe est incapable de produire par lui-même. Il n'a que la faculté d'inquiéter, de fatiguer le génie du bien qui, peut-être, s'il n'avait point à ses côtés un adversaire aussi actif, aussi redoutable, se laisserait aller à une apathie funeste aux desseins de la Nature toujours agissante. Nous disons que Mercure ou le dieu de la science et de la sagesse enleva tous les nerfs du corps de Typhon pour en faire des cordes à sa lyre; afin d'enseigner à l'homme à tirer parti du mal et des méchans, en les obligeant à se coordonner avec les bons et à se soumettre aux lois de l'harmonie sociale. C'est là le talent des législateurs. La multitude est remplie de typhons qui ne cherchent qu'à troubler la paix. Il faut les *énerver*, les condamner à *l'impuissance* de nuire, et les enchaîner aux lois de l'ordre, comme le fer à l'aimant. Car nos hiéroglyphes sacrés disent encore que les ossemens de Typhon sont de fer, pour être attirés malgré eux au pied du trône d'Osiris composé d'un cube de pierre aimantée. (1) En sorte que tous les phénomènes naturels qui se passent entre l'aimant et le fer, ont lieu aussi entre le bien et le mal, entre les bons et les méchans. Or, puisque malgré sa répugnance à suivre l'aimant, le fer peut néanmoins y être contraint; les bons aussi ne doivent point se décourager; ils ont en eux la vertu de maîtriser tôt ou tard les méchans; mais il ne faut pas moins que toute l'éloquence et toute la sagesse de Mercure pour réduire Typhon au silence. Une fois celui-ci joua un assez mauvais tour à son

---

(1) Certainement, les Egyptiens connaissaient l'aimant.

frère aîné. Il profita de son sommeil pour lui lier les jambes l'une contre l'autre de telle sorte que les deux cuisses n'en paraissaient plus qu'une seule. Les genoux étaient collés ensemble si fortement, que le dieu du Bien à son réveil se trouvait hors d'état de marcher; celui du mal au contraire pouvait agir impunément. Isis accourut aux gémissemens de son époux immobile; elle avait à la main, son sistre qui ne pouvait lui servir d'instrument pour couper les liens d'Osiris. Dans son désespoir, elle agite ce sistre. Ce mouvement subit, et le son qu'il rendit firent une telle impression sur son mari qu'il put d'un premier effort rompre ses nœuds et rendre la liberté à ses jambes.

Avertissement utile donné aux hommes de bien. Le méchant ne remporterait pas chaque jour des victoires aussi faciles, s'ils étaient davantage sur leur garde, et si, après s'être laissés surprendre, ils s'abandonnaient aux premiers mouvemens d'une juste indignation. La faiblesse des bons fait toute la force des méchans.

C'est en mémoire de cette avanture d'Osiris et de Typhon que presque toute nos statues égytiennes sont dessinées ainsi que tu les vois, les jambes adhérentes l'une à l'autre et comme préparées à être renfermées dans une gaîne.

PYTHAGORE. Ainsi, vos statuaires ont un voile respectable pour couvrir l'impuissance de leur talent.

LE PRÊTRE. Une autrefois, Osiris (c'était à l'origine des choses) plaça dans l'œuf du monde douze pyramides blanches, remplies de toutes sortes de biens, puis il se reposa. Typhon qui l'épiait sans cesse, en profita pour introduire dans le même œuf douze autres pyramides noires, pleines de toutes sortes de maux. C'est la raison pourquoi il y a dans l'univers autant de méchans que de bons. Ce sont ces allégories qui ont mérité à la sage Egypte, de la part des nations jalouses, la qualification de mère de tous les Dieux et source de toutes les superstitions.

Pythagore. Il pourrait bien y avoir quelque chose de réel dans ce reproche.

Le prêtre. Parce que l'homme, et sur-tout le peuple abuse des meilleures institutions.

Pythagore. Tous ces hiéroglyphes, sans doute pleins de sens, ne sont-ils pas aussi un peu trop hors de la portée du vulgaire, pour en être bien entendus, et pour lui servir de leçons utiles ?

Il me fut répondu : Tous ne sont pas faits pour lui. Je te l'ai déjà dit : il en est des hiéroglyphes, comme des alimens ; le peuple et ses prêtres ne mangent point à la même table, et ne se repaissent point des mêmes mets.

Pythagore. J'en suis fâché.

Le prêtre. Cela ne se peut pas encore. Nous avons cependant des figures symboliques pour tout le monde. Ainsi quand nous faisons la cérémonie d'ensevelir Osiris, nous donnons à entendre que c'est l'image de la semence mise en terre. La résurrection du Dieu représente la germination des grains ensemencés. Quand Isis, ou la terre se sentit enceinte, disons-nous encore, elle s'attacha au col un préservatif le sixième du mois phaophi, qui est le deuxième de l'année ; et elle enfanta Harpocrate vers le solstice de l'hiver, n'étant pas encore à terme ; c'est pour exprimer la venue des premières fleurs et la manifestation des premiers germes. Les habitans de la campagne ne manquent pas à cette époque de porter en offrande les prémices de leurs champs de lentilles. Une grande fête est célébrée pour les couches d'Isis, après l'équinoxe de la primevère. Tous ces petits usages religieux ont leur prix et produisent les plus heureux effets sur les travaux de l'agriculture. Ce sont des points d'appui pour l'homme simple. Il aime à tenir à quelque chose placée au dessus de lui.

Pythagore. N'appréhendez-vous pas que toute cette doctrine, susceptible de plusieurs sens, donnée par vous de la main droite au peuple, ne soit reçue par lui de la main gauche ?

Le prêtre. Nous laissons pleine licence, quant aux accessoires ; nous ne nous montrons jaloux que de l'intégrité du fond. Ce n'est pas nous, mais l'usage qui introduisit cette autre particularité : dans une fête à Mercure, célébrée le 19 de tholt, ou premier mois de l'année, on mange des galettes composées de miel et de figues, et l'on dit en les mangeant : *C'est une douce chose que la vérité.*

Pythagore. Mot ancien et précieux !

Le prêtre. Il n'en est pas de même de cette horrible coutume pratiquée autrefois dans la ville d'Idithya. Lors d'une grande sécheresse, on y brûloit vif sur l'autel un homme qu'on qualifiait de typhonien ; et ses cendres passées au tamis, étaient dispersées sur tout le territoire qu'on espérait purifier par cette expiation affreuse.

Pythagore. Ce qui prouve, contre ce que tu viens de me dire, qu'il n'y a point de superstitions innocentes. Elles commencent par conseiller de verser du lait et de sémer des fleurs sur l'autel des Dieux ; elles finissent par ordonner l'effusion du sang et la dispersion de la cendre des victimes humaines brûlées vives. Eh ! comment limiter un pouvoir qui se place au dessus de tout, et qui s'adjuge le droit de sanctifier tout ce qu'il se permet ?

Le prêtre. C'est que la religion n'est pas encore ce qu'elle devrait être.

Pythagore. En attendant, elle fait bien du mal. Peut-être en ferait-elle beaucoup moins, si on la simplifiait davantage. Ce ne sera point Memphis qui commencera cette utile réforme. Dans le temple d'Héliopolis l'autel est nu. Le vôtre est chargé du simulacre de trois divinités. Craignez-vous donc d'en manquer ? Expliques-moi ce groupe de trois figures placées l'une devant l'autre.

Le prêtre. Tu ne reconnais p les trois Dieux dont je viens de t'entretenir ? Le plus grand, c'est Osiris coiffé d'un soleil. Il est précédé d'Isis ; et celle-ci de leur enfant, le jeune Orus. C'est le grand hiéroglyphe ternaire de l'homme et de la nature. Toute l'économie de l'univers est représentée ici. Isis et Osiris sont les deux sexes, d'où procède Orus, enfant qui n'est encore ni mâle ni femelle, emblême de tout ce qui n'est qu'un, de tout ce qui est seul, par conséquent incomplet et incapable de se reproduire. Emblême aussi de l'intellect humain, stérile par lui-même, et qui resterait toujours à son enfance, sans la distinction des deux sexes, base de l'harmonie sociale, et sans leur réunion, cause première de l'éternelle fécondité de tous les êtres.

Aux côtés de ce groupe symbolique, tu vois un Ibis et une urne ; c'est pour ainsi dire le cachet de cette doctrine, née en Egypte, sur les bords du Nil.

Sur ce trépied, nous brûlons trois sortes de parfums à cette triple divinité, qui a rendu le triangle de la géométrie, le plus sacré de nos caractères.

PYTHAGORE. Pourquoi n'avoir pas réuni à Orus son frère Anubis, dont je vois l'image à tête de chien peinte sur cette bannière de la confraternité d'Isis? Cet assemblage vous aurait fourni le Tétragramme, qui a bien aussi son prix. La figure d'Anubis me suggère une réflexion : le culte rendu ici aux animaux est respectable par son origine et ses motifs; ne pourrait-il pas devenir funeste par ses conséquences, dans certaines occasions? Je suppose qu'un roi de Perse, ou tout autre prince, plus rusé que tous ceux qui jusqu'à présent ont tenté une invasion, se présente sur la frontière, et s'avance en se faisant précéder de plusieurs de vos animaux sacrés vivans, au-dessus de la tête desquels il obscurcirait l'air par la multitude de ses flèches tirées contre vous. Dans ce cas embarrassant, que feraient les soldats égyptiens? n'aimeraient-ils pas mieux se laisser vaincre, que de s'exposer, en se défendant, à tuer l'ibis et la cicogne? Je ne voudrais pas être en ce moment leur général d'armée. On me désobéirait, en me traitant d'impie; et j'aurai la douleur de voir le sage peuple du Nil perdre la vie ou la liberté pour conserver ses Dieux. Prêtre isiaque, que penses-tu de ma supposition? elle est dans l'ordre des choses possibles; je ne voudrais pas même, par intérêt pour l'Egypte que je révère, être entendu de quelqu'observateur étranger. Il s'empresserait d'aller le redire à sés maîtres, qui pourraient bien vouloir en hasarder l'épreuve.

LE PRÊTRE. Point d'institution qui n'ait ses inconvéniens. Mais entre plusieurs circonstances qui nous rendent nécessaires au peuple, il en est une qui l'a frappé par dessus toutes les autres, en raison de l'utilité qu'il en retire. Nous conservons dans nos écoles sacrées le type (1) de toutes les mesures en usage dans le commerce de la vie civile ; ce qui nous constitue médiateurs et juges dans une infinité de circonstances.

PYTHAGORE. Tu as nommé Io. Les Grecs aussi ont une fable de la vache Io.

LE PRÊTRE. Ils en ont puisé le fond en Egypte. Io chez nous est la terre. Les cent yeux d'Argus sommeillant pendant la nuit, représentent les étoiles qui pâlissent et meurent quand Mercure, ou le soleil, les frappe de ses rayons.

PYTHAGORE. O ! sages d'Egypte, le labyrinthe de Memphis ne pourrait-il pas servir d'hiéroglyphe à votre propre doctrine ?

§. LX.

La science des nombres.

LE PRÊTRE DE MEMPHIS. Voyageur ! tu ne veux rien de plus de mon ministère ?

PYTHAGORE. On m'a vanté beaucoup les *Syringes*, autre espèce de labyrinthe souterrain, formé de longues et fortes voûtes, dont les sinuosités mystérieuses s'étendent depuis les

---

(1) *Métrologie* de Paucton. *in*-4°.

fondations du temple d'Isis jusque hors la ville, et même jusqu'à celle d'Héliopolis. Mercure (1) les imagina pour y renfermer, à l'abri des révolutions, les principes de toutes les connaissances humaines. Prêtre d'Isis, peux-tu m'en ouvrir les portes ?

Le prêtre. Oui. Suis-moi.

Après d'assez pénibles détours, les yeux couverts d'un voile, on me descendit au fond d'une vaste citerne, d'où j'entrai enfin dans les Syringes, éclairés d'une lumière douce, convenable à l'étude et à la méditation. On me permit d'y rester tant que je le désirerais, en me prévenant qu'on me ferait passer, aux heures des repas, une portion de la nourriture des prêtres.

Dans mon premier enthousiasme, je visitai ce sanctuaire de la science d'un bout à l'autre. Au-dessus de ma tête, sous mes pas, à mes côtés, des caractères frappaient mes yeux. Des tables et des pilastres (2) de pierres, de petites pyramides carrées et triangulaires de granit en étaient chargés ; mais tout cela est mélangé d'hiéroglyphes, dans la langue desquels j'étais novice. J'eus tout loisir de méditer sur *les colonnes de Sothis* (3), et de

---

(1) On a dit de Mercure Trismegiste qu'il avait composé vingt-cinq mille, ou même trente-six mille cinq volumes. V. g. *Saldeni otia theologica*.

(2) Quand on a monté les sept échelons ou degrés, on arrive sur un théâtre carré, qui doit représenter tous les symboles des secrets arrachés à la nature depuis des siècles. Voyez *Arcana arcanissima H. E. hieroglyphica egyptio-graeca*. On y trouve les colonnes d'Hermès ; sur chacune on voit une sphère.

(3) Iambl. *myst. egypt. et vita Pythag.*

dérouler

dérouler les volumes sacrés ; je n'y distinguai d'abord que des représentations informes d'animaux de toute espèce. Chaque figure est une pensée ; souvent même, un seul membre de l'animal exprime une proportion entière.

Les caractères symboliques ne sont pas les plus difficiles à dévoiler. Pour désespérer les prophanes, ces figures se trouvent entremélées de traits (1) semblables à des nœuds, à des cercles sillonnés de lignes contraires, ou bien encore à ces filaments qui servent à la vigne comme de mains, pour se suspendre au tour du support qu'elle rencontre.

Je vis la fameuse *table d'émeraude* (2), où le doigt du Trismégiste grava lui-même, non pas comme le croit le vulgaire, les lois de la métempsycose des plus vils métaux en or pur, mais quelques hiéroglyphes sur *les Dieux et sur le Vide* : ce rapprochement prouve du génie. Je ne pus vérifier si elle contenait aussi les principes d'une médecine universelle.

Mes chers disciples, j'aurais peine à vous peindre la situation de mon ame avide de connaissances à la vue de tant de choses savantes dont elle ne pouvait profiter.

On a étendu l'usage de ces signes symboliques jusque dans la partie de ce labyrinthe où l'on traite des nombres et des lignes. Je reconnus le modèle de ces *abaques*, dont nous faisons usage pour compter et pour mesurer. Sur quantité de petites tablettes de marbre noir, recouvertes d'une poussière d'or, on a

---

(1) Apuleïus. *Metam.* XI. Clement Alex. *Strom.* VI.
(2) *Lettres sur l'origine des Dieux d'Egypte.* in-12. 1712.

Tome II. C

tracé des figures de géométrie avec le doigt ou l'extrémité d'une verge. Sur d'autres, sont rangés, dans un ordre arithmétique, des fragmens taillés de pierre ou de marbre blanc, ainsi que de petits coquillages qu'on peut déplacer à volonté; et toujours des linéaments hiéroglyphiques.

Je n'osais toucher de mon doigt prophane cette (1) *savante poussière*, empreinte des découvertes de tant de sages.

Je fus obligé d'implorer le secours du prêtre commis à mon instruction. Il y apporta beaucoup de zèle et quelque réserve. Ces syringes, lui dis-je, sont probablement les plus anciens livres qui existent. Il est fâcheux d'y voir tant de lacunes. Les pages qui manquent à ces volumes ont-elles été dévorées par le temps, ou déposées ailleurs?

Le prêtre. Etranger! peut-être obtiendras-tu, à Thèbes, communication de quelques-uns de ces feuillets que tu regrettes tant; mais les initiés seuls ont droit d'y lire.

Mécontent, je répliquai au prêtre isiaque: « Tout le monde a le droit de consulter le grand livre de la nature ».

Oui, me répondit-il, il est ouvert à tous les regards; mais il n'est pas donné à tous les yeux d'y lire avec fruit. Nous n'avons fait qu'imiter la nature: elle a aussi ses lacunes et ses hiéroglyphes; et pour la suivre, il faut, comme ici, marcher du simple au composé, du connu à l'inconnu, du borné à l'infini. Quand tu sauras ce qu'on peut apprendre à

---

(1) On lit dans Cicéron, *de la nature des Dieux*, liv. I. « Nunquam *eruditum* illum *pulverem* attigistis ».

Memphis, Thèbes te dira le reste. Il n'est pas nécessaire de t'avertir qu'il ne se trouve ici que des théorêmes et des axiomes. Les démonstrations et les preuves, c'est dans nos écoles qu'il faut les aller chercher. Toutes les vérités connues sont en ce lieu dans leur simplicité native. Heureux, si nous pouvions en déposer une nouvelle par siècle!

PYTHAGORE. Ton vœu, ce me semble, est fort modéré. La perfectibilité de l'esprit humain serait d'une lenteur désespérante.

LE PRÊTRE. Tu le crois. Vas! la somme des vérités nécessaires n'est pas considérable. La nature est économe. Elle n'aime pas à étaler un luxe vain. La ligne la plus courte est toujours celle qu'elle choisit pour arriver à ses fins. Thaut, ou Mercure, l'inventeur, ou plutôt le conservateur de la plupart des choses que tu vois, se modelait sur elle. Voilà pourquoi il fut un grand homme. Le genre humain saura tout ce qu'il faut qu'il sache, quand il pourra faire à Vulcain, le sacrifice de tous les livres composés depuis Thaut, et s'en tenir à ces pages de pierre et de marbre que tu entreprends de feuilleter.

PYTHAGORE. Les Egyptiens sont grands en tout. Leurs monumens sont des montagnes, et leurs livres (1) sont des carrières; pourquoi les autres peuples n'ont-ils pas adopté cette méthode de n'écrire que sur la pierre ou sur le marbre?

LE PRÊTRE. Le premier, en Egypte, qui ima-

---

(1) *Ex columnis in syriadicâ terrâ positis, quibus sacra dialecta sacrae erant notae insculptae à Thaut, primo Mercurio.* Eusebius.

gina de convertir à l'écriture l'usage du papyrus, ne fut pas le plus sage des Egyptiens. Cette invention ouvrit la porte aux erreurs. Le génie ne fut pas le seul qui se mêla d'écrire. L'esprit humain cessa de se respecter; il en résultat des productions aussi futiles, aussi fugitives que la matière qui servit à les fixer un moment. C'est de cette époque, qu'on prit l'habitude de tracer des mots avant d'avoir des idées à exprimer, comme déjà on parlait avant d'avoir réfléchi. Le mal est fait, il s'agit d'y opposer une digue.

PYTHAGORE. Homère lui-même aurait peine à trouver grâce devant toi.

LE PRÊTRE. Homère lui-même, réduit à moins de volumes, y gagnerait sans doute ; et ses lecteurs n'y perdraient pas.

PYTHAGORE. Tu es sévère.

LE PRÊTRE. De laquelle de ces tables de pierre désires-tu l'explication? Commenceras-tu par la science des nombres (1), la plus sublime de toutes. Thaut la disait sœur de la géométrie. Toute la géométrie repose sur le point ; de même aussi, l'arithmétique est toute comprise dans l'unité.

Thaut puisa ses plus profonds hiéroglyphes dans la science des nombres. (2)

L'unité (3) est le seul nombre parfait ; le nombre entier par excellence, et la racine de tous les autres; le seul élémentaire, il est prin-

---

(1) Pythagore apprit des prêtres égyptiens les combinaisons étonnantes des nombres, et les règles les plus exactes de la géométrie. J. Bannister, auteur anglais.

(2) Voy. P. Bungius, *de numerorum mysteriis*, Lut. Par. 1618. *in*-4°.

(3) Meursius, *denarius Pythag. in*-4°.

cipe. Tout vient de lui. (1) Le grand Tout n'est que le multiple à l'infini de l'unité. Elle est indivisible, impérissable; si elle ne l'était, elle cesserait d'être l'unité simple. Elle serait sujette à l'amoindrissement, à la dégradation, à la corruption. L'unité existe par elle-même, et ne doit rien qu'à elle. C'est le type de l'univers, et de tout ce que l'homme peut faire qui approche le plus de cette harmonie, l'essence du beau et le caractéristique de la Nature. La Nature est *une*. Tout change autour d'elle, en elle; elle demeure toujours une; comme l'unité numérique qui parcourt toute la série, toutes les combinaisons des nombres, sans cesser d'être l'unité. On ne peut concevoir, ni expliquer le mécanisme du monde que par celui de l'arithmétique; et son premier nombre suffit pour cela. L'inscription du temple de Saïs consacrée à la déesse Isis, conviendrait mieux encore à l'unité :

.... JE SUIS CE QUI EST (2)....

L'unité est le symbole et la marque infaillible de tout ce qu'il y a de meilleur au monde, le génie et la sagesse : les vastes conceptions du génie sont le produit d'un seul jet, et n'offrent qu'un grand ensemble auquel on ne peut ajouter, ni retrancher. La conduite du sage est uniforme; toujours le même, il marche sur une seule ligne, et ne se propose qu'un but. Telles sont les vertus et les propriétés, ou plutôt les rapports et les principaux hiéro-

---

(1) Tout est un, et l'unité renferme tout. L'*Asclepius* attribué à Hermès.
(2) Plutarque. *II.*

glyphes attachés au premier des nombres, à l'unité. Thaut (1) appelait Dieu un être immobile, demeurant dans la solitude de son unité.

Le Deux, ou le nombre binaire, n'est pas aussi fécond, ni réputé aussi heureux. Il désigne Typhon le génie du mal, le Dieu du désordre et de la vengeance. Quand deux hommes se rencontrent dans un même lieu, trop ordinairement il y a rivalité et guerre. La morale des nombres est une science inventée par Thaut; et cette découverte seule lui méritait l'immortalité.

Le nombre *deux* n'est sacré que dans la langue des amis, et des époux. Un homme seul (2) est un homme nul.

Le ternaire est le symbole de l'harmonie; un tiers survenant rétablit le bon accord entre deux rivaux. Cela seul suffirait pour rendre ce nombre sacré; outre qu'il exprime la plus simple, la plus parfaite des figures géométrique, le triangle.

Si la rivalité se trouve où il y a moins que trois; où il y a plus que trois, se trouve la confusion. On pourrait dire que ce nombre est le plus sage de l'arithmétique morale. Par exemple, pardonner moins que trois fois, c'est rigueur; pardonner plus que trois fois, est faiblesse.

Ce nombre (3) est plein, car il exprime la plénitude de toutes choses; l'impair 1. et le pair 2. sont renfermés en lui.

---

(1) Jamblicus, *de mysteriis egypt.* sect. VIII., liv. 2.
(2) Les Grecs en avaient fait un proverbe.
(3) Voy. quatre pages sur le *nombre ternaire*, fort bien faites, à la suite d'un *essai sur l'ancienne initiation;* in-8°. 1785.

Il peut aussi servir d'hiéroglyphe au modèle d'un gouvernement politique aussi parfait que le comportent les hommes devenus peuple. Trois pouvoirs doivent entrer dans la composition d'une république bien ordonnée : le législateur, l'exécutant, et le judiciaire.

PYTHAGORE. Prêtre isiaque ! ne pourrait-on pas aussi hasarder de dire que le nombre 3. (1) n'est pas toujours heureux. Un tiers de plus dans le ménage de deux ames bien unies, y apporte trop souvent la discorde et le chagrin.

Le nombre 3 est populaire, par conséquent signe de tumulte, et de difficile partage.

LE PRÊTRE. Ne te hâtes pas d'ajouter à tes maîtres.

PYTHAGORE. La science des nombres ne ressemblerait-elle pas un peu à celle des augures de la Grèce. Ne pourrait-on pas la soupçonner d'être par fois conjecturale ?

LE PRÊTRE. Etranger jeune encore !...

C'est sur le Quaternaire que la haute géométrie et l'harmonie sacrée reposent leurs fondemens. Il donne l'idée d'une base inébranlable ; il représente la force et la solidité de l'univers, et l'ordre invariable qui règne dans toutes ses parties. Les formes viriles sont carrées.

Cinq, composé du premier nombre pair 2 et du premier nombre impair 3, représente le grand

---

(1) Pythagore n'est pas toujours de l'avis de ses maîtres ; selon lui, le ternaire est nombre de multitude, comme quand le poëte dit : ô Grecs, heureux 3 fois ! C'est pourquoi Pythagore ne faisait point estime du 3.

Plutarque, par Amiot. *Opin. des philosoph.*

Tout, sous le nom du dieu Pan. (1) Il est le symbole de notre alphabet ; 5 multiplié par lui-même donne 25 ; ce qui exprime précisément la quantité des lettres égyptiennes.

Quelques gouvernemens ont consacré ce nombre par celui de leurs magistrats suprêmes.

Le fréquent et commode usage du nombre 6 pour diviser avec justesse toutes les figures géométriques lui vaut l'avantage de servir d'hiéroglyphe à la justice civile et à l'équité naturelle. Ces deux vertus consistent à faire droit à chacun avec impartialité, et à laisser jouir son semblable de sa part aux biens communs que la nature distribue également à ses enfans. 6 est encore un nombre matrimonial. (2)

Pythagore. 6 Multiplié par lui-même s'éléverait à son carré 36. (3) Multiplions encore l'un de ses côtés, 6, nous obtenons 216. Honneur au nombre cubique 216 !

Prêtre d'Isis, comme l'aiglon, je bats des ailes, à ton flambeau.

Le nombre septenaire est mystérieux et saint. C'est l'hiéroglyphe du repos, et le symbole de tout le système planétaire. Il sert aussi à désigner cette partie du ciel opposée au midi, et remarquable par les sept étoiles.

Le nombre 8, formé de quatre parties égales, est le type de la loi de nature, de cette loi première, premier titre des mortels qui les rend tous égaux et leur donne à tous les mêmes droits au bonheur.

---

(1) Il y a ici une espèce de jeu de mots, perdu pour la langue française.

(2) Eusebe. *Praepar. evang.* XIII. 13.

(3) Vitruve, *préface de son architecture*, *remarq.* de Perrault. *in fol.*

9 caractérise la vieillesse ; parce que multiplié par lui-même, il s'élève à 81. Sa rencontre est fâcheuse.

Le *Décan*, ou le nombre décadaire est d'un plus heureux présage. Nous en représentons le signe par deux mains jointes ensemble, ou dix doigts entrelacés : symbole expressif de la bonne foi, d'une promesse donnée, ou de l'amitié franche et loyale.

Ce nombre est aussi l'hiéroglyphe sacré de la toute puissance (1) de l'univers, qui n'a besoin que de lui-même pour se multiplier à l'infini. Il lui suffit d'un ou de plusieurs zéro; signes stériles et sans valeur qui ne sont employés que pour marquer les différens dégrés par lesquels l'unité s'élève à tout. Ce qui prouve et démontre arithmétiquement ces deux axiomes : le grand Tout est un ; et les extrêmes se touchent.

Le nombre 60 est consacré au soleil, père des saisons, des jours et des heures ; parce que l'Egypte est la première contrée de la terre où l'heure ait été divisée en soixante parties. C'est pour cela que le crocodile, dont la vie commune est de soixante années, sert d'hiéroglyphe au soleil et aux heures.

J'appris encore des Egyptiens que le nombre 16 répété, représente l'union conjugale. A 16 ans, l'homme et la femme en Egypte sont avertis par la nature de penser à se conjoindre.

Le prêtre. Nous symbolisons le silence par le nombre 1095, somme des jours des trois première années de la vie. L'enfant du premier âge est trois ans sans parler.

Le nombre 365 figure parmi nos hiéroglyphes.

---

(1) Voy. p. 98 du *Pythagoras* Steph. Roderici.

Pour exprimer qu'un homme touche au terme fatal, nous disons : il est au 365eme. jour de sa grande année ; c'est-à-dire, à la dernière journée, au dernier moment de sa vie.

Mon Mentor Isiaque ajouta, en élevant la voix :

Gloire aux nombres ! ils ne sont que 9 ; et ces 9 caractères suffisent pour exprimer les quantités infinies. Dans nos loisirs et pour exercer les élèves de nos écoles, nous avons calculé avec ces 9 caractères seulement le nombre des grains (1) de sable qui seraient nécessaires pour remplir tout l'espace de la terre aux cieux.

Nous avons encore essayé un concordance des nombres littéraires et des lettres numérales, afin de pouvoir élever nos calculs aux plus hautes puissances par diverses formules, se prêtant secours l'une à l'autre.

§. LXI.

Géométrie et Musique égyptiennes. Découvertes de Pythagore.

LE prêtre d'Isis me fit passer à l'art du calcul, où les Egyptiens ont encore été nos premiers maîtres ; avant nous, ils se servaient *d'abaques* sur lesquels ils plaçaient leurs signes numériques de droite à gauche, à l'inverse de notre usage. Leur table de multiplication est une espèce de cadre parallellogrammatique, divisé par plusieurs lignes mobiles ou cordes d'airain, en-

---

(1) Ce tour de force numerique a été attribué à Archimède.

filant chacune une égale quantité de petites boules d'ivoire ou de bois qu'on peut hausser ou baisser à volonté. Par leur disposition respective et suivant les rapports des inférieures aux supérieures, en marquant les nombres de même genre, en diverses classes, on procède à toutes sortes de calculs ; car l'alphabet des Egyptiens ou leurs lettres n'ont rien de commun quant à leur abaque ou leurs chiffres (1).

Mes chers disciples, c'est la vue de ce procédé fort simple qui me donna l'idée d'une *table de multiplication* à laquelle vous avez voulu attacher mon (2) nom, sans doute à cause de son utilité. C'est là son seul mérite.

Mais ils ont excellé principalement dans la science des surfaces, qu'ils appellent le premier, et même le père de tous les arts. Selon leur louable usage, ils en ont tiré des leçons emblématiques, applicables à toutes les circonstances. Ils croient que le point de la géométrie donna naissance aux signes numériques (3), et que dans l'origine, on ne se servait que de points pour exprimer les quantités, ainsi que les grandeurs. La nature indiqua elle-même ce procédé.

---

(1) Ces chiffres sont venus jusqu'à nous, gratuitement appelés *arabes*.
 Buttner. *Dissert. in*-4°. Gottingue. 1779.

(2) La fameuse table de Pythagore, dont l'Italie adopta l'usage.

(3) *Traité des signes*, par Costadau. p. 85. tom. II. *in*-12.

Un point (.) fut d'abord l'unité, 1. (:), 2, (. .), 3. Ce troisième signe, dans l'ordre des chiffres et des mesures, donna lieu au triangle géométral, puis à la pyramide, ou au triangle pyramidal solide (1). (: :), 4, fit trouver le cube. (:.:) 5 le cercle, (.·.) 6, ou le double de (. ·.) 3. (:::) 7. L'obélisque fut imaginée pour y faire reposer la sphère du monde. (: : :) 8. La colonne, ou le pilastre qui donna l'idée à Hermès de ses colonnes savantes, (|) 9, ou le nilomètre. 10 fut exprimé par un (.), comme l'unité, en observant de laisser après ce point un espace, ou intervalle vide ; ainsi, pour exprimer onze, on mit (· ·) 11, et ainsi du reste.

Pour tracer les surfaces, et passer de l'arithmétique à la géométrie, on n'eut autre chose à faire qu'à tirer des lignes droites, obliques, ou courbes, d'un point donné à un autre point. Le chiffre 2, ou (:), ou (··), représenta la ligne | .—. perpendiculaire ou horizontale. 3 (. ·.) la surface la moins compliquée, la plus simple, le triangle △. 4 (: :) le carré, le carré cubique, ou le solide ☐, etc. 5 (:·:) le pentagone, ou cercle imparfait ⊗ composé de triangles, et ainsi de suite.

De ces premières notions, il suit que le triangle peut être considéré comme le sym-

---

(1) Timée. *An. mundi.* III. 5.

bole de la génération des corps. Tout corps principe, tout élément des corps doit avoir nécessairement la forme triangulaire.

Il suit encore que le carré offre l'image de cet univers, se reposant de son propre poids sur lui-même; mais cette masse immobile est composée de parties toujours en mouvement.

Après un moment de réflexion, j'osai proposer au ministre d'Isis le premier aperçu d'une plus vaste conception, basée sur les cinq premières figures des corps solides; je me sentais comme inspiré par le génie même de Thaut.

Du cube, lui dis-je, qui est le corps carré à six faces, semble avoir été faite la terre.

De la pyramide, le feu.

Du corps à huit faces, qui est l'octaèdre, l'air.

De l'icosaèdre, qui est le corps à vingt faces, l'eau.

Et du dodécaèdre, qui est le corps à douze faces, la suprême sphère de l'univers (1).

Tout n'est point en hiéroglyphes dans les syringes d'Hermès; sur quantité de colonnes, et sur le sable, je vis tracées les propositions élémentaires de la géométrie; mais ce sont autant d'énigmes pour l'observateur superficiel. On a supprimé les démonstrations, pour ne conserver que l'énoncé du problême; et s'il y eut de la gloire à trouver ces premiers linéamens de la science, comme il ne faut point en douter, la gloire n'est peut-être pas moindre à s'en rendre raison à soi-même, pour en découvrir la théorie. C'est ce que fit Thalès

---

(1) Plutarque, par Amiot. *Opinions des philosophes.*

pendant son séjour en Egypte, où il trouva ce beau théorême : l'angle pris dans la circonférence du cercle et appuyé sur deux extrémités du diamètre, est toujours droit. Il n'eut peut-être qu'à le démontrer et à en déduire toutes les autres propriétés du cercle, et ces résolutions qui donnent les mesures des distances inaccessibles.

A l'exemple du sage de Milet, j'interrogeai ces pierres muettes et savantes de Memphis, et j'aime à leur rendre ce témoignage éclatant; c'est après avoir médité sur chaque point, sur chaque ligne, sur chaque figure, tracés de temps immémorial dans ce sanctuaire primitif de toutes les sciences, que j'ai pu énoncer quelques-unes de ces grandes vérités dont on me fait honneur. Ce qu'il y a de certain, c'est que si je n'avais point voyagé en Egypte, l'Italie et la Grèce ignoreraient peut-être encore que les trois angles internes du triangle sont égaux à deux angles droits. Oui ! je l'ai dit, un hécatombe aux muses ne serait rien de trop pour les remercier de la découverte de ce grand théorême, dont l'Inde réclame aussi l'honneur.

Le carré de la base d'un triangle rectangle est égal aux carrés des deux autres côtés pris ensemble (1).

Cette seule proposition sert de fondement à une grande partie des mathématiques, et de pivot à toute la géométrie.

J'en parlai à l'homme sacré qui me servait de guide. Voilà bien le génie sacerdotal : mon prêtre d'Isis s'empara aussitôt de ma découverte, pour en faire l'application forcée à sa théogo-

---

(1) Voy. Euclide, par Déchalle et Ozanam.

nie physique. Il me dit, comme par inspiration : « La ligne perpendiculaire de ta figure est notre Osiris (1) ; ou le soleil, ou l'ame du monde. La soutendante m'offre Isis, ou la lune, ou la matière. Orus, ou l'univers, sera représenté par le quart ou le total des rapports calculés des deux lignes composant le rectangle ».

C'est à cette même époque que j'ébauchai ma doctrine des *isopérimètres* (2), d'après mes études à Memphis et à Thèbes, je parvins à démontrer que de toutes les figures de même contour, parmi les planes, la plus grande est le cercle, et parmi les solides, la sphère.

Je suis encore redevable à l'Egypte, du moins aux élémens des sciences qu'elle a su nous transmettre avec tant de soin, des divisions harmoniques du monochorde. Mon génie inventif ne se mit pas beaucoup en frais pour trouver cet instrument régulateur de tous les instrumens de musique. Il n'y avait pas beaucoup de chemin à faire de l'*abaque* de Memphis au *monochorde* (3), sur-tout d'après mon observation de la forge. Le bruit régulier des marteaux, qui frappaient en cadence sur une enclume, me fit penser à une gamme ou *échelle graduée*. Les cordes *de l'abaque* me revinrent à l'esprit ; je conçus l'idée de calculer les sons comme les Egyptiens calculent les nombres, de leur assigner une valeur déterminée, en un mot d'assujettir l'oreille à des mesures certaines, comme

---

(1) Voy. le traité d'*Isis* et d'*Osiris*, par Plutarque.
(2) Diogen. Laërt. Montucla. *Hist. mathém.* tom. I. *in-*4°.
(3) *Hist. de la musique.* 1715. *in-*12.

on le pratiquait déjà pour les yeux; de façon que la musique, soumise aux mathématiques, puisse recevoir des loix en même-temps de la géométrie et de l'arithmétique. Les succès et l'expérience de l'Egypte facilitèrent beaucoup mon travail (1). Orphée, avant moi, avait déja profité des notions sur ce bel art, recueillies sous le noms d'Osiris, et principalement de Mercure Trismégiste. En étudiant leur théorie, fondée toujours sur la pratique, j'en suis venu à rejeter le sentiment en musique, et à prétendre que les principes de cette haute science ne donnent prise qu'à l'intellect (2). Je n'ai point recours au jugement de l'oreille. Je ne consulte que la proportion harmonique. Il me suffit que toute théorie musicale soit renfermée dans les bornes de l'octave. Je m'en tiens à ce que la doctrine des proportions m'apprend par rapport a la vîtesse plus ou moins grande des vibrations qui, dans les corps sonores, produisent les divers sons. Ainsi, comme dans l'octave le nombre des vibrations de la corde la plus aigue est précisément le double de celle de la plus grave, j'en conclus que cette consonnance est en raison double, ou de deux à un.

C'est en Egypte que j'ai trouvé ce théorême fécond, qui fait toute la base de la science des sons : *la musique est un concert de plusieurs discordans*; cette définition est d'autant plus heureuse, et d'autant mieux dans le génie du sage peuple du Nil, qu'elle pouvait

---

(1) *Musurgia univ.* Kircheri. 1650. *in-fol.*
(2) *Acie mentis*, dit Plutarque, dans son *traité de musique.*

servir en même-temps de symbole à la vie sociale. L'ordre social est une musique ; la société civile est un concert formé de plusieurs discordans. Le législateur et les magistrats sont là pour faire observer la mesure aux nombreux concertans qui exécutent un grand morceau d'harmonie.

C'est dans le même sens que j'ai répété, d'après les Egyptiens, que le mouvement des orbites (1) célestes qui emportent les sept planètes, forme un concert parfait. Mais c'est par les nombres et non par les sons qu'il faut estimer la sublimité de la musique. Etudiez le monocorde. Vous y trouverez des tons propres à chaque passion, pour ralentir ou exciter selon le besoin, les mouvemens de l'ame. Préférez la lyre à la flûte (2), et ne cherchez point à corrompre la pureté première, l'antique simplicité de l'harmonie égyptienne, que les Grecs ont énervée et finiront par rendre méconnaissable, s'ils s'en rapportent à la foule des novateurs, dont ils paraissent si fiers. La musique est une langue universelle qu'ils ne faut pas abandonner aux caprices ou aux prétendues perfections des grammairiens qui se disent harmonistes, et qui sont si peu d'accord entre eux. La science des sons, et celle des mots, ne font, pour ainsi dire, qu'une seule et même théorie; comme elles ont la même origine, les mêmes règles leur sont applicables.

Pourquoi ne pas s'en tenir à la lyre d'Orphée, au jeu de la cythare d'Amphion et de Terpandre, aux chants plaintifs de Linus, aux

---

(1) Ficinus, *de vitâ cœlitus comparandâ*. III. 25.
(2) Bonami, sur Empedocle. *mém. acad. insc.* XIV.

Tome II.

hymnes d'Anthès, aux poëmes de Piérius, l'ami des Muses, aux chœurs de danse de Philamon, et aux sons belliqueux de Thamyris. Long-temps les Egyptiens n'eurent d'autres instrumens que le chalumeau, et la trompe inventée par Osiris.

Olympe, Phrygien d'origine, et dont les airs excitent une sorte d'enthousiasme, fut le premier qui apprit aux Grecs l'art de toucher les instrumens à cordes; instruit par les Dactyles du mont Ida, il devint un grand maître et le chef de la musique de son temps.

Hyagnys et Marsias, son fils, furent les deux plus anciens joueurs de flûte. Le premier fut le père de l'harmonie phrygienne. Le second eut le secret de rassembler dans la flûte tous les sons épars, provenant des diverses ouvertures du chalumeau.

Jadis il n'était pas permis de composer sur la cythare des airs à discrétion, ni de rien changer dans le jeu de cet instrument, soit pour l'harmonie, soit pour le rhythme. Le musicien conservait fidèlement à chacun de ces airs antiques le ton qui lui était propre. C'est ce qui fit appeler ces chants, *nomes* (*lois modèles*), parce qu'ils avaient tous différens tons, qui leur étaient affectés, et qu'on regardait comme des règles invariables dont on ne devait point s'écarter. Sparte eut des nomes pour régler ses *gymnopédies* (*danses nues*); Argos en eut pour accompagner ses *endymaties* (*danses vêtues*).

Les Egyptiens ont de la musique une bien plus haute idée encore. Selon eux, l'invention n'en peut-être que divine; et les découvertes d'Hermès, en cette partie, sont un de ses plus beaux titres à l'apothéose qu'on lui décerne. Les pontifes qui pratiquent cette belle science, lui conservent toute sa dignité, et blâment beaucoup les Grecs, qui s'étudient à la rendre chaque jour plus efféminée, plus molle; telle que l'harmonie lydienne sur la mort de Python, qui a tant dégénéré du mode égyptien, consacré dans les malédictions prononcées au son de la flûte contre Typhon.

L'harmonie dorienne, qui a plus de noblesse et de magnificence, convient davantage aux hommes courageux et tempérans, et renferme quelque chose de plus utile au maintien d'un bon gouvernement.

Ce n'est pas par ignorance des différentes harmonies, que les premiers théoristes et praticiens se réduisaient à un petit nombre de cordes. Tout simples que soient les airs qui ne roulent que sur trois cordes, ils ont plus de perfection que ceux où elles sont variées et en grand nombre. S'ils retranchaient le tétracorde du mode dorien, c'était pour mieux garder le caractère propre à ce mode, dont ils savaient apprécier toute la beauté. Anciennement on cultivait le rhythme (*la cadence*) de préférence à tout, et on évitait les chants rompus.

Les Egyptiens attachent beaucoup d'importance à la culture de la musique. Ils la croient propre, plus que toute autre institution, à former l'ame des jeunes hommes, en la familiarisant avec cette sorte d'harmonie qui les porte à tout ce qui est honnête. La musique excite en nous les belles actions. Les Grecs ont retiré du moins ce fruit de leur commerce avec le Nil. Chez les Lacédémoniens, le son des flûtes fait affronter les périls de la guerre.

C'est toujours en répétant le cantique de Castor qu'ils vont en bataille à l'ennemi. Dans l'île de Crète, la lyre règle les marches militaires; ailleurs, c'est la trompette. Les habitans d'Argos, dans leurs jeux sthéniens en l'honneur de Jupiter, se servent de la flûte, pour animer les combattans.

Mais quand cet instrument, pour varier son jeu, renonça à sa première simplicité; du moment que la lyre eut plus de sept cordes, la musique dégénéra. Douze cordes la rendent plus lâche; ceux qui veulent trouver douze harmonies différentes dans les sept cordes, ne contribuent pas moins à la corruption de l'art, ainsi que les chanteurs qui se permettent des roulemens diatoniques, des inflexions de voix dépourvues d'harmonie : comme ces saltimbanques et ces danseurs, qui pirouettent sur eux-mêmes avec plus de bonheur et de force que de grâces et de légèreté. Les frédons prophanes tuent la voix, et déchirent l'oreille.

Mes disciples bien-aimés, que celui d'entre vous qui voudra s'appliquer à la musique avec un juste discernement, se propose toujours l'ancienne méthode pour modèle ! mais qu'il prenne avant tout, la philosophie pour guide ! elle seule est capable de décider quelle sorte de poësie peut convenir à la musique.

N'apprenez point cette science au hasard et sans distinction du mode auquel il convient davantage de s'attacher. Imitez les anciens Spartiates. Ayant fait choix d'un seul mode, de celui qu'ils estiment le plus propre à régler leurs mœurs, ils en demeurent-là.

Achille restait oisif pendant sa colère contre Agamemnon; Homère croit ne pouvoir donner d'occupation plus décente à son héros, que celle de la musique. Hercule en fit usage, ainsi que plusieurs autres grands hommes ou Demi-Dieux, tous élèves du sage Chiron, habile également dans la médecine, dans la science politique et dans celle des accords.

Celui donc qui, s'appliquant à l'étude, aura dès sa tendre jeunesse, été instruit dans cette art avec tout le soin nécessaire, pourra, par la suite, discerner ce qu'il y a de bon ou de mauvais en toute autre chose (1). Sa vie ne sera souillée d'aucune action indigne de l'homme; il deviendra très-utile à lui-même et à son pays, en ne se permettant rien que de concerté dans sa conduite et dans ses discours.

Toute ville bien policée est celle où l'on prête une attention sérieuse à la bonne et saine musique. Terpandre n'eut besoin que de quelques accords pour appaiser une sédition. Législateurs! soyez toujours poëtes et musiciens, comme l'ont été vos devanciers. Ayez du moins auprès de vous, comme Lycurgue, un maître de lyre pour faire aimer vos lois, en leur prêtant le charme de l'harmonie.

Homère raconte que pour se délivrer d'une contagion qui ravageait leur camp devant Troye, les Grecs n'employèrent que la mélodie de leurs cantiques. Ce second fait est plus merveilleux que le premier; c'est qu'Homère, en s'exprimant ainsi, usa du style figuré de ses premiers maîtres. Le poëte veut dire sans

---

(1) *Unde colligere est Pythagoricis musicam esse quam hodie philosophiam appellamus.*

Lampertus Alardus, *de veterum musicâ.* 1636. *in-*12. cap. VIII.

doute, qu'on mit fin à la peste, par l'harmonie des mesures employées contre ce fléau.

Il est des circonstances moins fâcheuses où la musique produit les plus heureux effets. Dans les banquets, qu'y a-t-il de plus capable de contre-balancer et d'adoucir la trop grande force du vin ? Cette liqueur excite le trouble dans le corps et l'ame des convives ; la musique rétablit le calme, en ramenant l'un et l'autre à leur état naturel par l'harmonie des sons.

Le prêtre de Memphis insista beaucoup sur ce que le mouvement de l'univers et le cours des astres, ne s'accomplissent point sans une sorte de musique. Le grand *Cnef*, ou le génie de la nature, a tout mis en ordre dans le monde, d'après les saintes règles de l'harmonie.

Mais sous le spécieux prétexte de perfectionner, qu'on ne s'expose pas à corrompre le plus sublime des talens ! et notre mythologie nous donne à ce sujet, une forte leçon : La lyre qu'Apollon lui-même mit dans les mains de Linus, son fils, était de trois cordes de lin. Linus y substitua trois cordes de nerf d'animal, pour rendre, disait-il, son instrument plus harmonieux. Cette innovation lui coûta la vie. Son père l'immola de ses propres mains : symbole de l'importance qu'on attachait jadis au grand art des accords.

Le prêtre de Memphis, à qui je racontai l'anecdote, la revendiqua au nom de son pays. Encore aujourd'hui, nous faisons commémoration de cette triste aventure. Nous consacrons sous le nom de *Maneros*, une fête lugubre au malheureux Linus, trop puni sans doute, mais avec justice.

Tous les maux politiques qui affligent les peuples ne sont-ils pas dûs aux mal-intentionnés ou aux inhabiles qui troublent l'harmonie sociale par des réformes mal concertées, ou anticipées ? Qu'on se garde de toucher même aux mauvaises lois, pour peu qu'elles soient d'accord entre elles : le bien, mal ordonné, fait plus de mal que le mal même. Cependant Orphée, à son retour d'Egypte en Grèce, ajouta deux nouvelles cordes aux sept de la cythare de Mercure, et inventa le vers hexamètre.

Nous avons inspiré à votre Homère, continua le prêtre de Memphis, tant d'estime, pour la musique et pour ceux qui la cultivent, qu'Agamemnon quitte sans inquiétude son palais et ses états, après avoir placé auprès de sa femme et à la tête du gouvernement, un habile harmoniste de Corcyre nommé Démadoque. Si l'événement ne répondit point aux précautions du grand roi, c'est que la passion discordante de la reine l'emporta et rompit toutes les mesures du ministre sage, mais aveugle. Son frère Phemius fut plus heureux contre les poursuivans de Pénélope à Ithaque.

Je marquais de la surprise de voir mon guide aussi familiarisé avec les poëmes d'Homère.

Que ton étonnement cesse, me répondit le prêtre memphien ; en me faisant passer dans un lieu dépositaire des archives sacrées de l'Egypte et des nations voisines. Il m'y déroula deux volumes contenant le récit de la guerre de Troye (1) et des aventures d'Ulysse : voici

(1) Caylus, *acad inscript.* au tom. XIII. de l'*hist.* p. 35. *in*-12.

les deux sources où le grand poëte de la Grèce, puisa sans difficulté. Voici les matériaux que son génie a mis en œuvre. Nous lui fûmes utiles ; et qu'il nous soit permis de revendiquer cette gloire pure !

Pythagore. Homère du moins sut profiter de son séjour parmi vous.

Le prêtre. D'autres, avant lui, avaient déjà habillé l'histoire du brillant manteau des Muses. Doit elle s'en applaudir ? En devenant plus agréable, en est-elle devenue plus utile ? Votre divin Homère a laissé un bien dangereux exemple. Il avait du génie sans doute, mais peut-être aux dépens de la sagesse. Lui et ses devanciers ont introduit le désordre de l'imagination dans les sciences naturelles, politiques et religieuses.

Pythagore. Le mal n'est pas si grand que tu penses. Homère, pour ne parler que de lui, en peignant les passions et leurs excès, en a réglé l'usage. Les Grecs lui rendent plus de justice, peut-être parce qu'il leur a rendu plus de service qu'à l'Egypte. Homère a un grand tort à ses yeux : il détourna, en faveur des Grecs, l'attention qu'elle absorbait presqu'exclusivement.

Ministre d'Osiris, ajoutai-je ; tu n'apprendras pas sans intérêt, qu'Homère mit autant d'harmonie et de sagesse dans sa conduite que dans ses chants. Il tint école de musique à Smyrne, et ses élèves payaient ses leçons en laine. Il eut le bon esprit de prendre pour femme celle des filles de la ville qui sut le mieux filer et employer son temps.

Le prêtre. Ce trait de mœurs excuse les écarts de sa verve. Passons à Terpandre, il nous montra sa lyre heptacorde, en s'en attribuant l'invention. Nous nous contentâmes de lui répondre : notre second Hermès fit présent à Orphée d'une écaille de tortue à sept cordes.

PYTHAGORE. Prêtre Isiaque, le même Terpandre, à Sparte, fut condamné à une amende comme novateur, pour avoir ajouté une corde à la cythare. Pourtant les accords de ce chantre célèbre guérissaient les malades à Lesbos et dans l'Ionie.

LE PRÊTRE. Comme nous faisons en Egypte. Le corps humain n'est-il pas une espèce d'instrument de musique? La vie du sage est une lyre sous des doigts harmonieux. Nous appliquons le nom de *lois* aux règles du chant et aux airs eux-mêmes. Le législateur et le médecin gouvernèrent jadis le peuple et les malades, à l'aide de la musique ; avant l'invention des caractères communs, les lois étaient mises en chants que nous donnions à répéter. Moyen sûr pour qu'on les ait toujours présentes à la mémoire! et elles n'en étaient pas moins respectées.

PYTHAGORE. Je regrette ces temps heureux.

LE PRÊTRE. C'était alors le beau siècle de l'Egypte. Nous faisions tout en chantant, ou au son du chalumeau ; les semailles et la récolte, la guerre et la paix, les actes civils et religieux. Nos premières pyramides furent construites au bruit des hymnes. Toute la nation formait un chœur harmonieux dont le soleil était le conducteur. Cet âge d'or fut l'ouvrage de notre Hermès trismégiste.

PYTHAGORE. Reviendra-t-il?

LE PRÊTRE. Sans doute, mais après une longue série de siècles.

Pythagore. La Crète eut aussi ses beaux jours, du temps de Thaletas, poëte lyrique en même temps que philosophe et politique. Sous l'ombre de ne composer que des airs de musique, il faisait tout ce qu'on aurait pu attendre des magistrats les plus consommés. Ses odes sont autant de proclamations à la concorde qu'elles inspirent par l'agrément et la gravité de leur mélodie et de leur cadence. Elles adoucirent insensiblement les mœurs du peuple, en le portant à l'amour des choses honnêtes, et le délivrèrent des animosités qui le troublaient sans cesse auparavant.

Sparte, qui mérite d'être citée souvent en exemple, doit à ce musicien poëte des danses armées ou guerrières, qui s'exécutent, au son de la flûte, autour de l'autel de Mars, pendant que le feu consume la victime. »

Mes chers disciples, je vous recommande les vieux (1) *paeans* de Thaletas. Ce sont des airs graves et mâles qui conviennent aux philosophes. Je les ai chantés bien des fois, au lever du Soleil, en m'accompagnant de la lyre. Je les préfère au mode lydien qui fait danser les îles au milieu des étangs, et les attire vers le rivage comme un troupeau de poissons.

Tenons-nous-en au vrai système de la bonne musique, à celui de l'heptacorde (*l'octave*). Les sons s'y trouvent dans la situation la plus favorable à une harmonie mâle, pleine de dignité, également éloignés du trop grave qui les rend sourds et du trop aigu qui les rend

---

(1) ... *Veteres quasdam Thaletis paeanas accinens* (Pythag.), Porph. V. p. 37. *in*-4°. ed. Amst. 1707.

glapissans, plus faibles, moins perceptibles à l'oreille.

Défions-nous du jugement de l'oreille dans l'établissement des proportions entre les diverses consonnances; et laissons les autres donner la préférence, en matière de musique, au sentiment sur la raison.

§. LXII.

Installation du Taureau-Dieu Apis. Culte du matin à Isis.

Depuis plusieurs déca s, je m'étais condamné à la réclusion dans les souterrains du premier temple de Memphis, tout entier à l'étude des savantes colonnes de Thoht. Un jour, le prêtre qui me servait de conducteur, m'aborde avec l'air de la tristesse, et vêtu d'habits funèbres.

Pythagore. Quel accident t'est-il arrivé? L'Egypte est-elle menacée de quelqu'événement sinistre? Le roi Amasis serait-il aux portes du tombeau?

Le prêtre. Notre dieu Apis (1) vient de mourir à sa vingt-septième année. Depuis un mois, il avait peine à se tenir debout, pour recevoir l'hommage et les offrandes du peuple. Il refusait les alimens les plus exquis. Pour épargner aux dévots Memphiens le scandale de voir leur divinité succomber à leurs yeux, nous l'avons cette nuit noyée dans la Fontaine Sainte où elle s'abreuvait. Déjà la multitude est instruite de cette calamité; et tout Mem-

---

(1) Macrob. *saturn.* I. cap. 22. Amm. Marcell. Strab. I. 17. Plin. *hist. nat.* VIII. 46.

phis a pris le deuil. Comme il est aussi dangereux de laisser le peuple long-temps sans Dieu que sans roi, l'ordre est donné de lui chercher un successeur et de nous l'amener. Le taureau doué des qualités requises va se rendre à Nilopolis, où il doit séjourner pendant quarante révolutions diurnes du Soleil. Cette ville privilégiée, sise dans les terres, communique au Nil par un canal dérivé du lac Mæris. On y a élevé une pyramide, pour lui donner une plus grande considération. Déjà quantité de femmes de Memphis et des environs sont parties pour aller jouir de la présence du nouveau Dieu, et grossir son cortége, quand on le transportera dans son temple.

Pythagore. Prêtre d'Apis, tu voudras bien m'avertir de son arrivée. Je veux me trouver à son installation. La pompe sacrée d'Héliopolis m'a trop satisfait, pour demeurer indifférent sur celle de Memphis.

Le prêtre. Mais ici, c'est tout un autre spectacle.

Pythagore. Raison de plus pour y assister.

Le prêtre. Qui veut tout voir s'expose à voir plus qu'il ne veut.

Ce que j'avais déjà entendu dire de cette solennité revint à ma mémoire, au peu d'empressement de mon guide; et les détails de cette fête auxquels j'avais peine à croire sur leur simple récit, ne justifièrent que trop la honte du pontife aux yeux des étrangers.

Toute la capitale voulut être présente à l'entrée solennelle du taureau d'Osiris dans le bois sacré de Vulcain. Les prêtres allèrent au-devant, tenant à la main une branche d'absinthe (1) marin, de l'espèce la plus estimée; celle qui croît au territoire de Taphosiris, ou la ville du tombeau d'Osiris. En Egypte, on fait un breuvage de cette plante, pour chasser les vers des entrailles.

Le Taureau-Dieu sortit de sa nacelle dorée au bruit des cantiques et des instrumens. La foule était immense sur son passage. Les femmes occupaient les premiers rangs; et on leur cédait le pas, d'autant plus volontiers, que la fête passée, la vue du dieu Apis leur est désormais interdite. Mais, pendant les premiers jours, elles sont, pour ainsi dire, chargées d'en faire les honneurs. La manière dont je les vis s'en acquitter, bouleversa toutes mes idées. J'assistai au cortége (2) du taureau sacré. Il s'ouvrit par l'image de ce Dieu peint avec soin et à grand frais, et placée au haut d'une perche d'or. Derrière lui, on conduisait plusieurs génisses destinées à ses besoins les plus impérieux. Des alimens en abondance et choisis précèdent sa marche. On étend sur sa route de larges et beaux tapis de Tyr. Tout le peuple s'agenouille en sa présence. Des vases de parfums fument à ses côtés. L'air retentit d'hymnes en son honneur. Les mères de familles lui consacrent toute la chevelure de leurs enfans, et déposent entre les mains des pontifes autant d'argent que pèsent ces cheveux rasés. D'autres femmes poussèrent plus loin leur dévotion, et crurent qu'elles ne devaient avoir rien de secret pour leur divinité. Les choses

---

(1) Dioscorid. Plin. *hist. nat.* XXVII. 7.
(2) Plutarch. *Isis et Osiris.* Hérodot. II. Plin. *hist. nat.* VIII. 46. Clement Alex. *Strom.* V.

furent portées au-delà des excès religieux en usage à Canope. Je sortis avant la fin de cet étrange cérémonial.

« Hé quoi! dis-je au pontife, avec une émotion dont je ne fus pas le maître : ministre du sage Osiris et de la chaste Isis ! Vous souffrez de telles turpitudes dans votre temple, et jusque sur le seuil du sanctuaire ! N'est-ce point un mauvais rêve, produit d'une imagination déréglée ? Ai-je vu en effet des femmes de tout âge, pour paraître, disent-elles, dans leur pureté native (1) devant le nouveau Dieu, se dépouiller jusqu'au dernier vêtement, et se produire ainsi, sans même avoir conservé ce que la nature donne pour tenir lieu de voile? (2) Graves pontifes, vous présidez ce cérémonial religieux, et vous qualifiez de danses sacrées, les mouvemens rapides et désordonnés de ces femmes sans pudeur. Sans doute que ce ne sont pas là les mystères de la sagesse égyptienne dont vous paraissez tant jaloux.

LE PRÊTRE. Jeune étranger, la politique a aussi les siens. Le spectacle qui t'a révolté avec justice au premier abord, n'est pas tout aussi criminel qu'il te semble. De toutes les femmes que tu as vues autour du taureau Apis, aucune n'est sortie du temple pire qu'elle n'y était entrée. Et cette fête n'a rien coûté à celles qui ont quelque chose à perdre. L'usage devant lequel toutes les lois se taisent, introduisit ces danses que le peuple ferait cesser s'il en était

---

(1) Diodore de Sicile, liv. I. p. 54 et 55 de la *traduction* d'Amiot.

(2) Les femmes d'Egypte s'épilaient tout le corps, à l'occasion de cette fête.

le témoin étranger; l'idée du culte jette son voile sur ces nudités, et en préserve les mœurs des autres classes de citoyennes. Jusqu'à présent, on n'a pu faire disparaître un excès qu'en introduisant un abus. Le sang humain ne coule plus sur nos autels; pour obtenir la cessation des sacrifices d'hommes, peut-être a t-on été obligé d'immoler la pudeur des femmes; et on doit de la reconnaissance à celles qui, n'ayant plus rien à conserver, veulent bien acquitter la dette des filles honnêtes, des épouses vertueuses, dont Apis exigerait la présence et l'abandon, s'il ne s'en trouvait pas d'autres. Si le peuple n'était qu'un rassemblement de sages, il n'aurait pas besoin de prêtres, ni de magistrats. Les principes de la science du gouvernement ne se calculent point avec la même exactitude, ne s'observent point avec la même rigidité que ceux des mathématiques. On dispose des nombres plus facilement que des hommes.

PYTHAGORE. Des femmes, chez un peuple sage, se dégrader ainsi, se prostituer à un taureau !...

LE PRÊTRE. Les Grecs si délicats, ne se montrent pas tant scrupuleux. Ils s'empressent de naturaliser nos usages dans leur légende. N'ont-ils pas déjà l'aventure d'Europe et celle de Pasiphaë? que penserais-tu donc, si tu assistais à la fête du crocodile dans la ville d'Antée, ou du bouc dans celle de Mendès (1)? Il y a sans doute des mœurs dans la Grèce, malgré les orgies annuelles des bacchantes. Pourquoi ne passerait-on point à l'Egypte ce

---

(1) Plutarq. *in grillo*. Jablouski. I. 2. ch. VII. p. 277.

que tu as vu aujourd'hui, et qui ne se répète que tous les vingt-cinq ans, en faveur de la régularité de conduite que tu as pu remarquer dans le plus grand nombre des ménages, même à Memphis, près de la cour »?

Peu content de ces explications, je quittai assez brusquement le prêtre isiaque, en lui disant que j'avais besoin de me rafraîchir le sang, et de respirer un air plus pur. Je lui fis accepter un anneau d'argent (1), où j'avais gravé les différentes phases de la lune.

Sorti de Memphis, je me répandis dans les champs voisins. Au lever du soleil, je rencontrai sur ma route, un oratoire d'Isis (2). L'heure de la prière du matin approchait. Je résolus d'y assister. Ce petit temple est élevé de sept gradins ; deux colonnes seulement portent l'épistyle, enlacées de lierre, et ornées chacune d'un rameau de palmier. A l'architrave est suspendue une couronne tissue de feuilles. Cet édifice de part et d'autre, est flanqué d'un mur moins élevé que le portique, et façonné en créneaux arrondis. Des deux côtés se trouvent de verts bosquets d'*Acacias* (3), d'où s'élancent deux hauts palmiers. Je re-

---

(1) ... *Argenteos largiebatur, quos propriâ manu fabricatus fuerat* (Pythagoras).
    Oth. Heurnii *philosophiae primordia*. p. 70.

(2) Tous les détails suivans sont copiés de deux tableaux trouvés dans les fouilles de la ville d'Herculanum. Voyez-en les *antiquités*, volume des *peintures*.

Il y avait à Herculanum un collége de prêtres isiaques.

(3) L'acacia d'Egypte est un assez grand arbre, garni d'épines, et chargé de longs bouquets de fleurs blanches, d'où naissent une sorte de lupins fort durs. Ce végétal était sacré. *OEdip.* de Kirker. tom. III.

connus

connus parmi, des grenadiers (1) de la même espèce que ceux de Samos.

L'entrée de ce lieu saint, décorée d'une double guirlande, est gardée de chaque côté par un sphinx de basalte, portant sur sa tête la fleur du lotus, et posé sur une base quadrangulaire ou cubique de pierre blanche. Chaque sphinx a son Ibis voltigeant sur sa croupe. Deux autres volatiles de la même espèce se promenaient devant un autel à quatre pans et à quatre cornes, placé au bas des degrés de ce sanctuaire, fermé par une balustrade. A droite et à gauche de la porte, deux fénêtres longues et étroites sont pratiquées dans la muraille, et ne laissent entrer qu'une lumière faible et mystérieuse.

Un ministre du culte, couvert d'un vêtement blanc, long, étroit et à courte manche, descendit vers l'autel pour y allumer le feu sacré, ou plutôt pour en exciter la flamme; il tenait à la main un éventail (2) de plumes. Deux autres prêtres l'assistaient; l'un était armé d'une longue verge, comme pour écarter la foule; l'autre agitait un sistre (3) dans sa main. Deux ministres subalternes vinrent aussi prendre leur place aux deux côtés de l'autel. L'un d'eux assis à terre, le dos appuyé contre la muraille de l'enceinte, se mit à jouer d'une longue flûte. Le second resta debout, et sonna d'un instrument un peu recourbé; c'est la trompe égyptienne.

Une foule de personnes de tout âge, de tout

---

(1) Plin. *hist. nat.* XIII. 19.
(2) *Flabellum; muscarium*.
(3) Bossius, *isiacus*. mediol. 1622. Voy. aussi Bened. Bacchini.

sexe, et de costumes différens, se rangea sur une double haie, à quelque distance de l'autel allumé. Plusieurs avaient à la main des branches d'arbres et des bouquets; d'autres des couronnes d'herbe et de *colocases* (c'est la fleur d'une féve d'Egypte); d'autres des touffes d'*agrostis* (1), pour rappeler le premier aliment des hommes en Egypte. Quelques jeunes filles, les cheveux déliés, portaient sur leur tête des paniers, ou bassins de fruits et des corbeilles de fleurs. Les femmes mariées nattent leurs cheveux, ou les renferment dans un réseau. J'en vis qui avaient sous le bras des faisceaux de petites gerbes de blé-froment et d'orge. La plupart avaient les pieds et les bras nus.

Les vieillards, hommes et femmes, commencèrent par s'agenouiller, en se renversant le corps sur les talons, et tendant les mains vers le sanctuaire. Le pontife enfin parut, précédé de trois ou quatre assistans. Le premier posant l'index sur sa bouche entr'ouverte, armé d'une longue verge, en frappa trois coups sur chacun des deux sphinx. Le second agitait des crotales entre ses doigts; le troisième jouoit des cymbales. Le quatrième portait un sistre d'argent, et tenait suspendue à sa main gauche une petite chaîne composée de quatre anneaux, qui, passés l'un dans l'autre, vont toujours en diminuant de grandeur. En secouant cette chaînette de fer avec mesure, il en tirait des sons harmonieux. Les Corybantes et les Curètes (2) font usage d'un pareil instrument.

---

(1) Diodore de Sicile, *bibl.* I. 2.
(2) Lucret. *Nat. Deor.* II.

Ces ministres, la tête fraîchement rasée, s'étaient même coupé jusqu'aux cils de leurs paupières. Ils étaient tous vêtus de la robe de lin d'une blancheur éblouissante et d'une extrême propreté. Le peuple présent à la fête, ne paraissait pas prendre le même soin de ses habits. L'exemple de ses prêtres semblait perdu pour lui.

Le premier pontife, arrivé devant la porte, frappa du pied sur le seuil de l'oratoire d'Isis, comme pour éveiller la divinité, qu'il appela trois fois par son nom. Aussitôt les deux battans s'ouvrirent ensemble au moyen d'un ressort caché. Le célébrant entra seul, pendant que la prière du matin, ou de la première heure du jour, chantée en forme d'hymne (1) par les autres prêtres, fut répétée en chœur par les assistans, accompagnés de tous les instrumens. Je remarquai que le sistre rend un bruit qui tient quelque chose du chant de l'hirondelle (2). En même-temps aussi les couronnes, les bouquets, les corbeilles de fleurs, les bassins de fruits, furent présentés en offrande, tandis que l'encens s'élevait au-dessus de l'autel, et parfumait l'air de sa vapeur.

Parmi les prêtres qui soulageaient le célébrant dans ses fonctions, j'en remarquai deux qui se couvrirent le visage du masque sacré d'Anubis ou d'Hermès. C'était pour annoncer le principal officiant, qui sortit du sanctuaire, précédé de plusieurs chiens (3), et qui, s'arrê-

---

(1) Tibull. *eleg.* I. 3.
(2) *Lettres* de Cuper. *in*-4°. p. 376.
(3) Les chiens marchent devant les pompes d'Isis.
Diodor. Sic. I. *bibl.*

tant sur le dégré le plus élevé, montra l'hydrie sainte qu'il portait dans un pan de sa robe, sur son sein (1); j'observai qu'on avait jeté sur ses épaules une écharpe bordée de franges, servant à lui envelopper les mains, afin de ne pas ternir le vase sacré qu'il présentait aux hommages du peuple; cette draperie recouvrait mystérieusement l'hydrie (2), objet des adorations publiques. A cette vue tout le monde s'inclina profondément, tendit les mains au ciel, et adressa des actions de grâces à la bonne déesse Isis, jusqu'à ce que le vase fût rentré. Alors, le second pontife, s'adressant à l'assemblée, lui cria : « *allez en paix* (3) ».

Je vis les portes se refermer, les prêtres regagnèrent leur logis, et le peuple s'écoula lentement.

J'abordai un vieillard nu jusqu'à la ceinture, et qui, se soutenant à-peine sur un appui de roseau, était resté le dernier; je lui dis : « mon père, né loin de ces lieux, je cherche à m'instruire. Puis-je savoir, ou t'est-il permis de me dire ce que renferme ce vase qu'on vient d'exposer un moment à la vénération du peuple? Ne serait-ce qu'un objet emblêmatique et commémoratif » ?

---

(1) *Gerebat felici suo gremio...*
Apuleïus, *metam.* XI.
(2) *Hydriam tegunt... Tunc in terrâ procumbentes, manibus ad cœlum sublatis, inventionibus gratias agunt divinae benignitatis.*
Vitruv. *Arch.* VIII. *initio.*
(3) C'est le *pax tecum*, *ite*, *missa est*, des Christicoles, renouvelé des Romains qui le devaient aux Grecs, et ceux-ci à l'Egypte. Lexic. Pitisci.
Nil novum sub sole. Le cours de ces voyages mettra cette vérité de fait dans toute son évidence.

LE VIEILLARD. Il est enveloppé, afin qu'on l'ignore. Mon fils, c'est un mystère (1) inéfable pour nous, comme pour toi. Les initiés (2) seuls de Memphis et de Thèbes en savent davantage. On nous dit qu'il contient un œuf de pigeon ou d'Ibis, plongé dans de l'eau du Nil purifiée, symbole de la fécondité de l'Egypte. Il n'y a peut-être rien du tout dedans. Qu'importe! il sert à nous réunir une fois chaque jour. Il nous invite au recueillement. Il excite en nous le sentiment de la reconnaissance ; quelquefois il retïent l'ame faible prête à commettre une faute. Qu'ai-je besoin d'en apprendre davantage ? le surplus n'intéresserait peut-être que ma curiosité

PYTHAGORE. Bon vieillard! la raison parle par ta bouche.

En ce moment, une des guirlandes de lierre attachées aux colonnes du temple vint à tomber à nos pieds. J'en pris occasion pour dire : « Le même arbrisseau est donc dédié à deux divinités différentes : Isis en Egypte, et Bacchus (3) en Grèce.

LE VIEILLARD. Isis elle-même nous fit connaître les propriétés de cette plante ; aussi l'employons-nous dans toutes les fêtes célébrées en son honneur. Nous le préférons même à la vigne pour nos solennités d'Osiris ; la vigne perd ses feuilles et se sèche de bonne heure ; le lierre garde sa verdure toute l'année. Mon

---

(1) *Summi numinis veneranda effigies.*
      Apuleï. *loco citato.*
(2) Plutarque, *de la curiosité*
(3) On appelait le lierre *la   d'Osiris*, synonime de *Bacchus*. Diod. Sic. I. 1

fils, la pauvre espèce humaine ressemble à la vigne. Le souvenir d'une bonne action est comme le lierre qui orne ce temple de ses festons. Adieu.

Pythagore. Respectable vieillard ! permets que je t'interroge encore sur un autre usage dont je ne puis me rendre compte. J'assistai aux moissons. La récolte faite, on dressa une gerbe au milieu du champ dépouillé ; puis je vis les moissonneurs former un grand cercle autour, et adresser en pleurant une prière à Isis (1) ; pourquoi cette tristesse dans une circonstance qui ne devrait, ce semble, inspirer que de la joie ?

Le vieillard. Mon fils, originairement ces larmes n'avaient pour cause et pour objet, que la commémoration du triste état où se trouvèrent les premiers hommes avant l'invention de l'agriculture. Depuis, l'ignorance a tout confondu. Au lieu de pleurer les peines trop réelles du genre humain, on donne des larmes aux aventures lamentables et mensongères des Dieux ; car les Dieux doivent être étrangers à la peine. On attribue à la déesse Isis les accidens arrivés à la nature encore inculte et sauvage. C'est dans le même esprit que le dix-neuvième jour de Thaut, le premier mois de l'année, à l'équinoxe de l'automne, nous ne mangeons que du miel et des figues, nourriture primitive des hommes.

Quand le vieillard se fut éloigné, j'examinai le contour extérieur du temple dont le dedans, qu'ils appellent *Secos* (2), n'est acces-

---

(1) Plutarch. *Isis et Osiris*. §. 36. Diod. I. 1.
(2) Strabo. sanctuaire.

sible qu'aux prêtres. Arrivé derrière, j'entendis quelque bruit; il me sembla qu'on travaillait intérieurement. Je m'approchai de plus près encore, et me hissai sur quelques pierres amoncelées pour atteindre au bas de l'une des fentes étroites pratiquées dans la muraille, et servant à introduire un peu d'air et de jour. J'y appliquai aussitôt l'œil, et ce que je vis me dédommagea de la situation pénible que je gardai pendant assez long-temps. On réparait à neuf la grande divinité de ce *sanctuaire* (1). C'était une Isis (2) *myrionyme*; un épervier repose sur sa tête (3). Le scarabée, symbole du soleil, brille sur son sein; et au-dessous est tracé un globe d'or, au milieu de quatre cercles de couleurs diverses, l'un rouge, pour exprimer le feu; l'autre brun, ou la terre; le troisième bleu, ou l'eau; le quatrième blanc, ou l'air et le ciel. La grande coiffe d'Isis se trouve peinte aussi en bleu. Deux grandes ailes accompagnent ses bras. Les plumes en sont coloriées de même que les quatre cercles.

Cette grande figure, représentée assise, est de marbre égyptien, ou de basalte. Elle semble offrir une de ses mamelles au jeune taureau Apis.

Le travail dont on s'occupait, consistait à dorer cette statue, d'après un procédé que je suivis dans tous ses détails. On com-

---

(1) *Adytum*, mot grec latinisé.
(2) C'est-à-dire, susceptible d'une infinité de formes et d'attributs.
(3) Montfaucon. *Acad inscript. hist.* tom. XIV. in-4°. p. 7 et suiv.

mença par hacher (1) de la paille de riz, dont on parsema les brins dans de la colle, qui servit de première couche, appliquée sur la pierre graniteuse. Par-dessus furent posées deux toiles de fin lin, enduites d'une autre couche de couleur blanche. Enfin, l'or recouvrit le tout.

J'appris que l'homme chargé de ce soin, était un prêtre. Les prêtres en Egypte, n'abandonnent pas aux mains des artisans la fabrication, ou la réparation des statues (2) de leurs Dieux; dans la crainte qu'il ne se commette quelque bévue, toujours grave dans le culte d'une nation superstitieuse. Ils appellent leurs statues (3) *komah*.

§. LXIII.

Ecoles publiques. Bibliothèque. Pyramides de Memphis.

Je rentrai dans Memphis pour revoir mon compagnon de route, le fils de Gaphiphe, à qui je proposai de me mener avec lui aux écoles extérieures, tenues par les prêtres du dernier ordre. On me permit d'assister aux diverses leçons qu'on y donne. La grammaire et la religion en font la matière exclusive. On n'y traite de morale que sous le rapport du culte ; et l'histoire nationale n'est encore que la mythologie dégagée du dogme.

---

(1) Caylus, *eodem loco citato.* p. 13.
(2) Synesius, *éloge de la chauveté.* p. 73 édit. du Petau.
(3) Leclerc. *bibl. chois.* tom. VII.

Ces instituteurs sacrés, qui s'intitulent avec emphase *Sabes* (1), c'est-à-dire les sages de Memphis, semblent craindre de rencontrer trop vîte des rivaux dans la personne de leurs élèves. Ceux-ci, d'une docilité presque passive, se reprocheraient comme une faute grave, le moindre doute sur l'infaillibilité de ce qu'on leur enseigne. Ils n'osent interroger leur *arpedonaptes* (2); c'est le nom des prêtres enseignans. On leur fait un mérite du silence.

On ne cultive avec un peu de soin que leur mémoire, sans trop se mettre en peine de régler leur imagination, et de rectifier leu jugement. On prend aussi la précaution de leur rendre triste et rebutante, l'étude des sciences exactes. Ensorte que toute cette jeunesse de Memphis, et des environs, la tête pleine de mots et vide d'idées, sort des écoles pour entrer dans les différens emplois civils, après avoir contracté un caractère morose et taciturne. L'éducation domestique, la seule avouée de la nature, pourrait réparer un peu les vices de ces institutions publiques; mais peu de pères de famille, peu de chefs de maison, mal élevés eux-mêmes, sont en état de suppléer à l'instruction des écoles. Ceux qui le pourraient sont trop distraits dans l'enceinte d'une ville opulente et pleine de luxe.

La poésie (3) est interdite dans l'éducation. Est-ce un trait de sagesse égyptienne ? en est-ce un de politique sacerdotale ? Les Druïdes sont d'un autre avis.

---

(1) Jablouski, *Panthéon aegyp.*
(2) Clément Alex. *Strom.*
(3) Dionis. Chrysost. *oratio troica.* p. 51. *in*-12. 1679.

Je fréquentai peu la bibliothèque du temple de Vulcain : Homère (1) la consulta. On assure qu'il y trouva de bons matériaux pour la composition de ses poëmes.

Les volumes contenus dans ce dépôt public, sont en petit nombre, et du choix des prêtres. La plupart traitent de la langue nationale et des phénomènes du pays. Plusieurs ressemblent à des rouleaux de toiles peintes. Les caractères y ont été appliqués sous diverses nuances, comme on frappe les bandelettes de lin chargées d'hiéroglyphes. Il y a aussi des livres de calculs, d'autres de topographie, quelques-uns de musique. Je reconnus bientôt que tout y est falsifié, ou incomplet, l'ordre sacerdotal et le gouvernement ne voulant pas d'un peuple instruit.

Gaphiphe me dit que la bibliothèque de Thèbes était mieux composée; aussi, n'est-elle point accessible pour tout le monde.

N'ayant rien de plus à apprendre des hommes dans Memphis, il me restait, avant de quitter cette ville, à interroger les grands monumens de son voisinage (2). J'allai seul contempler ces pyramides, éternel honneur de l'Egypte. J'y passai d'abord une nuit toute entière aux rayons de la lune; j'épiai le moment de l'ascension perpendiculaire de cet astre sur la plus haute (3) des pyramides. On me dit que des rois avaient eu l'intention de dresser une statue sur la plate-forme de ces masses

---

(1) *Dictionn.* de Sabathier. *biblioth. in-8°.*
(2) Voy. *l'esprit des nations.* V. 1.
(3) Les côtés de la plus grande des pyramides sont de six cent cinquante pieds de Paris. *Mém. acad. des sci.*

triangulaires. Qu'ils s'en donnent bien de garde, et respectent davantage cette place, destinée à servir comme de piedestal au soleil et à la lune! ce fut sans doute la première idée de l'artiste créateur qui conçut le dessein de la plus ancienne de ces pyramides.

Leur construction a donné lieu à mille conjectures : c'est ce qui arrive ordinairement aux entreprises sublimes. L'astronomie semble en revendiquer d'abord la gloire. La vanité voulut ensuite s'en appliquer l'usage. L'une, en exposant les quatre côtés de la pyramide aux quatre points opposés de la sphère du monde, apprit à la postérité que les pôles de la terre et les méridiens n'éprouvent aucune variation. L'autre prétendit immortaliser le souvenir de son pouvoir. Les princes voudraient régner dans la mémoire des hommes long-temps encore après avoir été rayés du registre des vivans. Les monarques tiennent plus à la vie que les autres mortels. Ainsi que me l'avait dit le fils de Gaphiphe, il y eut des rois, qui, craignant de voir l'inondation du Nil dégénérée un jour en submersion totale pendant plusieurs mois, bâtirent ces lieux d'asile pour s'y renfermer avec leur famille et leurs trésors, et y attendre en toute sécurité, la retraite des eaux. D'autres, peu contens de la durée de quelques siècles, affectée aux temples les plus solidement édifiés, imaginèrent cette forme de construction, comme pour rivaliser l'astre des années, et lui dédier un autel capable de subsister pendant tout le cours d'une révolution planétaire.

Quoi qu'il en soit de la pureté des motifs, et de l'utilité de l'usage des pyramides, ces monumens se recommandent assez eux-mêmes. Ils attestent la toute-puissance des hommes réunis. A quoi sont propres ces moles pierreux, ont dit certains spectateurs humiliés et jaloux? Il faut leur répondre : « La vue d'une pyramide aggrandit l'ame, et lui donne la conscience de ses forces. Ce colosse immobile et imposant semble, au premier coup-d'œil, transformer un homme en insecte ; que paraîtrait le plus grand des héros au pied d'une pyramide ou sur la cîme? A-peine serait-il perceptible. Cependant, l'homme, être faible, borné et petit, a pu élever ces masses qui survivront à mille générations ».

Les dynasties, les cultes, les systêmes se sont succédés, et n'ont laissé après eux que des traces légères; Memphis éclipse aujourd'hui Thèbes, et le sera bientôt par une autre cité plus fameuse (Alexandrie). Le Dieu Apis se renouvelle en moins d'années qu'il ne faut de jours (28) aux phases de la lune ; Les statues saintes se laissent mutiler, ou sont écrasées sous les débris de leur sanctuaire. Les pyramides, au milieu de toutes ces vicissitudes, restent debout, et bravent la faux du temps. Elle leur enlève chaque année quelques éclats de pierre, quelques lames de marbre. Leur masse inébranlable demeure la même, et souffre à-peine au bout de dix siècles quelqu'altération sensible.

Elles offrent en elles la solution de ce grand problême :

« Produire beaucoup d'effet avec peu d'art et de moyens ».

Ici, les architectes ont surpassé les législateurs.

Après avoir consulté le soleil et tracé trois signes, l'architecte ordonne aux Egyptiens de poser une pierre sur une autre pierre : cette entreprise toute simple, dont l'exécution ne compromettait l'existence d'aucun des travailleurs, enfanta l'édifice le plus imposant, le plus durable, et peut-être le plus extraordinaire, sous une forme commune. Le peuple, stupéfait à la vue de son propre ouvrage, en conçut un légitime orgueil ; et le voyageur admirant la puissance du génie, s'en retourna disant : « C'est au pied des pyramides d'Egypte qu'il faut venir pour avoir l'idée d'une conception forte, hardie, qui n'a presque rien coûté à réaliser ». Le philosophe ajoute avec amertume : « La terre serait couverte de monumens pareils et peut-être plus utiles, si les hommes avaient fait aux talens créateurs les sacrifices qu'exige le génie destructif de la guerre ».

Les livres hermétiques, profonds sur toutes sortes de matière, démontrent la haute antiquité du peuple égyptien ; les pyramides en sont des témoins encore plus dignes de foi, et qu'on ne peut lui disputer. Elles n'ont pas besoin des hiéroglyphes qui les couvrent pour attester la sagesse et les connaissances de ceux qui les ont élevées, ou plutôt de ceux qui ont dirigé ces travaux, qu'aucune nation n'a pu encore égaler. Qu'est-ce que le plus beau, le plus grand des temples (1) de Samos, à côté de la moindre des pyramides d'Egypte ?

De tous les ouvrages sortis de la main des hommes, les pyramides ont le plus de ce ca-

---

(1) Hérodote préfère les pyramides au temple d'Ephèse et à celui de Samos.

ractère que la nature imprime à ses œuvres. Une figure gigantesque d'homme, ou de telle autre espèce vivante, étonne un moment ; bientôt on n'y reconnaît que des formes outrées ; qu'une exagération orgueilleuse et puérile. Elle ne frappe pas long-temps l'œil, et l'imagination ne s'y arrête point : une pyramide ne laisse rien à désirer par la pureté de sa forme, jointe à la grandeur de sa masse. Les yeux s'y reposent avec calme, après en avoir mesuré l'étendue. Elle remplit le vœu de l'homme, ami de la régularité, et admirateur de la puissance tranquille. C'est avec justice que la langue égyptienne lui donne le nom de *Pyr-Omis*, *beau* et *bon*. Le grand (1) est presque toujours beau.

Ces ouvrages de maçonnerie n'étonnent que par leur volume, m'ont répété des envieux de la gloire du Nil, et ne rappellent, tout au plus, que l'enfance et les premiers essais de l'architecture ; ce temps grossier où l'on ignorait encore l'art de dessiner une colonne, une frise, un architrave ; où les règles des belles proportions, trouvées depuis en Grèce, (2) étaient encore à découvrir..

PYTHAGORE. Mais c'est-là précisément le grand talent de l'inventeur de la pyramide égyptienne. Sans l'appareil et tous les accessoires de l'architecture perfectionnée, trois lignes ont suffi pour dessiner le plan le plus hardi d'un monument

---

(1) *Lettres sur la sculpture. in-4°*. 1769.
(2) Le siècle de Pythagore précéda celui de Périclès ; mais Pythagore était postérieur à Pisistrate, et contemporain d'Anacréon. Il ne faut pas perdre de vue ce rapprochement qui justifie assez les détails de cet ouvrage.

sublime par sa grande simplicité, et sacré par sa forme impérissable. On ne pouvait exécuter un plus vaste dessein avec moins d'efforts. Le comble de l'art fut de choisir précisément un ensemble de matériaux, propre à résister à tous les agens de la destruction, ou du moins qui n'offrît presque point de prise à ce génie du mal dont la tâche est d'abattre à mesure que le génie du bien élève. Si la pyramide égyptienne est le produit d'une infinité de combinaisons amenées lentement par l'expérience, elle recule l'antiquité des habitans du Nil dans une profondeur impénétrable; au contraire, si elle n'est que le résultat subit du génie prompt à concevoir et à deviner les effets successifs d'une longue théorie, que ce soit Thaut ou un autre, la pyramide égyptienne est celui de tous les monumens qui fait le plus d'honneur à l'esprit humain. Dans toutes les hypothèses, c'est le fruit des loisirs d'une grande nation née avec le sentiment de la véritable gloire.

On m'assura que l'Egypte mit en œuvre, pour l'élévation de ces belles masses pyramidales, cent mille bras (1) étrangers.

§. LXIV.

La veuve Zaluca. Détails sur les pyramides.

DANS mon premier enthousiasme, que la réflexion a sçu modifier depuis, mes chers disciples; je marchais à pas lents au pied de la grande pyramide, abandonnant ma robe de lin à l'air frais de la nuit, et laissant échapper

---

(1) Ceux des Juifs, selon Joseph.

quelques mots. Une femme dont j'avais frappé la vue par la blancheur de mes vêtemens que le pâle flambeau de la lune rendait encore plus remarquables, fit quelques pas vers moi, et sans oser m'approcher, de loin me tendit les bras, en me disant : « Est-ce toi ? Ah ! c'est bien lui ; c'est mon époux. On ne m'a point trompée. Tu viens revoir les lieux, où nous nous promenâmes si souvent ensemble, à pareille heure, pendant notre courte union. Fidelle à tes douces habitudes, l'ame qui animait ton corps, aime sans doute à errer autour de cette pyramide, pendant que ta triste dépouille habite le champ des morts dans la plaine de Memphis. Tu viens peut-être savoir si ta chère Zaluca pense toujours à toi. N'en doute pas. Mais, écoute ; conseille-moi. C'est pour prendre ton avis que je me suis rendue en ce lieu, témoin de nos premiers sermens. Nous nous jurâmes d'être l'un à l'autre jusqu'au tombeau et même au-delà. La chaste Isis m'est garant si depuis notre douloureuse séparation, j'ai pensé une seule fois à rompre ma promesse. Mon ame a-t-elle cessé un moment d'être attachée à ta mémoire autant que la *plante* (1) *d'Osiris* à l'arbre auquel elle s'attache ? Depuis tes funérailles, ai-je manqué un seul jour de m'acquitter d'un pieux devoir sur ton cerceuil et au pied de cette pyramide. Et j'en fais le vœu. Oui ! Quand je devrais exister aussi long-temps qu'elle, j'en jure par le sanctuaire (2) de Coptos ; chaque jour, tu auras mon premier hommage ; chaque nuit, tu seras l'unique objet de mes plus tendres

---

(1) Le lierre. Plutarch. *de Iside*.
(2) Apuleïus, *metam*.

pensées.

pensées. Mais écoute : ma famille et même la tienne me pressent de contracter de nouveaux nœuds. Tous me disent : tu es jeune. Le mari que tu regrettes avec tant de justice, ne t'a point laissé d'enfans. Son frère t'aime et languit. Donne-lui ta main. Unie au même sang, tu n'auras point faussé ta parole : et ton mari serait peut-être le premier à y consentir. Va consulter ses mânes..... Ô mon époux! dis-moi ce que doit résoudre la sensible et malheureuse Zaluca. Dois-je prolonger les chagrins d'un frère que tu aimais ? Répond. Veux-tu me céder à lui ? Ordonne. Dispose de ta compagne. Si on est jaloux jusque chez les morts, ne crains pas de me le faire paraître. Je ne t'ai donné jusqu'à ce jour aucun sujet d'inquiétude, et je ne changerai pas de conduite à présent que tu es au tombeau. Mais explique toi. Si tu reclames notre promesse mutuelle, Je la remplirai. Je resterai veuve. J'en jure par les cendres d'Osiris (1) dont l'île de Philé est dépositaire. Si tu cèdes à ton frère tes droits sur ma personne, j'obéirai. Je permettrai au *tityrène* (2) harmonieux d'accompagner une deuxième fois, pour moi, le chant nuptial. Parle.

Je crus devoir profiter de l'erreur de cette jeune et intéressante femme pour lever ses scrupules et la rendre à la nature : Zaluca! lui dis-je d'une voix étouffée dans mon manteau ; ton mari est satisfait ; tu es libre. Rends le frère heureux à son tour.

---

(1) Pococke, *voyages*.
(2) Flûte égyptienne, de l'invention d'Osiris. Pollux. IV. 10. 1. Athen. IV.

Tome II. F

La veuve. Tu me le permets ? Tu ne t'en fâcheras point. Vas ! je ne cesserai de t'aimer. Tu me seras toujours aussi cher. J'en atteste la pyramide sainte. O mon premier époux ! demain, ne manques pas de reparaître ici. Nous y viendrons tous deux, ton frère et moi, pour contracter en présence de ton ombre chérie, un lien auquel tu veux bien consentir. A demain.

Pythagore. Si je ne pouvais me rendre en ce lieu, il ne faudrait pas pour cela différer ton nouvel hyménée.

La veuve. Alors, j'irais le conclure sur ta tombe.

Pythagore. Adieu, Zaluca.

Cette veuve naïve se retira lentement, après avoir rabaissé son voile noir sur son visage.

J'attendis le jour qui ne tarda pas, pour examiner la pyramide sous un autre aspect. Je ne fus pas long-temps seul ; dès l'aube du matin, une foule d'oisifs arrive de Memphis, et s'installe à l'entrée du monument, ou se promène dans le voisinage, épiant le voyageur et l'étranger, pour leur en raconter toutes les traditions, du genre de celles que m'avait débitées le fils de Gaphiphe. Je m'arrêtai pour prêter un moment l'oreille à ces récits prolixes et pleins de vanité ; car les pyramides donnent beaucoup d'orgueil à l'habitant de l'Egypte.

Ce qui prouve qu'elles sont des monumens tout à la fois astronomiques et religieux, c'est que devant chacune d'elles, il y a un temple carré, dont le portique regarde l'orient. Les premières études de l'astronomie durent nécessairement conduire à l'idée d'un culte ; les pyramides sont comme autant d'autels (1) élevés aux astres; l'admiration est un commencement de piété.

L'un de ces édifices sacrés renferme un sphinx d'un volume beaucoup au-dessus des proportions ordinaires. Une roche qu'on rencontra en cet endroit, parut propre à figurer l'emblême de la nature; un composé de plusieurs êtres vivans, de forme et d'espèce différentes. Ce sphinx, moitié vierge, moitié lion (les deux signes (2) astronomiques les plus chers à l'Egypte), est vraisemblablement le père de notre Diane d'Ephèse, consacrée à représenter le même objet, cette force productrice donnant l'existence à tous les animaux qui respirent sous le soleil. Mais la Diane d'Ephèse, beaucoup plus riche, et fille d'un ciseau plus délicat, est loin de laisser une impression aussi profonde sur l'esprit des spectateurs, que le sphinx de Memphis; peut-être y eut-il de ma part quelque prévention.

Ce bloc (3) de caillou durera plus que le temple, et autant que les pyramides.

Pour pénétrer dans l'intérieur de la plus grande, le sceau royal d'Amasis me procura un interprète, officier du Prince, qui m'en fit ouvrir toutes les issues. L'architecte semble avoir réservé toutes les ressources de son art, pour cette construction cachée. La décrire, est déjà un travail difficile et pénible.

Toutes ces galeries, tous ces canaux, ces

---

(1) *Phars.* de Lucain.
(2) Caylus; *antiq. égypt.* tom. VII. *in-*4°.
(3) Pline appelle le sphinx de Memphis *sylvestre numen*, *hist. nat.* XXXVI. *in-*12.

détours qu'il me fallut parcourir aux flambeaux, aboutissent à quelques espaces vides, qui ne sont propres qu'à renfermer secrettement des cadavres et des trésors. Parvenu à ce centre, tout le prestige s'évanouit. On admire l'artiste; mais on ne sait que penser des rois qui ont mis son talent en œuvre.

Dans ce voyage intérieur des pyramides, je remarquai la grosseur prodigieuse des (1) pierres, toutes aussi polies que nos miroirs. Elles sont tellement jointes ensemble, qu'on distingue à peine l'endroit où l'une finit, où l'autre commence.

Là se trouve aussi un puits (2) profond de quatre-vingt-six coudées.

Une tradition veut que cet édifice soit la sépulture d'Osiris (3), le tombeau (*soros*) du soleil : idée absurde, mais religieuse ; dès lors elle a pu trouver sa place dans le cerveau du peuple inconséquent, qui prend tout à la lettre.

En sortant de cet édifice si compliqué, chef-d'œuvre peut-être de l'architecture primitive, je posai le pied sur un monceau de sable, retraite, ou chef-lieu d'une république de fourmi-lions. J'examinai un moment l'industrie de cet insecte que je voulus forcer dans ses retranchemens, mais en vain. Il s'était ménagé des conduits souterrains avec une telle adresse, qu'il échappa à mes poursuites, et me laissa dans l'incertitude de savoir ce que je devais admirer le plus, ou les pyramides

---

(1) Corneille Lebrun, tom. I. 155. *Voy. en Perse.*
(2) Plin. *hist. nat.* XXXVI. 13.
(3) Dupuis, *rel. univ.* tom. IV. *in*-8°.

de l'Egypte, ou les nids (1) du fourmi-lion. Cet insecte a du moins sur l'homme l'avantage de la sagesse du motif. L'homme pouvait se passer de pyramides pour exister sur la terre ; le fourmi-lion, pour vivre, a besoin de tout le travail qu'il s'impose dans le sable. Ainsi la première merveille du monde, et le plus grand effort du premier peuple du globe, le cèdent à l'instinct d'un insecte. Les savans égyptiens ne sont pas encore d'aussi bons architectes que les fourmi-lions ; et ceux-ci n'ont point à se reprocher des milliers de victimes dans la construction de leurs demeures souterraines.

La nature du sol de l'Egypte semblait devoir interdire aux habitans tout projet de constructions durables. Un sable mouvant offre une base peu convenable à des monumens solides, et faits pour braver les siècles. Cette considération a produit un effet tout opposé. L'homme aime à lutter avec tous les objets qui l'environnent, et se plaît à vaincre les difficultés, souvent pour le seul plaisir ou la seule vanité de les avoir vaincues : c'est ce qui arrive aux peuples du Nil. Il est vrai de dire que sans les roches immenses qui servent de charpente osseuse à leur mère commune (la terre), de telles entreprises eussent été impraticables.

On est stupéfait à la vue de ces pierres énormes que la mécanique a su hisser jusque sur la plate-forme des pyramides; peut-être les auteurs de ces grands ouvrages, plus humains, eussent été moins hardis. Quand on

---

(1) Fr. Hasselquist, *voyages au Levant. initio.*

n'est pas avare de sang, on se permet les plans les plus hasardeux.

Une entreprise aussi grande, mais plus belle, puisqu'elle devait être plus utile, était la jonction des deux mers, par un canal de l'Erithrée au Nil; et ce fut précisément celle à laquelle on ne pensa qu'en dernier, et dont l'exécution mal combinée coûta la vie à plus de monde, et n'eut point de succès. Hélas! le mal et l'inutile ont toujours mieux réussi à l'homme, que le bien et le nécessaire.

Le lendemain, à la naissance du jour, je retournai à la grande pyramide, pour y monter, et atteindre jusqu'au sommet, avant les ardeurs du soleil. Lorsqu'on y est parvenu, il faut avoir beaucoup de sang-froid, pour ne pas y perdre la tête. Néanmoins je pense qu'on s'y soutient mieux qu'au faîte du pouvoir.

Ce n'est que sur cette élévation qu'on voit, et qu'on peut connaître l'Egypte. Magnifique spectacle! tableau enchanteur qui fait autant d'honneur aux hommes qu'à la nature; ils y ont mis autant du leur, qu'elle du sien. L'Egypte, haute et basse, qui jadis n'offrait que des landes sablonneuses et stériles, ou des marais infects, est devenue le jardin le mieux arrosé, le mieux cultivé, le plus abondant des trois parties de la terre. Parvenu au faîte de la plus grande pyramide, on est dans le ravissement, quand on réfléchit à l'immensité des travaux de l'enfant du Nil. Il a, pour ainsi dire, conquis le pays qu'il habite, non pas à la pointe du glaive, mais au prix de ses sueurs, et avec ses seuls bras. La nature lui a fait acheter tout ce qu'il possède;

ce qu'il possède est donc bien à lui : elle ne lui a rien donné. De quelque côté qu'on entre en Egypte, on aperçoit déjà cette grande pyramide ; qu'on juge de l'étendue que doit avoir l'horizon, quand on est parvenu au dernier terme de sa hauteur.

§. LXV.

La fête du Nil.

Il est principalement deux époques de l'année pour se procurer un coup-d'œil enchanteur, en montant sur les pyramides : le temps de l'inondation (1) du Nil, entre le solstice et l'équinoxe, et l'époque où ce fleuve semble retirer son voile d'argent pour laisser à découvert d'immenses tapis de verdure, de vastes plaines enrichies de moissons que les rayons du Soleil ont bientôt dorées. On croit voir deux contrées, deux mondes différens. Mes disciples bien-aimés, je n'essayerai pas de vous en esquisser la copie ; je resterais trop au-dessous de l'original, ouvrage en commun de la nature et des hommes, qu'on ne peut contempler qu'en Egypte, et qui demande a être vu de ses propres yeux. Il laisse dans le cerveau d'un observateur bien organisé une foule de sensations neuves que le récit le plus animé ne saurait faire éprouver. Mes amis, il faut voir l'Egypte, dans toutes les saisons et depuis ses grottes les plus profondes jusqu'au sommet de la plus élevée de ses pyramides.

Si l'on m'eût transporté tout-à-coup près

---

(1) Plin. *hist. nat.* V.

d'elles, en ne me laissant rien voir sur la route, je les aurais jugé l'œuvre d'un peuple de géants, d'une race d'hommes au-dessus de la stature ordinaire. Quelle eût été ensuite ma surprise à la vue de la nation égyptienne la moins favorisée de la nature, quant à la beauté des formes du corps! Un jour, on fera difficulté de croire à la réalité de ces grands ouvrages. Et les Egyptiens semblent l'avoir pressenti, en les construisant de manière qu'on aura plus de peine encore à les détruire. Les ruines suffiront pour attester le prodige et confondre les incrédules.

Je vous ai parlé déjà des barques construites avec le papyrus : (1) elles sont d'usage principalement pendant l'inondation de l'Egypte par le Nil; concevez de grands paniers d'un tissu extrêmement serré et enduit d'une couche épaisse de résine ou de bitume. Toute l'Egypte, à deux époques de l'année, se trouve couverte de ces légers esquifs dont chaque famille est pourvue, afin de ne pas interrompre les relations commerciales et autres, devenues même plus actives par l'espoir des heureuses suites de l'inondation.

Au haut des pyramides, l'Egypte submergée par le Nil et couverte de ces petits bâtimens toujours mobiles, me parut une vaste fourmilière surprise par l'eau d'une source voisine. D'autres la comparent à un vaste Archipel, celui des Cyclades.

Les inondations du Nil ont rendu les Egyptiens bons nageurs; les plus pauvres se jettent dans les eaux et passent ainsi d'un village à

---

(1) Pline, Théophraste, Caylus. *naves papyraceae.*

l'autre pour leurs affaires. C'est surtout aussi à cette époque de l'année que les pigeons messagers font le plus de service.

Je ne manquai pas d'assister à la grande fête (1) célébrée tous les ans à l'approche de l'inondation fécondante, et attendue avec la plus vive impatience. Cette solennité, commune à toutes les parties de l'empire que le Nil arrose, n'est nulle part aussi pompeuse qu'à Nilopolis. Dans cette ville, le fleuve nourricier a un temple et un culte, qui le disputent aux soins religieux que lui rend un collége de prêtres, institué près des Cataractes, par de-là Eléphantine.

On alla prendre la statue (2) du fleuve sur les autels de Nilopolis ; ce simulacre noir, par analogie à la teinte du limon (3) du Nil, représente un homme couché, épanchant une urne, parmi des roseaux, entre lesquels on distingue le papyrus et le lotos. Je remarquai que le simulacre se cache la tête, (4) par allusion aux sources inconnues du fleuve. On promena cette image consacrée dans les campagnes voisines et le long du fleuve objet de la fête. Cette marche, quoique religieuse, est des plus gaies. On n'entend que des chants, on ne voit que des danses ; et l'on ne rentra dans Nilopolis que pour s'asseoir à de longues tables dressées dans les rues, et chargées en abon-

---

(1) *Divinis honoribus Nilum affectum, ... indictas quot annis ferias sacra cantata carmina.*
Heliodorus. Aristenete.

(2) Pausanias, *Corinth.*
(3) *Qui viridem egyptum nigra fecundat arena.*
Virgil.

(4) Lycophron.

dance de comestibles de toutes sortes. Le cantique réservé pour ce seul jour fut ce qui m'intéressa le plus. J'en transcrivis les principaux traits, que je vais vous rapporter : c'est l'un des plus beaux monumens de la reconnaissance : Il fait honneur aux hommes, et surtout aux Egyptiens.

Hymne au Dieu-Nil. (1)

Divinité, Terre et Eau ! (2) premier trésor de l'Egypte ! O notre conservateur ! émanation sainte (3) et régulière du grand (4) Osiris ! Nous te devons (5) nos moissons, ce premier aliment des peuples. O notre Océan ! (6) Viens couvrir nos champs de ton onde sacrée. Viens entretenir l'abondance dont tu es le premier auteur. Pourquoi hésiterions-nous à le proclamer ? Oui ! Tu es le plus grand de nos Dieux. Ce que les Dieux du ciel nous refusent, tu nous le donnes chaque année avec une profusion toujours égale. Les autres contrées de la terre s'abreuvent et se fertilisent par les pluies ; tes inondations périodiques, ô Nil bienfaisant ! nous en tiennent lieu. L'Egypte te doit son

---

(1) Les Egyptiens rendent à l'eau du Nil un culte religieux, et lui adressent des cantiques. *Jul. Firmicus*.

(2) Les Ethiopiens donnent aussi cette définition au Nil. Voy. ce mot, *Encycl. méthod.* Diderot. Philostr. *Vit.*

(3) *Symp.* Plutarch.

(4) *Dissert. sur le Nil*, par Priezac. p. 2.

(5) *Orat.* XXXIX. Greg. Naz.

(6) *Religion univ. de Dupuis*. tom. III. in-8°. p. 390. Le Nil fut appelé anciennement *Oceamen*. Les Grecs en ont fait leur mot *Ocean*. Diodor. Sic. I. *Oceama*, mot égyptien qui signifie *grand amas d'eau*. Occa-men, père nourricier.

(1) nom, son existence (2) et son éclat. Tu donnes la vie à des millions d'hommes. Le Soleil et toi, vous êtes nos génies tutélaires. Continue à verser tes faveurs sur nos campagnes. Où trouverais-tu une nation moins ingrate? Tu es l'ame et l'objet principal de nos travaux. Nous nous glorifions d'être tes enfans. Ne te lasse point de nous traiter en bon père.

Continue de rendre nos femmes plus fécondes (3) que par-tout ailleurs. Sois toujours digne du beau nom de *chrysorrhoas* (4) que les étrangers jaloux sont forcés de te donner. Roule sans cesse dans ton cours l'or (5) pur de la fertilité; et que cet or, recueilli sans peine et distribué à l'univers, suffise aux besoins de toutes les nations, après avoir rempli les nôtres. O Nil trois fois saint! sois toujours le laboureur (6) de l'Egypte, et le premier Dieu (7) des Egyptiens. Dans notre Egypte, tiens la place et remplis les fonctions du cœur (8) dans le corps humain.

Tu es parmi les fleuves ce qu'est le lion parmi les quadrupèdes, et l'aigle (9) parmi les oiseaux.

---

(1) Du temps d'Homère, le Nil s'appelait encore *AEgyptus*; mais déjà Hésiode le désigne sous le nom qu'il a gardé jusqu'aujourd'hui.

(2) *AEgyptus, donum fluminis.*

(3) *Genitalis unda*, Anastasius Sinaïta. Plin. *his. nat.* VII. 3. Strabo. XV. Arist. *hist. ani.* III.

(4) Courant d'or.

(5) Athæn. V.

(6) Plin. *hist. nat.* XVIII. 18.

(7) C'est pourquoi les Grecs le désignaient sous le titre de *Jupiter de l'Egypte*.

(8) *Hierogly.* XIX. Pierii.

(9) Les Grecs aussi surnommaient le Nil *aetos*, aigle. Voy. Lycophron et Rhodiginus.

O Nil ! c'est dans tes ondes que se trouve cette pierre (1) merveilleuse qui donne du lait aux nourrices, et (2) humecte le palais de leurs nourrissons.

O Nil ! tu seras toujours *le fleuve* par excellence, comme ton nom (3) l'exprime. C'est avec justice que le fils de l'Aurore, le sage Memnon (4) te voua sa chevelure.

Sages filles du Nil ! ne chargez pas vos doigts de bagues d'or (5). Consacrez vos richesses à l'amélioration des terres. Soyez semblables aux eaux du fleuve qui vous nourrit : elles ne coulent que pour fertiliser l'Egypte. Nos véritables trésors sont les eaux du Nil et les larmes (6) d'Isis ».

Après l'hymne, le pontife coupa avec une hache (7) la tête d'une victime, en prononçant l'imprécation d'usage : « Si quelque calamité menace l'Egypte, ou quelqu'un de ses enfans, que tout le mal retombe sur cette tête » !

En prononçant ces paroles consacrées, la tête, jetée au loin, roula dans les flots du Nil. Ils appellent le lit de ce fleuve *la tasse commune* (8).

C'est à cette fête du Nil que commence

---

(1) La *Galactitis*.
(2) Plin. *hist. nat.* XXXVII. 10.
(3) *Neel*, en arabe, signifie *Fleuve*.
(4) Homère.
(5) Plutarque, *traité d'Isis et d'Osiris*.
Calendrier de Gebelin. in-4°. p. 358.
(6) Les gouttes de rosée, pendant les nuits du dixième mois de l'année égyptienne, vers le solstice d'été.
Pausan. *Phoc.*
(7) Herodot. XI.
(8) Philostrate, *Apollonius*. V. 26.

l'*année de Dieu* (1), appelée aussi *l'année vague*.

Je remarquai un usage qui me fit plaisir : la plupart des victimes offertes pour être immolées dans cette fête, sont de pâte (2) cuite.

Les eaux du Nil se sont à peine retirées (3), que le peuple laborieux sillonne en tous sens, avec une charrue sans roue, le limon déposé, et tellement gras, qu'il a besoin d'être un peu desséché avec du sable. Un enfant, et le plus faible coursier, suffisent à ce labour. L'agriculteur, qui ne perd point de temps, peut se flatter d'une double récolte dans une seule année.

Les pâturages du Nil sont si épais, si excellens que la brebis, comme la terre, porte deux fois.

Après chaque moisson, les Egyptiens sont dans l'usage de lever les mains et les yeux au ciel (4), en répétant cette formule religieuse : « *Nous les avons retrouvés* (5) ; *reçois en de chacun de nous les actions de grâces*.

J'interrogeai beaucoup d'Egyptiens sur les causes premières de cette bienfaisante inondation du Nil ; je n'en reçus aucune réponse décisive. Je ne suis pas plus satisfait du sentiment de l'un de mes maîtres, le partisan de l'eau-principe, d'après (6) Hermès : Thalès

---

(1) Censorinus, *de die natali*. XVIII.
(2) Herodot. II. Montaigne, *Essais*, liv. II. ch. 11.
(3) Diod. Sic.
(4) Athenagor, père de l'église grecque.
(5) Sous-entendu, *les biens de la terre*.
(6) *Ex grossitie aquae, terra concreatur.* Aristote semble adopter cette opinion.

estime que les *Etésiens* (1), repoussant chaque année les eaux de la mer contre les embouchures du Nil, retiennent le cours de ce beau fleuve, et l'obligent à rebrousser chemin et à remonter contre (2) lui-même. Ne pouvant se déverser dans le bassin commun, il déborde et couvre la surface de l'Egypte. Il n'est pas le seul fleuve qui en agisse ainsi.

A cette cause, d'autres ajoutent les (3) nuées qui mouillent sans cesse le mont Atlas, dans la Lybie, et les eaux que l'Océan, quand il s'enfle, introduit dans les bouches du Nil. C'est pourquoi on représente le grand fleuve de l'Egypte avec deux (4) urnes épanchées.

Si j'avais un avis sur ce grand phénomène, je serais tenté de l'attribuer au soleil. Le Nil croît sous le signe de l'écrévisse, il atteint sa plus grande crue sous le lion, il décroît avec la vierge : vraisemblablement le grand astre détermine dans son cours celui des vents et des nuages. Il en résulte l'élévation et l'abaissement (5) journalier et successif des eaux de la mer Altantique ; celles du Nil (6) doivent nécessairement être soumises de même à l'action du soleil tout puissant.

Retournons encore aux pyramides.

_____

(1) L'un des vents périodiques.
(2) *Et contra fluvium flantes remorantur et undas.*
      Lucretius, *de rer. nat.*
(3) Herodot. *Euterp.*
(4) *Hierogly.* Pierii. 46.
(5) Aristote.
(6) Plutarch. *Plac. philos.*

§. LXVI.

Origine des pyramides et du labyrinthe.

Je ne vous retracerai point les dimensions géométrales de ces grands corps de construction. Sachez seulement que chacune des quatre faces de la plus grande, a par le pied, d'un angle à l'autre, trois cent soixante de mes pas (1) en longueur.

Cependant un Memphien, prodigue de paroles, m'apprit, sans que je l'en eusse prié, d'autres détails que voici.

Etranger, me dit-il, qui paraît curieux de connaître les véritables dimensions de la grande pyramide, répète ce procédé (2) tout simple : dresse en terre, dans la plaine voisine, quatre tiges de bois en forme quadrilatérale, et à la même distance de trois cent vingt-cinq pas l'une de l'autre ; quadruple ce nombre, tu obtiendras le total (3) de la circonférence de ce monument.

---

(1) La mesure naturelle dont Pythagore se sert, a sans doute précédé toutes les autres. De cette mesure, d'après le pas ordinaire et commun, il résulte qu'un homme de cinq pieds cinq pouces, fait huit mille pas dans son heure, à vingt pouces le pas.

Vitruve posa pour principe que le pied de l'homme est la sixième partie de sa hauteur. IV. 1.

Les statuaires grecs avaient trouvé la huitième partie seulement.

Le terme moyen nous sert d'échelle pour les mesures mentionnées dans cet ouvrage.

(2) Belon, *de adm. opere antiq.* I. 3. P. Bertius, *tab. geogr. in descript. Egypt.* III.

(3) Treize cents pas.

Dois-je vous faire part des réflexions sans nombre qui m'assaillirent en la présence des pyramides, et que leur présence seule peut inspirer; car plus on les examine, plus on trouve sujet à examen. Je ne doute pas qu'elles ne soient le produit d'un grand dessein, qui n'a pu venir qu'à l'idée d'un homme de génie. L'exécution exigea une multiplicité de bras; le concept ne peut en être dû qu'au cerveau d'un seul mortel. Je me reporte donc à ce point de l'histoire d'Egypte où il n'y avait pas encore de pyramides. Mais à cette époque, déjà les sciences et les arts devaient avoir acquis un grand dégré de perfection. Un homme de génie, le Trismègiste, ou un autre, enflammé de la gloire de son pays, médite un jour à l'écart, placé sur cette chaîne de montagnes pierreuses qui dominent de loin le Nil, et tracent une ligne de démarcation entre la Lybie et l'Egypte; ou bien il gravit la roche élevée qui sert aujourd'hui de fondement, ou de base intérieure, à la plus haute des trois pyramides voisines. En promenant ses regards au-tour de lui, il vint à se dire : « Ma patrie est heureuse et florissante. Aucun établissement utile ne lui manque. Elle a des canaux et des villes, des temples et des palais. Certes! il n'est pas une seule nation en état de soutenir le parallèle avec l'Egypte. Ses dynasties de rois, la longue succession de ses pontifes, et sur-tout ses travaux, dirigés d'après une connaissance approfondie des choses naturelles, attestent une antiquité qui laisse entre elle et les autres peuples, une espace immense. Que lui reste-t-il à faire ! Pourquoi ne s'occuperait-elle pas un moment de sa gloire ? Pour entretenir

tretenir l'amour du travail parmi ses habitans, et acquérir un titre brillant à une célébrité sans fin, pourquoi ne se montrerait-elle pas jalouse d'élever sur son territoire sacré un monument par excellence, le seul qui lui manque peut-être; un monument qui, bravant les révolutions terrestres et politiques, apprenne aux générations futures, la prodigieuse antiquité de l'Egypte, par le témoignage muet et assuré des progrès de l'esprit humain nécessaires pour la confection d'un tel œuvre?

Mais que cet édifice soit d'une forme telle qu'il résiste au génie de la destruction pendant autant de siècles qu'il a dû s'en écouler pour que l'Egypte puisse se rendre capable d'une pareille entreprise! La figure pyramidale peut remplir ce dessein, et servir de point visuel à toute la terre. Que de toutes les parties du globe, le savant et l'artiste, l'historien et le sage, les législateurs et les prêtres viennent à nous, appelés, guidés par ce fanal du monde. Un aussi grand monument coûtera des sueurs au peuple: il lui épargnera des fers. Une nation guerrière ou laborieuse, est invincible et indomptable. Oisive ou lâche, elle devient corrompue ou esclave. C'est le sort qui attend l'Egypte, du moment qu'elle renoncera à de grandes entreprises, qui exercent puissamment sa force, et l'élèvent à ses propres yeux.

Cette belle idée fut saisie, et obtint sans peine le suffrage de l'autel et du trône. Le peuple, chargé du poids d'une tâche aussi rude, ne murmura que lorsque les rois, pour satisfaire leur vanité personnelle, compliquèrent ce travail par la distribution mystérieuse de l'intérieur, et par la multiplicité des monu-

Tome II. G

mens (1) de ce genre, dont chacun d'eux voulut couvrir le sol, pour avoir sa part à l'admiration de la postérité.

Quelques siècles après, on ajouta à cette première idée. Ce plan, déjà si magnifique, fut encore agrandi, quoiqu'il n'en parût pas susceptible. On imagina un autre monument, d'une capacité assez vaste pour contenir et le simulacre de tous les Dieux, et la cendre des rois, et celle des animaux sacrés, et un tribunal des vivans et des morts; enfin le sanctuaire des lois et l'assemblée des législateurs. Les douze *nomarques* (2) de l'Egypte jetèrent les fondemens de cet édifice unique, continué par le roi Spammeticus, et terminé sous ses successeurs.

Mon interprète me conduisit au labyrinthe (3), à l'extrémité du lac Mœris, et m'en montra tous les détails, en vertu du sceau royal dont j'étais muni. C'est le premier palais national qui ait été bâti chez aucun peuple, et le seul digne de ce nom; et ce ne fut pas un des moindres traits caractéristiques de la sagesse égyptienne, de n'avoir étalé un luxe sans égal que dans cette seule circonstance. C'est une riche conception que ce projet de réunir en un seul lieu les objets les plus sacrés et les plus chers au peuple, et de rendre, pour ainsi dire, palpable et visible, la puissance politique d'une société de plusieurs millions d'hommes.

―――――――――――――――――――――
(1) On peut juger encore qu'il y en avait eu peut-être une centaine, grandes et petites.
Voyage de Vansleb. p. 138. *in*-12.
(2) Chefs ou rois des douze nomes ou gouvernemens de l'Egypte.
(3) Plin. *hist. nat.* XXXVI. 13.

Le labyrinthe de l'Egypte renferme autant de temples que le Nil compte de divinités, et autant de palais qu'il y a de gouvernemens, ou qu'il devait y avoir d'états ; car cet édifice immense, dans l'origine de ses plans, devait être considéré comme l'hiéroglyphe matériel de l'empire. Trop considérable, trop étendu, trop populeux pour être monarchique ou démocratique, on avait le projet d'en faire une puissance fédérative, une association libre et fraternelle de provinces, dont le centre d'activité générale devait trouver sa place au labyrinthe de Mœris. Là, en présence de tous les Dieux indigènes, se seraient rassemblés, à certaines époques, les chefs, ou les délégués des co-états, pour y traiter des affaires communes à toute l'étendue de l'Egypte. Les Grecs ont saisi cette idée dans l'établissement des amphictyons. L'Egypte serait encore maîtresse chez elle, si elle eût appuyé cette résolution salutaire, mais fugitive, par une volonté plus ferme. Une pyramide achève de compléter le labyrinthe ; elle devait servir à manifester à la commune-contrée du Nil, subdivisée en plusieurs régions, les déterminations prises au nom de toutes, et à transmettre le consentement ou le refus des provinces fédérées.

Un ambitieux, jaloux de rassembler sur sa tête l'autorité suprême éparse entre les douze nomarques, changea à main armée ces heureuses dispositions ainsi que la distribution intérieure du Panthéon égyptien, que les Arabes appellent *le palais de Caron*. (1) Il le métamorphosa

---

(1) *Acad. inscript.* tom. III. *in*-12. p. 368.

en un labyrinthe où il put se soustraire à la vengeance de ses rivaux, ou à la vindicte de ses sujets. Il convertit les douze palais à son seul usage, après les avoir fait communiquer tous par de secrètes issues, pour échapper aux poursuites de ceux qui auraient pu regretter l'inexécution du premier projet. Il est encore des Egyptiens qui y pensent. Plusieurs m'en parlèrent avec un enthousiasme mêlé d'amertume. Notre Egypte, me dirent-ils, déjà si puissante, l'eût été bien davantage. Son gouvernement calqué sur le cours du Soleil, le premier de nos dieux, aurait jeté autant d'éclat; et le seul aspect de cet édifice en eût offert toute l'ordonnance. Composé de douze palais dont six regardent le Midi, et les six autres le Septentrion, il est renfermé dans une muraille, ou ceinture commune, image de la Zone astronomique et du lien fédératif : en sorte que la même harmonie eût régné en Egypte et dans les cieux; l'astre du jour servirait de régulateur à nos douze chefs, comme il en sert aux douze mois de l'année. Car le labyrinthe fut construit pour accomplir la parole du trismégiste : Hermès appelait l'Egypte une *image du ciel*.

Un memphien me dit encore : Etranger ! juge de l'immensité de cet édifice ; il est double; composé de trois mille (1) appartemens; il y en a quinze cents sous terre, pour marquer la nuit et le jour. Chacune de ces trois mille salles est revêtue de marbre et voûtée d'une seule longue pierre qui porte sur les murailles; ou plutôt le plafond n'est qu'une seule pièce

(1) Herodote. II.

de marbre qui recouvre l'appartement dans toute son étendue.

PYTHAGORE. On m'avait dit cependant que les planchers de ce vaste édifice étaient soutenus par des poutres de bois d'Acacia imbibé d'huile pour leur conservation.

Tu vas te convaincre du contraire me répliqua-t-on. Il n'y a ici ni fer ni bois ; tout est pierre ou marbre et ciment. Tout y est digne de la grande Divinité à laquelle le labyrinthe est consacré, et dont l'image se trouve sculptée sur le premier frontispice. Remarques cette tête. Les pointes de marbre qui en sortent de toutes parts représentent les rayons du Soleil ; les ailes éployées qui l'accompagnent expriment la rapidité de sa course. Et les serpens qui rampent le long de la frise sont là pour marquer l'obliquité de l'écliptique.

Je demandai à voir la statue de Sérapis, émeraude de neuf coudées.

Personne ne la voit, me répondit-on.

PYTHAGORE. Je m'en doute... On serait fort embarrassé pour la montrer....

Mon interprète conducteur céda sans peine au désir que je lui manifestai de visiter la pyramide du labyrinthe. Il me fit passer par plusieurs méandres souterrains, plus secrets encore que les autres détours ; et sans sortir, mais après une longue et fatigante marche, nous parvînmes enfin à l'endroit désiré. Mon guide, qui n'était plus jeune et à qui le sceau du prince en imposait, me laissa pénétrer tout seul plus avant. Satisfais, me dit-il, ta curiosité insatiable. Je t'ai montré le plus intéressant. Le reste ne convient qu'à ceux qui veulent tout voir. Je t'attends ici.

G 3

§. LXVII.

Scène intérieure du labyrinthe.

Il fallait toute ma constance et toute mon ardeur pour surmonter les obstacles sans nombre que les architectes semblent avoir multipliés à chaque pas, afin de rebuter l'étranger le plus intrépide et lui faire rebrousser chemin. Toutes les combinaisons de l'art furent employées dans cette vue. On vante beaucoup les épreuves que subissent les aspirans à l'initiation ; la tâche que je m'imposai pouvait tenir lieu d'une. Bien fatigué et encore plus mécontent, j'en étais à ma seconde tentative ; j'allai m'asseoir contre le revêtissement d'une profonde citerne (1).

Je commençais à peine à goûter le charme d'un repos acheté par deux jours entiers de courses vaines et laborieuses ; j'entends un bruit sourd et lointain. Je prête plus attentivement l'oreille. Je distingue un chant funèbre. Je me lève, et je dirige mes pas suspendus vers le lieu d'où semblaient partir ces sons harmonieux. J'avance toujours. Une galerie plus haute, mais plus étroite, s'offre à moi. J'y marche, toujours guidé par les voix sépulcrales, tantôt plus faibles, tantôt plus fortes, selon la route que je tenais. Je rencontre une lourde grille entr'ouverte. Je passe outre, animé d'un nouvel espoir. Un homme,

---

(1) *Voyages* de Dumont. tom. II. lettre IX.
Mallet, *descript. de l'Eg.*
Plin. *hist. nat.*

je me trompe, il l'avait été, un eunuque noir vient à moi et me parle ainsi d'une voix aigue et grêle que la répercussion de la voûte ne rendait que plus féminine encore : mortel audacieux ou favorisé ! quels sont tes titres pour pénétrer jusqu'ici ?

Je ne répondis qu'en montrant le sceau royal de la propre main d'Amasis, qu'il vérifia, en approchant d'une ouverture à travers laquelle le jour tombe obliquement. Il me quitta, sans répliquer; seulement il m'enjoignit de fermer sur moi la grille entr'ouverte qui m'avait donné passage. Je fis encore plusieurs pas en avant, et je commençai à entendre un peu plus distinctement. Les jours ménagés sur ma route par des canaux qui offraient en même-temps un courant à l'air, s'éteignaient de plus en plus; j'arrivai enfin à une salle de forme cubique, très-spacieuse et mieux éclairée. Au milieu, était un autre cube autour duquel on pouvait tourner. Chaque pan avait deux fentes assez larges, mais pratiquées à une hauteur double de celle d'un homme grand. Ces ouvertures oblongues laissaient échapper le son de la voix des personnes enfermées, ainsi que la lueur d'une lampe qui les éclairait; en même-temps elles procuraient ce qu'il leur fallait d'air pour respirer librement. Il y eut une suspension totale et subite de ces voix que j'avais entendues. Je demeurai immobile, dans l'attente de quelque nouveau bruit. On se taisait toujours; je crus pouvoir rompre le silence : qui que vous soyez, m'écriai-je. Continuez en assurance vos sons plaintifs. Est-ce sur vous que vous gémissez ainsi dans la plus touchante harmonie?

Une voix. Hélas! non.

Pythagore. Pourquoi chanter des hymnes mortuaires ?

La voix. Pour prolonger notre pénible existence.

Pythagore. Qui êtes-vous donc, et comment se fait-il qu'un monument élevé au dieu du Jour, renferme et condamne aux ténèbres des êtres nés pour la lumière ?

Une voix. Toi-même, qui es-tu ? et quel intérêt peux-tu prendre à nous que tu ne connais que par nos chants ?

Pythagore. Etranger en Egypte, je cesse de l'être par-tout où je rencontre des infortunés.

La voix. Depuis que nous sommes en ces lieux, et il y a déjà bien de longues années, tu es le premier qui nous parle ainsi.

Pythagore. De grâce, instruisez-moi. Je pourrais vous être utile. Parlez.

La voix. Hélas! Il y a long-temps que nous n'espérons plus. Ecoutes, puisque tu le veux. Nous sommes ici depuis le trépas de Psamméticus.

Pythagore. Ce roi qui s'appropria le Panthéon.

La voix. Et qui éleva cette pyramide, où nous devons mourir à côté de sa tombe dont il nous a constitués les gardiens.

Pythagore. Mais le corps de Psamméticus repose dans le temple de Saïs avec les rois de la dynastie de ce nom. Il fut jugé après son trépas indigne des honneurs de la sépulture au labyrinthe.

La voix. Après la cérémonie des funérailles publiques, Apriès fit déposer secrétement le corps de son père dans l'intérieur de cette pyramide inaccessible à toute violation. Il obtint même du collége sacré de Memphis, qu'un pontife et sa famille, s'ensevelissent vivans auprès de la tombe royale, pour en écarter, par de saints cantiques, tous mauvais génies, et arrêter le bras sacrilége qui parviendrait jusqu'ici. Le sort est tombé sur mon vieux père gissant au milieu de nous, son fils, sa fille et son gendre. A cette époque, ma sœur était aimée de celui qui est devenu son mari, s'étant obstiné à s'enfermer avec nous ; et la nature a voulu que cet hymen soit fécond au sein même du néant.

PYTHAGORE. Famille infortunée et attendrissante! est-ce que tout retour à la lumière vous serait interdit? ne pourriez-vous, d'après l'inspection détaillée de ce lieu, m'indiquer quelque moyen favorable à votre délivrance?

C'en est fait ! (s'écrièrent plusieurs voix ensemble.) ils nous faut achever de vivre dans cette superbe et triste demeure.

PYTHAGORE. Quoi ! pas un issue.... avec du travail, de la persévérance, et quelqu'industrie ?

Hélas ! reprit la voix du frère, tout est fini pour nous. Tu ne sais pas, étranger sensible et généreux, que le vaste appartement que nous habitons, distribué pour toutes les aisances de la vie, et même avec une munificence vraiement royale, est sans porte et sans fenêtres. C'est une magnifique prison, dont l'épaisse muraille, revêtue de marbre, n'a été achevée qu'après notre arrivée. Nous sommes montés ici par un canal perpendiculaire, dont l'ouverture s'est aussitôt refermée sous nos pas.

PYTHAGORE. Mais comment pourvoyez-vous aux renaissans besoins de chaque jour ?

Une voix. Nous ne manquons de rien; excepté la lumière du soleil, la société de nos semblables, et la liberté, le premier des biens, et qui en tient lieu, nous avons tout le reste. Les mêmes conduits qui, de part et d'autre, servent à renouveler l'air que nous respirons, laissent passer jusqu'à nous les alimens, et autres objets indispensables à l'existence. Une arche allant et venant, est la seule communication qu'on nous a laissée avec les vivans. Des hymnes sacrés, chantés par nous en l'honneur du monarque, autour de son cercueil, est le prix qu'on met à notre entretien. Malheur à nous, si nous laissions écouler une seule journée sans nous acquitter trois fois de ce tribut funèbre et religieux! On vient autour de notre prison pour s'assurer si nous négligeons le ministère dont on nous a chargés. Une voix menaçante nous rappelle à nos devoirs. Tu as dû rencontrer le préposé au régime intérieur de ce lieu. On nous envoie aussi de l'encens pour brûler devant le corps du prince, debout dans son triple cercueil. Les nôtres sont à ses côtés, tout prêts à nous recevoir. Hélas! bientôt peut-être, aurons-nous la douleur d'y ensevelir notre bon père, qui a déjà perdu le bienfait de la vue et de l'ouïe.

Pythagore. Malheureuse famille!

La voix. Etranger! sois discret; ayes du moins de la prudence. Les infortunés sont confians. Ne vas point divulguer notre déplorable aventure. Elle n'est connue que du collége des prêtres de Memphis. Peut-être même que la cour actuelle n'en sait rien.

Pythagore. J'en parlerai au roi Amasis.

La voix. C'est apparemment le monarque

d'aujourd'hui. Cher étranger, modères ta sensibilité. Tous les rois se soutiennent l'un l'autre : celui-ci pourrait trouver mauvais que tu ayes pénétré jusqu'à nous, et que nous t'ayons parlé. Nous en serions les victimes, et toi la première.

Pythagore. C'est de l'aveu du prince que je suis parvenu si avant ; conservez quelqu'espoir, et reprenez un peu de confiance. Si je réussis, je bénirai mon voyage.

Un son de voix plus doux se fit entendre. La sœur de celui avec lequel je venais de parler, voulut joindre ses actions de grâces aux siennes. Bon étranger ! as-tu encore ton père ?

Pythagore. Hélas ! non.

La sœur. J'aurais invoqué le génie du bien pour que tu retournes sain et sauf dans les bras de ton père. Tu possèdes peut-être une épouse, comme moi bientôt mère.

Pythagore. Je suis encore seul sur la terre.

La sœur. Ah ! tu parais digne de ne pas rester long-temps isolé. Quelque soit le succès de tes démarches pour nous, vas ! tu seras béni dans ta femme et dans tes enfans, puisque tu prends avec tant de chaleur les intérêts d'une épouse qui frissonne à l'idée de devenir mère au fond d'un tombeau.

L'époux à son tour m'adressa la parole en ces termes : « Etranger, je ne puis rien ajouter à ce que tu viens d'entendre de la bouche de ma compagne innocente et chère. Dis-moi ton nom. Je veux le placer dans un hymne à la reconnaissance, et l'accompagner des plus tendres accords de ma lyre. Ah ! puisse le bon génie qui préside à la conservation des mortels bienfaisans, ne te laisser jamais rencontrer d'ingrats !

PYTHAGORE. Adieu, mes amis, courage et patience !

Je retournai sur mes pas, et rejoignis mon guide, que je congédiai, sans lui faire part de ma découverte : sans perdre de temps, je me présentai au roi Amasis, qui daigna s'informer du succès de mes différentes courses, et de l'accueil que j'avais reçu des prêtres.

PYTHAGORE. Ils s'obstinent à garder leurs secrets à Memphis, comme dans Héliopolis, et me conseillent le voyage de Thèbes. Je suis de retour d'une excursion qui m'a intéressé sous plusieurs rapports. J'arrive du fameux labyrinthe des douze nomarques. Cependant le sceau royal ne m'en a pas ouvert toutes les portes. Ne pouvant tout voir, j'ai appris des choses que sans doute tu ignores. Tu ne sais pas qu'une famille entière, père, frère, sœur, époux et femme enceinte, que tout ce monde est enseveli vivant dans un tombeau, au centre de la pyramide du Panthéon.

AMASIS. J'en suis informé.

PYTHAGORE. Prince ! et tu permets plus longtemps que cette famille innocente languisse, condamnée à ce supplice lent.

AMASIS. Elle est de race sacerdotale : le ministère des prêtres n'est-il pas de veiller près des morts, et de prier continuellement pour eux ?

PYTHAGORE. Prince, serais-tu capable d'exiger en mourant, ce que l'un de tes prédécesseurs a ordonné ? de pareils ordres sont-ils de ceux qu'on exécute ?

AMASIS. Les pontifes n'ont pas réclamé.

PYTHAGORE. Si tu les attends, pour changer le mal en bien...

AMASIS. A ton retour de Thèbes, le bien aura succédé au mal.

PYTHAGORE. Les momens sont précieux; j'ai osé laisser concevoir quelqu'espérance.

AMASIS. Pythagore, c'est beaucoup prendre sur toi.

PYTHAGORE. Non sur moi, mais sur la bonté de l'ame d'Amasis.

AMASIS. L'affaire est plus grave que tu ne le juges. N'insistes pas davantage. Moi seul je je dois en connaître. Pars. A ton retour de Thèbes....

Le roi répéta ces derniers mots, en pesant dessus, de manière à m'obliger au silence pour le moment.

§. LXVIII.

Voyage en Lybie.

JE me disposai à repartir aussitôt pour la grande Diospolis. Ce voyage devant être long, j'allai faire mes adieux à quelques-uns de mes compatriotes ; car les Phéniciens, établis à Memphis, en occupent tout un faubourg. Je ne manquai pas non plus de rendre visite au jeune Gaphiphe, qui me proposa une course avec lui au temple de Jupiter *Ammon*. Les Egyptiens prononcent *Amun* (1). C'est une dépendance de l'Egypte, me dit-il ; tu ne peux te dispenser d'en faire le voyage ; dix journées suffisent pour nous y rendre. Ce sont des che-

---

(1) Mot grec qui veut dire *arène*, *sable*; mais dans la langue égyptienne, *amon* ou *œin*, signifie *produisant la lumière*. Jablouski. *panth. aegypt.* I.

mins de sable fort pénibles ; mais la récompense est au bout. Nous entendrons l'oracle. Nous verrons la fontaine du soleil. Partons !

J'acceptai, sans espérer beaucoup de fruits de ce voyage. Nous prîmes route à l'occident du Nil, dont les eaux coulent par un canal du lac Mœris, à travers les montagnes lybiennes (1), jusqu'aux déserts d'Ammon, et par-delà.

Nous prîmes un chameau, que Gaphiphe appelait, dans le style de sa nation, *le navire du désert*.

A cent vingt stades de Memphis, nous nous arrêtâmes quelques heures dans la ville d'Achante. (2) On nous y montra une cuve de granit, percée par le fond. Elle occupe le côté droit du vestibule d'un temple desservi par trois cent soixante prêtres. Un de ces ministres tour-à-tour, chaque soir, va puiser de l'eau du Nil pour la répandre dans la cuve, où elle ne fait que passer. « Ainsi (dit-il, en s'acquittant de ce cérémonial antique), ainsi s'écoulent les journées de la vie de l'homme ».

Nous reprîmes notre route en silence. Cette leçon nous avait inspiré plus de recueillement qu'aux poëtes grecs qui s'emparèrent de cet usage égyptien, pour servir d'aliment à leur muse. Et de-là, le supplice des Danaïdes.

Nous ne rencontrâmes aucune de ces tortues *chersines* (3) qui habitent les sables les plus

---

(1) *Iybie*, mot phénicien signifiant *climat brûlé*. Desbrosses, note sur Salluste, p. 37. *in*-4°. tom. I.
(2) Diod. sic. tom. I. ch. 36.
(3) Tortues de terre.

brûlans, grâce à la rosée du ciel, leur seule nourriture (1).

Nous ne pûmes supporter le climat lybien avec assez de force, pour nous permettre une excursion jusqu'à *la ville des Esclaves*, ainsi appelée parce qu'elle sert d'asile à tous ceux qui secouent le joug de la servitude. S'ils parviennent jusqu'aux portes de cette cité, ils deviennent libres, du moment qu'il en touchent avec la main le seuil de pierre.

Avant d'arriver, nous courumes plusieurs fois un danger que je ne connaissais pas encore. Quand le vent soufflait avec un peu de force, des nuées de poussière brûlante nous enveloppaient, et nous interceptaient la respiration. Nous restions comme ensevelis dans le sable, dont il fallait nous dégager avec beaucoup d'efforts. Nous ne nous crûmes sauvés qu'en apercevant, à quelques heures de distance, le bois épais et élevé qui enveloppe le temple. Nous entrâmes dans un pays cultivé, lui servant d'avenue et de territoire.

La mer a laissé des traces de son séjour, ou du moins de son passage sur les sables de la Lybie (2), principalement auprès du temple de Jupiter (3) Ammon. J'y reconnus quantité de coquillages, et même quelques fragmens de nacelle, devenus aussi durs que la pierre.

Les bords du ruisseau qui doit son origine à la fontaine de Jupiter Ammon, sont ombragés

---

(1) Plin. *hist. nat.* IX. 10.
(2) Platon, Aristote, Eratosthene, Straton le physicien, Xanthe de Lydie.
(3) Jupiter Ammon signifie *Dieu des sables*, suivant Servius, *AEn.* IV.

de souchets (*Cyperus*), joncs triangulaires (1), dont le parfum rappelle celui du nard. Leur racine offre un antidote à la morsure des serpens de la Lybie.

Arrivés enfin à la ville (2) des Garamantes (3), surnommés Hammoniens, une jeune fille et une vieille femme vinrent à nous, et s'offrirent d'être nos conductrices, selon l'usage du pays. Nous y consentîmes. La volubilité de leurs langues nous laissa à-peine le temps de leur proposer des questions. Elles parlaient à l'envi l'une de l'autre ; et quelquefois toutes deux ensemble. Etrangers ! nous dirent-elles, remarquez d'abord que si la ville d'Ammon est de beaucoup moins grande que Memphis ou même Thèbes, elle a quelque chose de plus merveilleux, et que peut-être vous ne trouverez qu'ici. Ces maisons que vous voyez, sont bâties avec des pierres de sel, tirées des montagnes voisines. Murailles et toits n'ont point d'autre matériaux que ceux nécessaires pour les cimenter, et les retenir étroitement liées l'une à l'autre. La fontaine du soleil donne aussi de superbes blocs de la même substance, transparens comme le cristal le plus clair. C'est Ammon qui fournit l'Egypte de tout le sel dont elle use dans les sacrifices. Ce n'est pas sans raison ; car il est plus parfait, plus pur que celui de la mer (4). C'est sans doute à lui que nous sommes redevables de l'air salubre qu'on respire ici.

---

(1) Plin. *hist. nat.* XXI. 18.
(2) Aujourd'hhi *Canzaron di mahoma*.
(3) *Et velox garamas : nec quamvis tristibus Ammon Responsis....*
　　　　　　　　　　Claudian. *laud. stilic.* I.
(4) D'où est venu le sel ammoniac.

Vous

DE PYTHAGORE.

Vous saurez, illustres voyageurs, qu'une fois l'année, le soleil est stationnaire au-dessus du temple (1) d'Ammon, et semble s'y reposer dans toute sa pompe.

Nos possessions territoriales n'ont tout au plus que l'étendue de six heures de la marche d'un homme; mais que de trésors, que de merveilles renfermés dans ce petit espace! et nous ne craignons pas que ce saint asile soit violé. La nature nous garde. Une armée qu'on mènerait sur le temple d'Ammon pour le piller, périrait en route, sous des montagnes mouvantes, dans des abîmes de sable, que le plus léger souffle de l'air élèverait en tourbillons (2), et ferait retomber sur la tête des profanateurs.

J'ouvrais la bouche pour hasarder une observation. La vieille ne m'en laissa pas le loisir. Etrangers, me dit-elle à son tour, car la jeune avait parlé la première; avez-vous remarqué un constraste parfait et qu'on ne rencontre encore qu'ici? Autant la route est sèche, aride, stérile, triste et monotone, autant le séjour d'Ammon est frais et riant. Nous sommes bien près du temple, nous y touchons, et vous ne vous en doutez pas, tant il est voilé par une forêt d'arbres de toute espèce, parmi lesquels on distingue de grands et superbes palmiers (3) qui donnent des dattes exquises. Quand vous y serez, vous ne verrez plus autre chose. Le Soleil lui-même, la principale divinité de ce

---

(1) Le temple d'Ammon était au vingt-huitième degré de latitude septentrionale. Une fois l'an, il avait le soleil presque vertical.

(2) C'est ce qui arriva à l'armée de Cambyse. Voyez ci-après.

(3) Plin. *hist. nat.* XIII. 19.

Tome II. H

lieu, ne peut y introduire ses rayons, ni percer l'obscurité mystérieuse du sanctuaire. Ici, c'est l'été dans toutes ses ardeurs ; là, c'est le printemps avec tous ses charmes : nous devons cet avantage inappréciable dans cette contrée, aux sources fraîches et abondantes dont ce seul endroit de la Libye (1) est favorisé. Étrangers, avançons, pour traverser cette enceinte de pierres ordinaires occupée par la garde du prince. Cette autre ceinture fortifiée renferme le palais du roi, de sa famille et des gens attachés à son service ou consacrés à ses plaisirs. Le temple remplit la troisième enceinte, celle du milieu. Suivez-nous sous cette voûte sombre de verdure. Entrons sous ce portique revéré. Remarquez dans le fond l'image de Jupiter sous la forme d'un bélier (2) Voyez comme ses deux cornes d'or se replient avec grâce.

Gaphiphe demanda quel rapport pouvait se trouver entre le Soleil ou Jupiter et un bélier ?

La plus grande conformité, nous conta la plus âgée des deux femmes. (3) Pendant les six mois d'hiver, le bélier se couche sur le côté gauche, et à l'équinoxe du printemps, il recommence à se reposer sur le droit ; de même que dans ce temps le soleil parcourt l'hémisphère droit, quand il a fini sa course à gauche. C'est pour cela que les Libyens qui prennent Ammon pour le Soleil couchant, donnent à ce Dieu des cornes de bélier, en quoi consiste toute la force de ce quadrupède, comme celle du Soleil est toute dans ses rayons.

---

(1) Aujourd'hui le royaume de Barca.
(2) *Ammon* veut dire *le soleil dans le bélier*.
Jablouski. II. 2.
(3) Macrobe, *saturn.* I. ch. 21.

Pythagore. Mais que vois-je ? l'image d'une femme avec le même attribut! des cornes de bélier à la tête d'une femme!

La vieille. C'est Junon (1) ammonéenne. Eût-il été décent d'obliger ces deux augustes époux à faire divorce ?

La jeune Libyenne reprit aussitôt: Cette nef d'or massif que vous pouvez distinguer devant l'autel sert à porter le simulacre, dans nos pompes sacrées. Vous auriez peine à compter le nombre des coupes d'argent suspendues le long des bords de ce navire. C'est un superbe présent de Sémiramis, quand cette reine vint elle-même interroger l'oracle sur le temps de sa mort (2).

Voici un objet encore plus beau; c'est le *temple d'Or* (3) qu'Osiris, de retour de ses expéditions lointaines, consacra au dieu (4) d'Ammon.

Pour voir le temple dans toute sa magnificence, attendez quelques jours, quand les consultans seront en assez grand nombre, pour déterminer l'oracle à parler. Munissez-vous par avance chacun d'une lame d'or consacrée, préservatif contre tous les maux. Les nouveaux époux viennent ici de bien loin pour s'en procurer. Ils sont certains de ramener la fécondité dans leur ménage, quand ils en ont suspendu un sur le sein de leurs femmes stériles. Tous les Egyptiens placent cet amulette contre leur cœur.

---

(1) Rhodig. *antiq. lect.* XVIII. 28.
Gyrald. *Syntag. deor.* III.
(2) Diod. sic. II. *bibl.*
(3) Espèce de chapelle portative, ou châsse.
(4) Diod. *bibl.* I.

Gaphiphe s'empressa de l'attacher sur le sien, dès le jour suivant.

Les prêtres débitent ces lames d'or qui ont la forme d'un cœur (1) et sur laquelle est gravé le mot *Ammon*. Je demandai à la plus âgée de nos deux femmes ce que signifiait ce nom. « C'est celui d'un très-ancien berger (2) de Libye, possesseur d'un grand troupeau (3) dont il vivait avec sa famille, dans ce seul endroit habitable de ce désert, il y a douze siècles. Plusieurs sources d'eau fraîche l'avaient déterminé à se fixer ici loin de toute société. Les *Asbistes* (4) étaient ses voisins les plus proches. Il exerçoit l'hospitalité envers tous les voyageurs qui se présentaient à lui, égarés dans les sables. Il faisait même un peu de commerce avec des Phéniciens qui, à certaines époques de l'année, traversaient cette plage pour passer en Nubie et dans d'autres régions intérieures de l'Afrique. Etrangers, il faut vous apprendre qu'Ammon dans ses loisirs s'était appliqué à l'étude des astres ; ce qui l'avait naturellement conduit au culte du Soleil. Tous les ans, quand le dieu du Jour entre dans la constellation du bélier, Ammon doroit les cornes du plus bel animal de cette espèce qui se trouvait dans sa bergerie ; accompagné de ses enfans et de ses serviteurs, il exécutait une sorte de marche

---

(1) Kircher. I. Voy. *obel. Pamphil. in-fol.* 494.
(2) Pausanias tient qu'il luy a esté imposé d'un pasteur ainsi nommé, qui le premier dressa une statue à ce beau Dieu-Belier. Sy Quinte Curse, au IV des gestes d'Alex.
Annotations sur Denis Alexandrin, par Benigne Saumaize. 1597. *in-12.*
(3) *Lybia lanigera.* Herodot. VIII. 155 ; 157.
(4) Peuplade peu connue de la Lybie.

sacrée autour de son habitation, en répétant un hymne à sa Divinité favorite. Il fut surpris une fois dans ce pieux exercice par une troupe de marchands de Phénicie ayant avec eux une prêtresse égyptienne qu'ils avaient enlevée. Cette femme noire, instruite à Thèbes (1) dans la sagesse de son pays, remarquant dans la piété d'Ammon le culte pratiqué sur les bords du Nil, s'offrit d'enseigner au pasteur lybien l'art de la divination, tant perfectionné par les prêtres d'Héliopolis, et quantité d'autres cérémonies religieuses qui acquéraient un nouveau prix dans le sein des déserts. Ammon se sentant inspiré, traita aussitôt avec les Phéniciens de la rançon de leur esclave qu'ils lui cédèrent volontiers pour le quart de ses troupeaux. L'Egyptienne, reconnaissante d'un bienfait aussi grand que celui de la liberté, dit un jour au berger Ammon : Une pensée divine m'a réveillée au milieu de la nuit ; une voix secrète s'est fait entendre à moi : « Fille d'Egypte, enfant du Nil ! lève-toi, va te purifier à la fontaine voisine ; la vue fixée sur son onde limpide et tranquille, attends-y le moment du lever du soleil ». J'ai obéi, et j'ai vu répétée dans l'onde pure l'image de l'astre du jour, la face rayonnante du soleil, armée des deux cornes du bélier que tu lui consacres au renouvellement de chaque année solaire. Ammon, si j'en crois un pressentiment qui m'agite, le père des saisons veut de nous que nous établissions un oracle en ce lieu. J'en serai la première prêtresse, et toi le premier pontife.

---

(1) Herodot. II.

Sage fille d'Egypte, répliqua Ammon déjà persuadé..... au milieu de ces sables brûlans, au sein de ces déserts!... qui pourra jamais deviner qu'il se trouve ici un oracle ? C'est dans le voisinage des grandes villes, qu'on place les temples.

La prêtresse. Les hommes doivent aller chercher les Dieux; ce n'est point aux Dieux à marcher au-devant des hommes. Plus on aura fait de chemin, plus on aura couru de dangers pour venir jusqu'ici, plus notre oracle sera révéré ; plus on ajoutera de foi à ses réponses.

Le berger. Comment le faire connaître ?

La prêtresse. Il suffit d'un premier prosélyte pour en amener une foule. Etablissons d'abord le Dieu ; les adorateurs ne lui manqueront pas.

Le berger. Et le temple ? Mes enfans et les gardiens de mes troupeaux ignorent l'art de bâtir. De simples boccages sont leurs plus beaux chef-d'œuvres.

La prêtresse. Ils suffiront. Seulement rends-les plus touffus, plus épais. Une clarté sombre convient aux autels, et donne plus de caractère aux paroles d'un oracle.

Les Phéniciens marchands, de retour, repassèrent ici, et y trouvèrent déjà tout changé. Les premiers, ils voulurent éprouver les effets de ce saint établissement. Ils interrogèrent leur captive, devenue l'organe d'un Dieu. Ses réponses furent autant de sages avis, dont ils surent profiter. Rentrés dans leurs foyers, ils vantèrent beaucoup à leurs compatriotes le nouvel oracle Ammon. Car ils ne le désignèrent pas autrement, et cette dénomination a prévalu. Avant la quatrième partie d'un siècle révolue, il fut célèbre et fréquenté ; et la famille d'Ammon devint toute sacerdotale. Au bout de deux ou trois siècles, ce lieu offrit un petit état, gouverné par un roi du sang du fondateur. Beaucoup d'étrangers, épris des agrémens de cette contrée, s'y fixèrent et l'enrichirent de leurs biens. L'abondance, la prospérité et l'éclat augmentèrent, et touchent enfin à leur comble ; tant il est vrai que la piété envers les Dieux n'est jamais sans récompense.

On vous a peut-être raconté la chose autrement. Une fondation aussi antique a dû nécessairement produire bien des traditions différentes. Elle a aussi poussé plus d'un rameau. L'oracle de Dodone (1) n'est qu'une branche de la souche ammonéenne. Mais dans trois jours l'oracle admet les voyageurs. Vous n'avez pas trop de temps pour vous disposer à l'interroger. Tenez-vous prêts ; nous irons vous chercher.

§. LXIX.

Pythagore au temple d'Ammon.

PENDANT que Gaphiphe satisfaisait ses pieux besoins, je me livrai à la connaissance du pays et des habitans. Les Lybiens de cette contrée, au moment où je me trouvais chez eux, jouissaient de tout le bonheur dont un peuple est susceptible, grâce à la minorité du prince Battus, onzième du nom, et le septième roi de la dynastie. Les principaux d'Ammon pro-

---

(1) Strabo. I. 49. *geogr.*

fitèrent de cette heureuse circonstance pour introduire une réduction dans les apanages trop considérables du trône. Selon l'usage, ils commencèrent par aller consulter le trépied de Delphes. La décision des Dieux étrangers a toujours plus de poids que celle des divinités nationales. La prêtresse d'Apollon les envoya en Arcadie, à Mantinée, pour y trouver un législateur; on leur indiqua en effet un citoyen très-populaire, et nommé à cause de cela *Demonax* (1). Celui-ci agréa les fonctions augustes qu'on venait lui offrir de si loin. A son arrivée dans la ville d'Ammon, il ordonna d'abord de faire rentrer le jeune roi dans les bois sacrés du temple, avec injonction de n'en plus sortir. Ensuite, il distribua tout le domaine (2) de la dynastie régnante entre les plus pauvres du peuple. L'assistance divine n'était pas bien nécessaire pour le succès d'une telle détermination. J'obtins l'une (3) des médailles d'or, récemment frappées, à la mémoire de cet événement, qui faisait grand bruit chez les monarques contemporains. Amyntas (4), le roi de la Macédoine, en parut le plus affecté. Puisse (5) cet état de choses n'amener rien de fâcheux au peuple Ammonéen!

La veille de la solennité, nos deux femmes nous conduisirent au temple. Nous nous y trouvâmes devancés par quantité de personnes de toute nation, entr'autres des Grecs et sur-

---

(1) mot grec composé, qui signifie *roi du peuple*.
(2) Herodot. IV. 161, 162.
(3) Voy. son explication, *journal de Trévoux*. 1727.
(4) Le bisaïeul du bisaïeul d'Alexandre-le-Grand.
(5) Le vœu de Pythagore n'a pas été rempli.

tout des Lacédémoniens (1). Les prêtres, ils sont bien cent, suffisent à-peine à recevoir les tablettes qu'on leur tend de tous côtés. Chaque assistant écrit sur la sienne les questions qu'il veut soumettre à l'oracle (2), et les passe à l'un des pontifes, en l'accompagnant d'un présent. Le lendemain on reçoit la réponse.

Mon compagnon de voyage me consulta sur ce qu'il devait demander. Je lui répondis : « Mon cher Gaphiphe, tu as perdu ta mère ; les Dieux ne peuvent te la rendre, puisqu'elle a subi la loi de la fatalité, commune à tous. Jeune et plein de santé, tu as le bonheur d'être ni pauvre ni riche. Que peux-tu désirer ? que te reste-t'il à demander à l'oracle d'Ammon ? qu'il te dise si tu seras heureux jusqu'à la fin de tes jours ? celà dépend de toi ; continue d'être sage. Quel état tu dois embrasser ? les Dieux t'en laissent le choix, et ton oracle là-dessus est en toi : consultes ta raison, ton goût, tes forces. Admires l'éclat du soleil, célèbres ses bienfaits, ne lui demandes rien. Ils n'attend pas ta prière du matin pour ouvrir les portes du jour. Bien avant qu'il y eût des fêtes de Cérès et de Bacchus, le soleil mûrissait l'épi et la grappe. Laisses au vulgaire des hommes le soin inutile d'interroger les Dieux ».

Je remarquai plusieurs inscriptions (3) grecques posées sur les murailles, par les Éléens et quelques autres peuples, venus de bien loin pour consulter le *dieu Caché* (4),

---

(1) Pausanias. *Lacon.* XVIII.
(2) On l'appelait proverbialement, *arietinum oraculum.*
(3) Pausanias. *eliac.*
(4) Au dire d'Hécatée.

qui se manifeste. C'est l'un des sens attachés au mot Ammon.

Je demandai à l'une de nos deux guides : « De qui sont ces crânes humains enchassés avec soin dans de l'or, et suspendus à la voûte du temple » ?

Elle me répondit :

« L'usage en Lybie, est de conserver ainsi la tête des bons rois après leur mort ». (1)

Le lendemain nous nous rendîmes de bonne heure au parvis du sanctuaire. La foule des consultans vint fort empressée, et se rangea en plusieurs cercles devant l'autel, éclairé d'une lampe (2) qui ne s'éteint qu'à l'année révolue, grâce à une mêche d'amiante.

Après une longue attente, les prêtres parurent enfin; d'un pas lent et grave, ils s'avancent vers la statue du dieu Ammon; et après de nombreuses génuflexions, la transportent dans la nef d'or qui l'attend; puis ils la placent sur leurs épaules, pour promener la divinité dans tous les rangs.

Nos deux conductrices étaient avec nous : « Voyageurs, nous dirent-elles, sachez que la divinité elle-même, et non les prêtres qui la portent, dirige (3) le navire là où il faut aller. Étrangers, donnez maintenant toute votre attention à ce que vous allez voir. Depuis deux ou trois siècles, ce n'est plus la prêtresse ou le premier pontife qui rend verbalement l'oracle du dieu d'Ammon. C'est le Dieu lui-même. Tous ceux qui lui ont fait lier des questions,

---

(1) Gyraldus, *de vario sepeliendi ritu*. 1533.
(2) Plutarque. *cessat. oracul.*
(3) Diod. sic. *bibl.* XVII. 50.

attendent aujourd'hui leur réponse sur son passage. La tête de la statue est mobile ; elle se tourne à droite ou à gauche, se lève ou se baisse, et fait à-peine entendre l'un de ces deux mots, *oui* et *non*, accompagné d'un geste analogue. Les assistans sont dans une agitation difficile à peindre. Observez le mouvement des sourcils de Jupiter. Voyez comme ce jeune homme est affligé ; il n'a pu obtenir qu'un geste négatif. Cette jeune femme à côté, est bien plus douloureusement affectée encore ; le Dieu n'a pas daigné lui répondre : il passe devant elle sans lui donner aucun signe. La demande était indiscrette sans doute. Jeune Ammonéenne, fis-je observer à mon tour, comment une statue de bois doré peut-elle mouvoir ainsi la tête ?

Etranger curieux, me répondit la vieille, tu voudrais en savoir plus que nous. Vas le demander à la grande prêtresse, et au premier pontife, placés tous deux derrière ce voile de pourpre. Crains plutôt d'attirer sur ta tête le courroux des Dieux. Ils n'aiment pas qu'on cherche à pénétrer leurs mystères. Tu as prudemment agi, m'ajouta-t'elle, en ne hasardant aucune question ; il est vraisemblable que ce Dieu ne t'eût point honoré d'une réponse. La plus belle offrande qu'on puisse lui présenter est une confiance aveugle en lui, ou dans ses ministres. Malheur aux incrédules, et même à ceux qui doutent ».

Après avoir parcouru tous les rangs, le Dieu fut remis dans son sanctuaire, et la multitude, sortie du temple, laissa éclater les divers sentimens qui l'affectaient. Cependant la plus grande partie était satisfaite des réponses laconiques et muettes qu'elle avait reçues ; ou s'en prenait à elle-même, s'accusant d'avoir mal posé ses questions, ou de ne pas bien saisir le sens de la réponse. Il restait une ressource que les prêtres avaient eu le soin de ménager. On pouvait les consulter sur l'interprétation à donner au monosyllabe du Dieu, et au mouvement de ses paupières. On en était quitte pour un second présent. On pouvait encore jusqu'à trois fois réitérer sa demande à la divinité elle-même, pourvu qu'on ne se présentât pas devant elle les mains vides.

C'est ainsi que les choses se passaient dans le temple fameux de Jupiter-Ammon ; nous congédiâmes nos deux conductrices de manière à ce qu'elles fussent contentes, sinon de notre docilité, du moins de notre reconnaissance de leurs soins, et nous gardâmes pour nous seuls les réflexions que devait suggérer ce qui venait de frapper nos yeux. Tout pesé, en admettant le principe que des idées religieuses forment un supplément à la vérité, dont si peu d'hommes sont dignes, l'oracle d'Ammon, et les autres sans doute, font encore plus de bien que de mal. Les prêtres n'oseraient absoudre les grands coupables ; ils se décréditeraient. Ils adulent les personnages riches et puissans ; mais ceux-ci, où ne sont-ils pas flattés ? Le vulgaire qui souffre a besoin de quelques illusions. Il les trouve dans ce temple. A leur retour chez eux, la décision du dieu Ammon a produit sur les consultans, l'effet d'un songe qu'ils auraient eu sans sortir de leur maison. Le voyage qu'ils entreprennent allége ou suspend, ou même dissipe les peines de l'ame et du corps qu'ils enduraient. Un ministre d'Esculape aurait pu leur conseiller comme remède, ce qu'ils se sont ordonné par piété. Un exemple confirma mon observation. Un Syrien, qui chemina une partie de la route avec nous, nous exposa ingénument le cas embarrassant qui l'avait déterminé à cette course pénible et lointaine. « Depuis que ma femme, long-temps stérile, est devenue enfin mère, elle a contracté une humeur difficile, exigeante, acariâtre même, au point que désespérant de pouvoir vivre davantage ensemble, je pensai à m'en séparer; mais je voulus auparavant consulter l'oracle, sans en prévenir ma compagne insociable. Je viens donc de demander à Jupiter-Bélier, si je dois prendre une autre femme, oui ou non! L'Oracle m'a fait un signe négatif. Je m'attendais à une réponse affirmative; car le dieu d'Ammon, qui sait tout, l'avenir comme le passé, ne doit pas ignorer les peines que j'ai souffertes, et celles qui m'attendent. Cependant en y réfléchissant dans le bois sacré où je me suis retiré pour méditer sur cette décision suprême, j'ai fini par admirer la sagesse profonde du sanctuaire d'Ammon. Me jeter dans les bras d'une autre femme, c'est peut-être ne changer que de maux, si je ne m'expose pas à de plus grands encore. Le pire trop souvent est le salaire de ceux qui veulent cesser d'être mal. Les Dieux m'ont donné une femme d'un commerce rude, pour éprouver ma raison. Je resterai avec elle. De la patience d'abord et ensuite de la fermeté, viendront à bout de la corriger. L'oracle l'a décidé avec justice. Il ne faut jamais quitter la mère de son enfant. J'userai de mes droits. Il y a de la lâcheté à rompre une chaîne parce que le poids incommode. Un mari doit savoir être le maître dans sa maison, et y faire régner la paix. Un père de famille doit se modeler sur Jupiter. Sa conduite avec l'altière Junon (1) sera la règle de la mienne. L'oracle a raison. Je vais dire à ma femme le sujet de mon voyage, ainsi que la résolution et l'engagement pris par moi au pied des autels d'Ammon : les Dieux me retiennent près de toi pour te rendre meilleure. Obéis aux Dieux dans ma personne, ou crains leur châtiment, dont ils m'ont établi le dispensateur. Un seul mot de l'oracle d'Ammon aura tout fait, et rétabli la concorde dans mes foyers. Je brûle de me voir de retour. Plus empressé que vous, je vous laisse en vous recommandant aux bons génies des voyageurs ».

L'oracle d'Ammon fait tous les ans mille cures semblables. Pourtant il serait plus honorable à l'espèce humaine de s'amender par des moyens plus naturels.

§. LXX.

Voyage à Thèbes. Lac Mœris, etc.

Je rentrai avec Gaphiphe dans Memphis, par la porte dite de l'Oubli, et me reposai quelques jours en sa maison, sans vouloir me montrer à la cour. Il me tardait trop de prendre enfin la route de Thèbes, et d'arriver à cette ville, la plus savante de toute l'Egypte et du monde. Je remontai le Nil sur sa rive occi-

---

(1) Allusion à l'aventure racontée au paragraphe XII, d'après Pausanias, *beot.* IX. Euseb. *pracp. ev.* III. Plutarch. *phisiol. grucc.*

dentale, avec la résolution de ne m'arrêter qu'au lac Mœris. Le chemin en ligne directe, est de six cents stades grecs, ou de dix *schènes*, mesure du pays. Je me fis donner la valeur de ce terme par mon jeune interprète. Il me l'expliqua (1) ainsi, avec de nouveaux détails qu'on ne m'avoit pas dit à Canope : nos barques sont tirées sur les bords du Nil par des hommes robustes, avec des cordages (2) tissus de roseaux. Nous appellons *schène* (3) la longueur de chaque espace, au terme duquel ces hommes de peine se reposent (4). Gaphiphe m'ajouta : Nous avons encore nos orgyes, et aussi nos parasanges, comme les Perses, pour les moindres étendues de terre. Nous comptons même par stades, grâce aux étrangers introduits chez nous, et qui abondent de toutes parts.

Il me prévint que ces mesures variaient, même en Egypte.

Sur l'une et l'autre rive du grand fleuve, on a planté des joncs (5) à certains intervalles, pour servir de mesures itinéraires, et en même-temps à régler le travail des rameurs.

Le long du Nil, je remarquai beaucoup de fleurs, découpées comme la rose, et le *sari* (6), arbrisseau de deux coudées, dont les Egyptiens mâchent la feuille, à l'instar du papyrus. La

---

(1) St-Jérome, *comment.* sur Joël.
(2) *Haller à la corde*, terme de marinier.
(3) *Funis*, *juncus*, *cordeau*, *canne*, *roseau*.
(4) Herodot. I. 11. Danville, *mém. sur le schène égyptien*.
(5) L'art de juger par l'analyse des idées. in-8°. 1789. p. 126.
(6) Plin. *hist. nat.* XIII. 23.

racine du sari donne un charbon propre à la forge.

Pendant tout ce voyage, je pris pour aliment la moelle, ou le cerveau du palmier, que je préférai aux figues du pays, qui sont maigres. Le palmier d'Egypte est très-fécond. J'en comptai jusqu'à vingt sur un seul et même tronc.

Je laissai *Achantus*, *Peme*, *Nilopolis*, et sa pyramide, *Iseum*. J'arrivai le soir de ma seconde journée, à la grande ville d'Hercule, que les Egyptiens appellent *Chon* (1), tout près le canal célèbre. Ce dernier objet suspendit quelques temps la rapidité de ma course. Je le trouvai fort dégradé, sur-tout du côté d'Héracléopolis. Ce grand ouvrage date de loin. Le prince, dont il porte le nom, régnait sept âges d'hommes avant Sésostris. Dans le voisinage, est un lac creusé par les mains de la nature, qui a beaucoup moins souffert. Le temps semble respecter davantage ce qu'elle a fait.

Le lac de *Mœris* (2) peut avoir un circuit de 3,600 stades, de la moyenne mesure. Il s'étend en longueur du midi au septentrion, tourne à l'occident, se porte vers le milieu des terres au pied de la montagne à quelques heures de Memphis; et là, se décharge par une issue souterraine dans la Syrte de Libye. Au centre, sont deux pyramides qu'on assure avoir autant de profondeur sous l'eau que d'élévation dehors. Il a été creusé, de main d'hommes dans un terrain sec, à dix schênes au-dessus de la capitale. En quelques endroits, il faut

---

(1) *Etymol. mag.*
(2) Le lac Mœris n'était plus appelé, du temps de Pline, que la *grande fosse, fossa grandis*. *Hist. nat.* XXXVI. 12.

cinquante

cinquante brasses de sonde pour atteindre le fond. Pendant six mois, les eaux du Nil coulent dans ce lac, et pendant les six autres mois, elles refluent du lac dans le fleuve. Le canal de communication est long de quatre-vingt stades, sur trois plethres de largeur. En sept journées de navigation, on peut communiquer de la tête de ce grand canal à la mer. Le labyrinthe est bâti à l'autre extrémité, tout près Crocodilopolis. Le lit du lac Mœris, exactement de niveau dans toute son étendue, fut creusé à son ouverture méridionale jusqu'à la surface du Nil, pendant les plus basses eaux de ce fleuve. Les bords du canal, par la disposition naturelle du terrain et avec le secours des chaussées, sont tenus à la hauteur de la plus grande crue commune du Nil, auquel il est destiné à servir de réservoir. L'une de ses extrémités touche au Nil ; là, se trouve une digue que l'on ouvre et ferme à volonté. L'autre bout donne dans un étang qui se remplit et se hausse à proportion du canal. Les deux extrémités du lac Mœris sont embouchure tour-à-tour, selon que le Nil croît ou se retire.

S'il n'y a de beau, de grand que ce qui est d'une grande utilité ; le lac, ou plutôt le canal de Mœris est le premier des monumens de l'Egypte. Les pyramides et le labyrinthe ou le Panthéon doivent lui céder le pas. On est fier d'appartenir à l'espèce humaine, quand on mesure l'étendue de cette excavation, et quand on pense que le but d'une aussi vaste entreprise est de corriger les irrégularités de la nature, ou du moins de prévenir les maux partiels inséparables du bien général. Le nôme favorisé de ce grand travail est le plus fertile et

Tome II. I

le plus agréable de tous. Memphis en recueille les plus grands avantages, tant pour le luxe des riches que pour les besoins du peuple. L'Egypte est le pays de la terre le plus délicieux, à en juger par le tableau du lac Mœris, bordé de temples, de palais, de maisons de plaisance et couvert presqu'en tout temps d'une infinité de nacelles, frais asiles de la mollesse et de la volupté, temples mobiles, non pas de Vénus-Uranie, mais des amours légers et libertins. Tous ces désordres qui, des premiers rangs de la société, se répandent jusqu'aux dernières classes, sont sous la sauve-garde des loix. Une police ambulante est chargée de ne réprimer que le scandale. Les vices paisibles, les crimes aimables sont protégés par le gouvernement qui aime mieux avoir affaire à des sujets efféminés, corrompus, énervés, qu'à des citoyens de mœurs austères et pleins d'énergie.

En évitant l'esclandre et le bruit, on peut tout faire dans les deux Memphis; je dis les deux Memphis; car le grand lac présente sur ses rives une nouvelle cité, fille et presque rivale de la capitale de l'Egypte.

En me promenant sur les bords du lac Mœris, j'appris trois particularités curieuses:

Je vis prendre des poissons (1) au bruit harmonieux d'un instrument de musique: Ce serait le sujet d'un symbole applicable à la multitude.

J'étais étonné de voir tant de grenouilles dans un pays peuplé de crocodiles qui en sont fort avides. On me répondit:

---

(1) Ælian. VI. 32.

« Admire l'industrie des grenouilles d'Egypte ; pour se sauver de la dent de leur terrible ennemi, elles portent à la gueule en travers (1) un long éclat de roseau.

C'est encore ainsi que pour éviter d'être la proie du quadrupède amphibie, le chien (2) ne boit dans le Nil qu'en courant ».

Le lac Mœris donne une pêche (3) qui rapporte pour l'ordinaire un talent (4) par jour.

Je repris ma route, sans plus m'arrêter, me contentant de reconnoître seulement des yeux, les principaux endroits sur mon passage. A l'embouchure proprement dite du lac Mœris, on adore Hercule et le crocodile ; à l'origine de ce même canal, on rend les mêmes honneurs à Mercure et au chien. Un naturel du pays que je trouvai à *Cô* se disposant à traverser le Nil pour aller à *Cynopolis*, me rendit raison en peu de mots du culte de cette dernière ville ; par *Nephthys* nous entendons le corps de la lune sous terre ; *Isis*, quand il est visible. L'horizon qui touche l'une et l'autre et qui leur est commun, c'est *Anubis* que nous représentons sous la forme du chien, parce que cet animal vigilant peut se servir de ses yeux la nuit comme le jour.

Un peu plus loin, m'ajouta-t-il, la ville que tu vois s'appelle *Ibeum*, à cause du culte qu'elle rend à *l'Ibis*. C'est l'oiseau d'Isis ; car il pond ses œufs suivant les phases de la lune ; et il éclosent en autant de jours qu'il en faut à

---

(1) AElian. I.
(2) Plin. *hist nat.* VIII. 40.
(3) Juvenel Carl. *hist. des belles lettres.*
(4) Un talent d'argent.

l'astre des nuits pour croître et décroître. Il ne pond plus quand il n'y a plus de lune. Le mélange et la diversité de son plumage dans les ailes où le noir borde le blanc, rappelle le croissant argenté de la lune au milieu des ténèbres. Ce volatile a encore plusieurs autres titres à la vénération publique. Il ne sort jamais de l'Egypte ; et si on le transporte ailleurs, il perd plutôt la vie que le désir de retourner dans sa patrie. C'est la touchante image des bons citoyens. Peu d'oiseaux nous sont plus utiles. L'Ibis vole à la rencontre des serpens ailés qui tous les ans veulent émigrer de l'Arabie dans l'Egypte ; il les tue, et détruit même leurs œufs. Il est encore chéri des savans auxquels il sert d'emblême ; par la disposition de ses pieds entr'eux, et de son bec, il forme un triangle équilatéral.

Enfin, me dit encore mon obligeant passager, avant de te quitter, il faut que je te prévienne sur l'étrange objet du culte professé dans la première ville que tu dois traverser. A *Lycopolis*, on rend les mêmes honneurs au soleil et au loup; par la raison que cet animal saisit et dévore tout comme le soleil, et aussi parce qu'ayant de très-bons yeux, il voit à se conduire pendant les ténèbres.

Il me parla encore de *Panopolis*, ou l'ame universelle de la nature a un culte.

PYTHAGORE. Idée sublime !

LE PASSAGER. Et si ancienne qu'elle en est toute défigurée. Le peuple la perd de vue tous les jours davantage, et en néglige la solennité. La misère mène à l'ignorance.

PYTHAGORE. Tu m'affliges.

LE PASSAGER. Les habitans de ce lieu sont

presque tous tailleurs de pierres (1) ou tisserands.

Tout ce beau pays est couvert de superbes palmiers à feuille d'éventails, et d'*acanthes* (2) épineux, que j'avais déjà rencontrés en profusion sur le territoire de la ville qui porte leur nom.

Au haut de cette montagne voisine, m'ajouta le passager, à certain jour de l'année, on porte solennellement Osiris et Isis, couchés tous deux dans un tabernacle de fleurs; (3) et l'on célèbre leur hymenée. Cette pompe s'appelle la régénération de toutes choses. Les amans et les époux prennent cette fête à la lettre; et le gouvernement leur sourit. Il lui faut une grande population.

Pythagore. Je la préfèrerais plus belle et plus saine.

Le passager. Qu'importe pour la guerre : Amasis nous en attirera une tôt ou tard.

Je ne fis que traverser la ville de *Tarbechis*, (les Grecs disent *Aphroditopolis*), nom composé des deux mots égyptiens, *bechis-atar*, ville d'Athor, ou de Vénus. On m'offrit en passant, de m'initier aux mystères de cette divinité. Je répondis, en poursuivant ma route, que ce serait à mon retour de ceux de Thèbes.

Je demeurai un peu plus long-temps dans Abydus (4) à quelque distance du Nil dont elle reçoit les eaux par un canal parfumé d'épines toujours fleuries. Tout le territoire de cette

---

(1) Voyez Pococke. *voyages.*
(2) Acacia d'Egypte.
(3) Diod. sic. *bibl.*
(4) Aujourd'hui lieu obscur, sous le nom *Elfium.*

ville (1) est sacré, et je m'en aperçus au grand nombre de tombeaux dont les avenues d'Abydus sont jonchées. On m'avait déjà instruit que les grands et les riches de Memphis et des autres cités principales briguaient l'honneur d'être ensevelis tout proche d'Osiris dont je vis en effet, la tombe, et le temple. Le palais de Memnon, ou Menon est un monument d'architecture plus considérable. Les murailles sont couvertes d'hiéroglyphes. Ce genre d'ornemens convenait parfaitement au séjour d'un savant illustre qui ajouta plusieurs lettres à l'alphabeth, bien avant que la Grèce en eût un.

Les Egyptiens eux-mêmes varient beaucoup dans leurs traditions sur ce prince. C'est le sort de tous ceux qui occupent les cent bouches de la Renommée. On raconte tant de choses sur leur compte, qu'ils finissent par devenir un problême dans l'histoire de leur siècle. On lui attribue de grandes expéditions dans la Haute Asie (2), où il a laissé plusieurs monumens.

On raconte de lui quelque chose de bien plus merveilleux. Une tradition prétend qu'il fit parler le Soleil; c'est-à-dire, vraisemblablement, qu'il traça le cours des rayons du grand astre sur les hautes murailles de Thèbes, langage muet qui apprit à la terre ce qui se passait au ciel.

Le jour anniversaire de sa mort (3), les Dieux de la terre, ce qui veut dire dans le style égyptien, les rois de l'Egypte, s'abstiennent

---

(1) Plin. *hist. nat.* V.
(2) Pausanias. *situs orbis* Dionisii.
(3) *Encyclopédie des Dieux.* tom. II. *in* 8°.

d'alimens jusqu'au coucher du soleil. Ils feraient mieux, s'ils consacraient cette journée à l'examen de leur conduite politique.

Si Memnon a donné les plans du palais qui porte son nom à Abydus, c'était un homme d'un génie vaste et élevé. Le temple d'Osiris en est éclipsé ; et son tombeau tire son principal éclat des idées religieuses qu'il fait naître, et dont les habitans profitent, en prélevant une taxe sur la vanité des citoyens qui envoyent leurs tristes dépouilles, pour être inhumées à côté du *cénotaphe* (1) d'Osiris. Il me répugne trop de dire le *tombeau* d'un *Dieu* ; ces deux expressions se contredisent, et n'offrent qu'un non-sens. Mais peu importe au vulgaire.

Il semble que la nature ait été au-devant des intentions pieuses des habitans riches de l'Egypte. Tous les environs d'Abydus offrent, parmi les sépultures sans nombre dont ils sont parsemés, une quantité prodigieuse de pavots noirs. Avant de quitter ce lieu, je m'amusai à voir les habiles nageurs de cette ville plonger, disparaître, revenir sur les eaux du canal, et se jouer de mille manières autour des barques. Ils reçoivent volontiers le prix de leur adresse ; quelquefois même ils vont jusqu'à imposer une taxe sur la curiosité des spectateurs. Je me proposais de continuer aussitôt ma route ; mais les monumens d'Egypte ont une vertu particulière dont on a peine à se défendre. Ils ne sont point de ceux qu'on peut voir en courant ; on se sent arrêté devant eux, comme par un pouvoir caché : plus on les contemple, plus on veut les contempler ; c'est ce que j'éprouvai au pied des

---

(1) Tombeau vide.

pyramides, dans le labyrinthe, et sur les bords du lac Mœris. Le temple d'Osiris, dans Abydus, suspendit, comme malgré moi, l'impatience que j'avais de me rendre à Thèbes. Il me fallut y passer presque deux journées entières. Le matin de la seconde, je fus témoin de la solennité qui a lieu à chaque lever du soleil. Elle a cela de particulier, qu'elle n'admet point l'usage des hymnes et des instrumens. Les ministres de ce temple, au lieu de cantiques, articulent successivement les sept voyelles de l'alphabet égyptien, chacune avec une inflexion de voix différente. Ces diverses intonations, qui approchent beaucoup de la gamme, produisent une mélodie pure dont les Grecs ont déjà profité pour rendre leur langue musicale. Je m'informai à l'un des prêtres de l'origine d'un pareil usage. « Notre Trismégiste, me répondit-il, inventa nos sept voyelles ; c'est pour les conserver dans toute leur intégrité, que nous les avons consacrées à la première des sept planètes ; nous ne lui adressons pas d'autre cantique : quel hymne serait préférable à la prononciation mesurée des voyelles de notre alphabet, servant à la fois de base et de symbole à la langue, à la musique et au système planétaire » ?

PYTHAGORE. J'aime votre culte ; il mériterait de devenir universel.

LE PRÊTRE. Il est trop nu, pour attirer la foule.

§. LXXI.

Suite. Guerre sacrée.

Au moment de quitter Abydus, il me fut demandé si je voulais consulter *Besa*; c'est le nom d'un Dieu assez peu connu hors de ces murs. Il jouit dans cette ville d'une faveur dont Osiris devrait être jaloux. Il en est redevable aux oracles qu'il rend, et qu'on peut se procurer fort à son aise. Besa n'exige point la présence du suppliant. « Si tu es pressé de partir, me dit-on, tu n'as pas besoin de te présenter en personne, et de faire toi-même de vive voix ta demande; Ecris-la : la réponse se trouvera prête à ton retour ».

Je poursuivis sans répondre à ces offres obligeantes, et en me disant tout bas : « Je ne suis point surpris du peu de vogue de Besa, ailleurs que chez lui ; plus les Dieux sont commodes, moins on les fête ».

Le nom de cette divinité est celui d'une tribu (1) de l'Attique, et d'une fontaine en Thessalie, entre les monts Olympe et Ossa. La Grèce n'a pas toujours pris la peine de déguiser ses larcins.

Je ne montai point à la petite Diospolis, ainsi nommée, à cause d'un temple à Jupiter, que n'atteint jamais l'inondation du Nil. Cette cime est couverte de tombeaux ; elle sert de sépulture aux morts de tous les environs.

En Egypte, on regarde le séjour dans la

---

(1) Strabo. *geogr.* VIII et IX.

tombe comme une autre existence; et l'on apporte toutes les précautions pour n'y être point troublé, jusqu'au moment d'une seconde vie plus heureuse que la première.

Quelqu'un me dit sur la route :

« N'es-tu pas curieux de visiter Elythia ? Ce n'est point la ville la moins intéressante du nôme de Thèbes ».

Pythagore. Si j'étais fatigué de la vie, je pourrais y aller; je ne craindrais pas de courir les risques d'être immolé. Ma chevelure approche un peu de la couleur (1) réquise pour les sacrifices (2) humains, en usage dans cette cité ».

Il me fut répondu :

« Ces horreurs religieuses étaient proscrites, déjà bien avant le siége de Troye ».

En traversant une autre petite ville, je m'entendis appeler ainsi : « Voyageur, ne nous refuses pas d'entrer ». J'entrai dans la maison d'une femme qui accouchait. On me présenta une fourmi, en me disant : « Rends-nous le service de la poser toi-même sur la main du nouveau-né que voici, et souhaite à cet enfant l'amour du travail, et la prévoyance qui caractérise cet insecte ». Ce que j'exécutai ponctuellement; puis on me dit encore : « Honorable étranger, reprends ta route, et si déjà tu as une femme, puisse-tu bientôt devenir père ! » Cet usage particulier à l'Egypte, me rappela l'espèce de culte que les peuples de Thessalie rendent à ce même petit animal.

―――

(1) Il fallait être roux; Pythagore était blond.
(2) Plutarch. *de Iside*. Euseb. *præp. ev.*

DE PYTHAGORE. 139

Un événement étrange et fâcheux m'arrêta plus que je ne voulais à Tentyris, ville un peu au-dessus de la petite Apollinopolis, sur l'autre rive du Nil, et presqu'enveloppée d'une forêt de palmiers. On y célébrait une fête qui devait durer sept jours, en l'honneur de Vénus, l'une des deux divinités tutélaires de l'endroit. L'autre est Isis. Des tables étaient dressées dans le temple même, au milieu des places publiques, et sur le bord du fleuve. Des canots d'argile, décorés de peintures, amenaient de toutes parts des groupes joyeux d'hommes et de femmes, dansant au son de la flûte, et au bruit des crotales. Une liqueur enivrante coulait par flots. C'était l'image du plaisir dans toute sa vivacité, dans toute son effervescence. Les habitans de la petite Apollonopolis, qui n'ont qu'un même territoire avec ceux de Tentyris, étaient arrivés des premiers. On m'avait même invité à la fête ; cédant aux instances, je ne pus me refuser à prendre place à l'un des banquets dans le *museum* (1) de la ville (on appelle ainsi en Egypte ce que les Grecs nomment le *Prytanée*) : toutes fois, me dit-on, si tu n'es pas de ceux qui adorent le *crocodile* (2). Car ici nous t'avouons qu'on ne porte pas beaucoup de respect *au Champsa*. Une des causes de la bonne union qui régne entre les Apolloniates et les Tentyrites, c'est que nous pensons de même sur cet animal, que le mauvais génie de Ty-

---

(1) Tobia magiri *eponymologium*. p. 137. *in*-4°. Francfort. 1644.
(2) Χαμχας. *Champsa*, en langue égyptienne. Hérodot. *Euterpe* (II). 69.

phon a sans doute lâché en Egypte, pour se venger des honneurs rendus à son frère Osiris. Tandis qu'à Coptos, à Ombos, à Pampanis, et principalement à Crocodilopolis, on brûle de l'encens à ce cruel amphibie, nous lui déclarons sur ce rivage, une guerre à mort. Quand nous en prenons un dans nos filets, ou autrement, nous le suspendons à un arbre, et après l'avoir fustigé long-temps, nous le coupons en morceaux. Que ceux qui le trouvent mauvais fassent tout le contraire chez eux; mais qu'ils ne viennent pas nous troubler! Ils seraient mal reçus. Ils prétendent que le crocodile est le symbole de l'eau. Nous nous en tenons au culte de l'épervier; c'est le symbole du feu. Il n'y a rien de commun d'eux à nous.

Le convive qui me parlait ainsi, fut interrompu par un grand bruit. Nous entendîmes crier : « *Aux armes* ! les *Coptes* (1) accourent pour nous surprendre, et nous battre au nom de leur dieu crocodile ».

Je vis en effet quantité de barques s'approcher, les unes à force de rames, les autres à force de voile, et vomir sur la rive deux ou trois mille personnes, remplies d'animosité, et annonçant des projets perfides Les Tentyrites et leurs voisins eurent d'abord le dessous, et reçurent les premiers coups. Le sang coula de plusieurs blessures. On assaillait à poings fermés. On répondait avec des pierres. La mêlée devint horrible. L'acharnement était égal des

---

(1) Ce nom est devenu celui des modernes habitans de l'Egypte. Cependant il y a beaucoup de Bohémiens des deux sexes, qui se donnent en Europe pour *Egyptiens*, sous le titre de *Gypsies*.

deux parts ; et la victoire flottait incertaine au milieu des tables renversées, aux cris des femmes échevelées et de leurs enfans éperdus. Mais l'affaire cessa d'être indécise, du moment que les Tentyrites purent s'armer de leurs glaives, et de leurs javelots. Les Coptes cherchèrent le salut dans la fuite. On les poursuivit le long du rivage, au fond de leurs nacelles. Plusieurs aimèrent mieux périr dans les flots du Nil, que de tomber vivans dans les mains des Tentyrites ; et ils prirent le meilleur parti ; car c'était une guerre sainte : le fanatisme irrité est la plus cruelle de toutes les passions. Oh ! scène atroce ! un Copte tomba en courant. Je vis les habitans de Tentyris se jeter tous sur lui ; le mettre en pièces, dévorer sa chair palpitante ; s'en disputer les lambeaux, et en broyer les os sous leurs dents (1). Je vis un Apolloniate qui arriva trop tard pour partager cet horrible festin, presser la terre imbibée de sang, de ses doigts forcenés, et les porter à sa bouche pour les sucer. Je vis des mères en teindre les lèvres de leurs enfans, comme pour leur en donner le goût, et leur inspirer l'horreur d'un autre culte, que celui de leur ville natale.

En vain, à plusieurs reprises, je voulus élever la voix. On me répondit avec un geste menaçant : « Etranger, retire-toi, et ne nous force pas à violer en ta personne les droits saints de l'hospitalité. Continue ta route ».

PYTHAGORE. Mais les habitans de Coptos ne sont-ils pas des hommes comme vous ?

---

(1) *Hoc aegyptiis hominibus innatum, ut dum fervent irâ, mirum in modum sint crudeles.* Polybius. XV.

Un Tentyrite. Non! t- ignores donc que quand un de leurs enfans est mangé (1) par le crocodile, la mère (2), au comble de la joie, rend grâce au ciel, fière d'avoir mis au monde un enfant qui a été jugé digne par un Dieu, de lui servir de pâture (3). Point de société avec un tel peuple, qui d'ailleurs a joint la lâcheté et la perfidie, aux horreurs dégoûtantes de son culte. Tu as vu qu'ils ont été les aggresseurs.

Pythagore. Mais des horreurs justifient-elles des atrocités?

Le Tentyrite. Etranger, continue ta route, et garde tes avis pour toi et les tiens, ou va les offrir aux habitans de Coptos; ils en ont plus besoin que nous.

Je n'insistai plus, ne me voyant secondé par aucun magistrat : pas un n'osa se montrer; les pontifes non plus. On n'en voit pas où il y a du danger. Les uns et les autres ne se montrent pour l'ordinaire que pendant le calme, quand on n'a plus besoin d'eux. Le fanatisme aveugle a tout loisir de se satisfaire. A quoi servent donc les lois religieuses et civiles que le peuple paye si cher? Presque par tout muettes quand il faut parler, ce ne sont que de graves et belles inutilités.

---

(1) AElian. X. 21.
(2) Ptolem. IV. 5. Plin. *hist. nat.*
(3) Les *fétiches* du présid. Desbrosses. p. 88.

§. LXXII.

Pythagore à Thèbes. Initiations.

Je m'enveloppai de mon manteau, et doublai le pas pour m'éloigner au plus vîte d'un sol trempé de sang humain, au nom du dieu Epervier, aux prises avec le dieu Crocodile. Je ne voulus visiter aucun des monumens de Tentyris. Un voile de tristesse profonde couvrait mes yeux, et mon ame était trop oppressée. Abymé dans mes réflexions, j'arrivai enfin à Thèbes, que les Egyptiens appellent *No-ammon*. Le spectacle atroce (1) dont je fuyais le théâtre, n'aurait point eu lieu, si la ville sainte, où je portais mes pas pour la première fois, n'eût point cessé d'être le siége de l'empire et la métropole de l'Egypte.

Mes biens aimés disciples! Ici je reclame de nouveau toute votre attention. Toute la sagesse égyptienne va nous être développée dans la fameuse *hécatompyle* d'Homère.

Sans me donner le temps de me livrer à quelque repos, sans daigner prendre garde à tous les grands monumens dont je me trouvais environné, je me fais conduire de suite au collége des prêtres, et demande à me présenter à l'hiérophante.

« Pontife sage, lui dis-je avec une fermeté qui parut ne pas lui déplaire, quelque soit ta réponse, je te déclare que ma résolution est d'expirer sur le seuil de cet asile sacré plutôt que d'en sortir, avant d'avoir obtenu

---

(1) Voy. Juvenal, *satyre des superstitions*.

la grande initiation aux saints mystères. Mes titres sont le besoin extrême que j'en ai, le respect profond que je leur porte, et cette lettre munie du sceau royal.

Jeune homme, me répondit Bitys, ainsi se nommait l'hiérophante. Les sources pures de la vérité dont nous sommes les conservateurs et les gardiens, sont ouvertes à quiconque se sent le courage d'y puiser; et tu n'ignores peut-être point qu'Orphée lui-même en manqua. Tu sais aussi qu'elles sont les suites d'une démarche que la témérité seule ne justifie pas. Le sceau royal que tu portes, n'est point un talisman infaillible, et ne saurait t'exempter des épreuves longues et rudes que nos lois exigent de tout aspirant à la lumière de la vérité. Les douze grands travaux d'Hercule n'en ont fait qu'un demi-Dieu. Pour faire un sage, il faut de plus grandes expériences. Il faut un concours des forces et de l'ame et du corps.

PYTHAGORE. Pontife! satisfais mon impatience. Tes prudentes observations m'enflamment encore davantage.

BITYS. Mais, jeune étranger, Saïs, Héliopolis où tu aurais pu te présenter, Memphis d'où tu viens, renferment, comme ici, l'objet de tes vœux ardens.

PYTHAGORE. Ces deux derniers colléges ne m'ont qu'entr'ouvert leurs portes. Tous m'ont dit : adresse-toi à nos anciens de la grande Diospolis.

BITYS. Nous devrions te renvoyer à un maître bien plus ancien encore que nous tous et bien au-dessus; au Génie immortel de la nature qui a si bien inspiré nos premiers ancêtres. Mais d'après ton vœu si fortement exprimé et l'é-
gide

gide toujours respectable du chef de l'empire sous lequel tu te présentes à nous ; mon fils, entre et subis les examens préliminaires aux épreuves qui décideront de tes destinées. L'hiérogrammatiste Zonchis sera ton maître ».

Celui-ci s'avança vers moi : il avait un livre à la main et un roseau taillé pour écrire, passé dans ses cheveux blancs.

Je fus admis, et revêtu aussitôt de l'habit des aspirans. La première année toute entière, on parut m'oublier. Zonchis n'exigea rien, absolument rien de moi. Il me fut libre d'aller et de venir, à toute heure de nuit et de jour, dans le temple, à la bibliothèque, dans les jardins de cette vaste maison. Excepté les souterrains, j'avais mes entrées par-tout. Il me fut même permis de communiquer avec plusieurs autres Néophytes. Ils étaient tous Egyptiens. Il n'y avait que moi d'étranger à cette époque. Je sçus depuis que nous étions observés. C'est vraiment dans le collége de Thèbes que les murailles ont des yeux et des oreilles. Mon maître Zonchis me rappela dans la suite beaucoup de circonstances que je croyais n'avoir point eu de témoins. Mes actions les plus insignifiantes furent observées; on en tint registre. Et j'appris que la plupart des aspirans étaient congédiés au bout de cette première année. On ne leur permettait pas de rester plus long-temps, ni d'aller plus loin. Ils n'étaient pas même admis aux petits mystères.

Parvenu à ce terme, Zonchis me parla ainsi, en me serrant la main dans la sienne : « courage, mon fils. Pour te connaître, nous t'avons livré à toi-même ; nous avons étudié tes goûts, suivi tes habitudes. Avant de semer de bons grains

Tome II. K

dans son champ, l'agriculteur examine s'il n'est point infesté de mauvais herbages. Tu n'as point fait un pas que nous n'ayons été sur tes traces. Tu n'as point dit une parole, tu n'as point tracé une ligne que nous n'en ayons eu connoissance. Nous pourrions te rendre compte, même de tes songes. D'après mon examen de ta conduite, le collége des prêtres de Diospolis te juge digne de passer à de plus fortes épreuves, et capable de les soutenir. Suis moi ».

Zonchis me fit descendre dans les profondeurs du temple de Jupiter. Ce sont des souterrains immenses plus ou moins éclairés, selon le besoin qu'on en a.

J'ai plus d'une raison pour conjecturer qu'on me fit voyager dans les entrailles du sol jusque sous les pyramides (1). Je soupçonne que plusieurs des rudes épreuves auxquelles j'eus la témérité de me soumettre, eurent lieu dans les excavations du grand labyrinthe. Ses fondemens sont des espèces d'abymes, naturellement disposés pour les initiations.

« Mon fils, reprit gravement l'hiérogrammatiste : l'histoire d'un jour est celle de l'année ; et l'histoire d'une année celle de tous les siècles. Les quatre parties du jour sont les quatre saisons. Ce monde aussi doit avoir son matin ou son printemps, son midi ou son été ; sa soirée ou son automne, sa nuit ou son hiver. Un jour est donc le miroir de l'année ; et une année le miroir du monde : rapports d'autant plus exacts que si le jour succède au jour, l'année à l'année ; un monde succède de même à l'autre.

---

(1) *Voyages* de P. Lucas.

En étudiant bien les circonstances d'un seul jour, en observant exactement les événemens d'une année, nous pouvons dire avoir assisté à la durée complète de tout un monde. Chacun de nous vivrait l'espace d'une grande année solaire, il n'en saurait pas davantage; la nature n'en fait pas plus pendant la durée d'un monde que pendant celle d'une année, ou d'un jour. Un jour, une année, un siècle, un cycle, une révolution planétaire sont comme autant de cercles concentriques qui se ressemblent par la forme, et ne diffèrent que par la grandeur. Il en est ainsi de l'homme. En un seul jour, nous t'allons faire éprouver toutes les chances d'une année féconde en événemens ; et en moins d'une année, tu te verras aux prises avec la bonne et mauvaise fortune de toute la vie humaine. Apprête-toi à vivre, en peu d'heures, ou dans l'espace d'un petit nombre de jours, autant que si la nature t'accordait une existence prolongée au-delà d'un siècle. Si tu sors victorieux de toutes ces crises, nous te proclamerons digne de voir la lumière de la vérité : La vérité ne se livre sans voile qu'à ces sages robustes que rien n'étonne, et qui, toujours maîtres d'eux-mêmes, passent à travers les périls, comme le Soleil sort du milieu des nuages, plus pur et plus radieux. L'amour de la sagesse, plus encore que l'amour prophane, doit savoir braver les élémens et dompter les passions. Interroges-toi de nouveau. Trois jours te sont accordés pour cet examen ; sonde ton ame : vois ce dont elle est capable ».

Ce langage me détermina à faire un sérieux retour sur moi-même. Je passai une journée toute entière dans un recueillement si profond que je ne songeai seulement pas à prendre la nourriture nécessaire au soutien de la vie. Le troisième jour, dès le matin, je me sentis dégagé de toute crainte, et prêt au combat. J'allai moi-même au-devant de Zonchis :

Maître ! lui dis-je, dispose de ton élève. Me voici !

Il me conduisit plus avant, me fit entrer dans une espèce de petit sanctuaire et m'y laissa en me disant : Adieu, mon fils.

Il revint pour poser un moment le pied droit sur le seuil de la porte et m'ajouter : « La veille de son initiation, un homme est au-dessous de la brute ; un homme est au-dessus des Dieux, le lendemain de son initiation. Il n'y a que deux choses importantes dans la vie : la connoissance des grands mystères et la culture du blé (1).

Les parois du lieu carré-oblong où je fus déposé sont couverts d'hyéroglyphes peints avec l'explication au-dessous en caractères communs. Tel qu'un palmier (2) et un rameau au bas ; avec ces paroles :

Tu n'es encore que rameau, deviens palmier.

Un cône tronqué de pierre noire (3) ; on lit au-dessous :

Dieu, (4) ou *l'Obscur.*

---

(1) Ce mot a été redit par Socrate. *phedo* Plato.
(2) Hor-Apollo. *hieroglyph.*
(3) Porphyr. cité par Eusebe, *praepar. evang.* III. 7.
(4) Les Egyptiens appelaient Dieu, ou le premier principe, *ténèbres inconnues, obscurité impénétrable.*
Damasc. ap. gale not. Jamblich. p. 193.

Un œil occupant le centre d'un cercle radieux; et bien au-dessous, des taupes pêle-mêle et se heurtant l'une l'autre.

On avait écrit pour légende ces deux lignes :

L'initié,
et ceux qui ne le sont pas.

Une ruche d'abeilles et une toile d'araignée. Sur la ruche est écrit : l'*Egypte*. Sur la toile d'araignée : *le reste du monde.*

Je trouvai, dans ma retraite, pour toute nourriture, un pain, du sel et une légère infusion d'hysope. C'est le régime habituel des prêtres (1) à Thèbes.

Je me proposais de lire tous les symboles ; un assoupissement involontaire s'empara de moi. Je fus contraint de me coucher sur une triple natte, ou lit de lotus et de pavots noirs, qui semblaient m'attirer à eux. Bientôt un someil profond y enchaîna toutes mes facultés. Je ne me sentis pas d'abord enlevé et comme transporté au milieu des airs. Bientôt les secousses devinrent si violentes, que j'ouvris les yeux pour me voir, pour ainsi dire, nageant ou suspendu par des ressorts cachés entre le ciel et la terre, dans un fluide inconnu. Un souffle de vent impétueux me précipita d'un trait, dans une conque, au centre d'un vaste amas de vapeurs ; la mer en courroux n'est pas plus effrayante. Je fus plusieurs fois submergé, et sans un secours invisible, j'y serais péri. J'éprouvai toutes les angoisses du naufrage.

---

(1) *Sacerdotes egyptii in templis se claudentes, tribus tantum vescebantur pane, sale, hyssopo.*
Trina à Joh. Rhodio. 1584. p. 84. *verso.*

Je surnageai enfin. Ce fut pour être poussé contre un écueil, où ma frêle barque se brisa. Cet écueil était un volcan. Je marchai entre plusieurs laves brûlantes. A chaque pas, il me fallait franchir un abîme de feu, entr'ouvert sous mes pieds, tandis que sur ma tête le cratère enflammé lançait au-tour de lui une pluie de charbons brûlans. Le sol mal affermi tremblait sous moi, et paraissait céder sous le poids de mon corps. Le tonnerre par ses éclats redoublés, complétait cette scène d'horreur, éclairée par un embrâsement universel dans toute l'étendue de l'horizon que je parcourrais (1). J'aurais infailliblement succombé à tant de dangers réunis, sans la voix de Zonchis, me criant à travers ce bruit affreux : « mon fils, ce ne sont pas tes plus rudes épreuves ».

J'appris par la suite que ces explosions de la foudre, qui me causèrent tant de terreur, sont l'effet d'une expérience (2) ; d'un mélange gradué de soufre, de salpêtre et de charbon (3) dont la Grèce ne connaît encore que les noms; du soufre elle a fait Vulcain, du salpêtre Jupiter, et du charbon Vesta.

Une autre fois, on m'ordonna de monter le vaisseau du Soleil, nacelle d'or, mise à flots sur une mer de nuages argentés. Tout-à-coup ravi bien par-delà la région des nuées, jouet

---

(1) Virgil. lib. VI *Æneid.*
Claud. *proserp. Rapt.*
(2) *Traité du feu et du sel*, par B. Vigenere. p. 65. *in*-4°.
(3) Ne serait-on pas autorisé à soupçonner que la poudre à canon fut connue de la haute antiquité, et spécialement de l'Egypte ?

de tous les vents contraires, je traversai les différentes zones qui divisent l'espace de la terre à l'empyrée. En moins d'une heure, j'éprouvai les diverses températures de tous les climats. Je parcourus les immenses déserts, les vastes ateliers où la nature prépare ses phénomènes. Mon front toucha au disque de la lune.

Je sus depuis que le vaisseau du Soleil dans lequel on me fit naviguer, était suspendu au milieu d'un mince réseau, à des outres (1) remplies d'un air purifié, plus léger que celui que nous respirons.

Ce voyage aërien, qui pensa me coûter la vie (2), est l'une des plus brillantes expériences tentées par les savans de Thèbes ; ils font un secret à tout autre qu'à l'initié aux grands mystères, des procédés nécessaires pour le succès.

Ce fut dans cette circonstance principalement que je vis la mort sans mourir. C'est dans les grandes initiations que l'homme touche à l'immortalité, sans cesser d'être mortel ; au désespoir, sans perdre l'espérance, et au bonheur suprême, sans être exempt de l'atteinte des plus grands maux.

Après quelques jours de repos indispensable pour réparer mes forces et me disposer à de nouvelles crises, on me fit parcourir successivement toutes les gradations de l'effroi et

---

(1) Il est probable que la science des aërostats était connue des anciens, et peut-être plus avancée que chez les modernes.

(2) On dit que Pythagore faillit perdre la vie dans les épreuves. *Recherches sur les initiations*, par Robin. 1779. *in*-12. p. 28.

de la douleur (1). Eprouvé déjà par l'air, l'eau et le feu, on me fit passer par la faim et la soif, par le froid et le chaud, enfin par toutes les misères humaines auxquelles nous assujettit le bras d'airain de l'impérieuse nécessité. On m'infligea même quelques-uns des supplices réservés par le despotisme et la superstition, aux mortels, amis intrépides de l'indépendance et de la vérité. Zonchis ne m'abandonnait pas. Sa voix secourable parvint jusqu'à mon oreille à travers tous ces orages : « Mon fils, sois homme ! persevères. Tu avances vers le but ; c'est-là où sont les plus fortes tempêtes, et de plus grands périls d'une autre espèce. »

Il me fallut subir les épreuves les plus contrastées. On m'exposa à tous les prestiges de l'ambition forcenée. Un jour, je comparus au pied du trône d'un tyran. « Sois, me dit-il, le ministre dévoué de tous mes vouloirs. Toutes mes faveurs t'attendent. Tu vois toute cette populace ; elle ose se permettre le murmure. Je te remets le sceptre de mon autorité arbitraire. Uses-en sans réserve. Tout ce vil rebut de l'espèce humaine n'est-il pas né pour servir, comme le poisson de la petite espèce pour être la pâture des cétacées. Il me faut dès aujourd'hui sur ma table, une tête d'homme. La tienne m'en répondra ce soir ». Et le despote me parlait ainsi, entouré de bourreaux, armés

---

(1) L'ordre des Francs-maçons pourrait être considéré comme la miniature, ou plutôt la *charge* des anciennes initiations. Les épreuves et le *frère terrible*, sont vraisemblablement une réminiscence des examens sévères et menaçans prescrits par l'hiérophante égyptien. La Francmaçonnerie aura trouvé à propos de contrefaire tout cela *en petit*, pour se donner une sorte de consistance.

de divers instrumens de supplice. Un geste d'indignation et de mépris fut ma réponse.

Soudain, les exécuteurs s'emparèrent de ma personne, et me déchirèrent le corps sous leurs fouets sanglans.

Après le temps nécessaire pour réparer mes forces épuisées par cette épreuve, une nouvelle me fut proposée. Je me vois au milieu de la place aux harangues d'une ville populeuse. Plus de rois ! criait devant la multitude une poignée d'hommes ivres, et les bras teints de sang. Plus de rois ! jurons sur le cadavre mutilé de celui-ci de n'en plus souffrir. Ce n'est pas assez; les souterrains de ce palais et de la ville sont encombrés de courtisans et de prêtres. Allons les égorger tous. Jeune homme ! en s'adressant à moi, sois le chef de cette expédition, et prends ce glaive déjà rougi dans les entrailles des princes de la dynastie régnante. Tu nous répondras des cachots du Nord. S'il en réchappe une seule victime, tu seras immolé à sa place. Guide ce peuple ; et sacrifie en ce jour à la liberté sainte, des hécatombes humaines ! frappe indistinctement les femmes et les enfans, les vieillards et les malades, Nous voulons renouveler l'espèce abâtardie. La pitié serait un crime.

Et en disant ces mots, on me conduit aux portes des prisons. On en arrache un vieillard mal défendu par sa fille, beaucoup trop faible pour lutter contre tous les mauvais génies du Tartare. On me présente une massue d'airain ; c'est celle d'Hercule, me dit-on ; écrase-en la tête et du père et de la fille. Moi, je repousse la massue, et je les couvre de mon corps. On déchire mes vêtemens, on me traîne nu devant un brâsier ; on y expose la plante de mes pieds. L'âpreté des tourmens ne put vaincre ma résistance à leurs forfaits. L'épreuve finit-là. Je fus livré aux médecins ; et pour être guéri, on m'accorda une trêve de plusieurs décans.

§. LXXIV.

Pythagore subit sa dernière épreuve. Polydamne.

UNE nuit, au milieu du sommeil, je fus reporté sur la natte de lotus et de pavots noirs, où l'on m'avait pris d'abord. En me réveillant, je trouve les portes ouvertes. Je m'avance sur le seuil ; de-là je découvre le tableau le plus enchanteur. C'était celui du paysage (1) le plus frais, le plus riant ; l'Élysée des poëtes n'a pas autant de charmes. Je sors pour en jouir de plus près. Je rencontre un ruisseau ; je m'abandonne naturellement à son cours sinueux. Je foule aux pieds un tapis de fleurs qui en recouvre la rive. A quelque distance, ce petit fleuve un peu plus resserré, coulait sous un berceau d'acacias, mariant leurs branchages. O douce surprise, après tant d'objets qui avaient bouleversé mes sens ! une femme, beaucoup moins brune que les filles du Nil, à-peine vêtue, assise mollement sur la pelouse épaisse, rafraîchissait ses pieds dans l'onde pure, et en même-temps étudiait, avec beaucoup d'application, un rouleau de papyrus,

---

(1) *Essai sur l'ancienne initiation*, par D. L. P. 1785. in-8°. p. 17.

chargé de caractères et d'hiéroglyphes. D'autres rouleaux étaient couchés à sa droite et à sa gauche. Des tablettes, et quelques roseaux fendus, attendaient le moment de l'inspiration. Cette femme, que j'aurai prise pour une muse, si je ne lui avais remarqué sous le sein le *Ceste d'Isis* (1), paraissait tellement occupée, qu'elle ne me vit point. Je la contemplai long-temps en silence ou plutôt dans l'extase. Les zéphirs emportèrent sur leurs ailes plusieurs de ces feuillets légers, confidens discrets des pensées de la nymphe qui lisait. Je volai pour m'en saisir et les lui rendre. Elle-même était déjà levée dans la même intention. Nous nous rencontrâmes à quelques pas du ruisseau. Son vêtement était en désordre ; mais sa physionomie douce, calme et même sérieuse, ne le partageait pas.

« Si nous étions sur les bords du Méandre, lui dis-je, en lui remettant les feuillets fugitifs, je vous saluerais du nom de Diane ou de Minerve. Nous sommes sur le territoire sacré de Thèbes ; seriez-vous Isis ?

La jeune femme. Je ne suis qu'attachée au service extérieur de son culte. Dans la pompe sacrée de Jupiter ou d'Osiris, et de sa divine compagne, c'est moi qu'on charge du double simulacre des deux sexes. Je le porte parmi des fleurs, et sur le van (2) mystique ; je l'expose à la vénération des amis de la nature fécondante, première divinité de l'Egypte. Fille du prêtre *Thoon*, je m'appelle Polydamne ; si tu hésitais à me croire, remarque sur ma

---

(1) La ceinture de Vénus ou des Grâces.
(2) Proclus, *in tim.* p. 124.

tête la cigale d'or (1), consacrée à Horus, et symbole de l'initiation. Vois sur mon épaule le miroir (2) destiné à répéter l'image de l'objet dont le fardeau sacré m'est confié pendant la marche sainte. Pour te le dire en deux paroles, je suis l'une des vierges (3) consacrées dans le temple de la grande (4) Diospolis.

Le son de voix de cette femme répondait parfaitement au prestige des formes heureuses de son corps, et aux traits de sa physionomie tout-à-la-fois pudique et animée. Une rencontre aussi imprévue causait en moi un embarras, un trouble dont il n'était pas bien difficile de s'apercevoir.

POLYDAMNE. Jeune étranger, d'après le désordre qui régne encore sur ton visage altéré par le jeûne; d'après l'étonnement peint dans tes yeux, et causé par le brusque passage de la crainte et de la douleur, aux charmes de ce lieu et aux plaisirs qu'il semble te promettre, j'augure sans peine que tu es du petit nombre des intrépides aspirans aux derniers dégrés de la grande initiation. Hé bien ! sache que tu touches enfin au terme désiré de tes nombreuses épreuves, et qu'il est temps pour toi d'en recueillir les fruits. Tu les as payés d'avance et assez cher. Il est doux, n'est-ce pas, après une abstinence rigoureuse et la cruelle flagellation (5), qui t'a été infligée par des prêtres austères et sans pitié, de

---

(1) Thucydide. Horus Apollo. I. 2. 55. *scholiast.* d'Aristophanes.
(2) Apulée. *metam.* lib. IVs
(3) Strabon. *geogr.*
(4) La Thèbes d'Égypte.
(5) Herodote, liv. II. chap. 40.

DE PYTHAGORE. 157

te rencontrer près d'une jeune fille compatissante, et de recevoir de sa bouche le mot de tant d'énigmes, de ses mains le prix de tant de souffrances. On te montrera sous les voiles de l'hiéroglyphe, l'œuf ailé sorti de la bouche (1) du dieu *Cnef*, et le serpent, attribut énergique du suprême organisateur de toute choses, et l'aigle(2), symbole du soleil, chef des astres. On ma placé ici sur ton passage, pour te révéler enfin l'objet et le terme de ton courage à toute épreuve, et de ta persévérance; pour te confier le sens caché de toutes ces pompes religieuses en usage dans Héliopolis, et à Thèbes, et auxquelles assistent tant de prophanes sans y rien comprendre : je puis t'expliquer ce que signifie l'image du soleil entourée des douze grands Dieux (3), et portée pendant douze jours par les pontifes, la tête nue et sans cheveux, et doués sous ce poids glorieux, d'une fureur divine et prophétique, émanation de la grande divinité fondatrice de Thèbes. Tout cela n'est que pour exprimer le plaisir, père de tout, et auquel les douze mois de l'année appartiennent. Car l'absence du plaisir générateur serait la destruction de l'univers, qui n'existe que par lui et pour lui. Le plaisir est l'œuf du monde, c'est-à-dire l'auteur et le créateur de toutes choses, comme il en est le conservateur et le réparateur. Enfin, le secret de nos mystères ineffables, le terme heureux de nos épreuves, le but unique de nos expiations,

---

(1) Eusebe. *praep.* liv. 3. chap. II.
(2) Kirker. *OEdip. egypt.* 3.
(3) Macrob. *saturn.* I. 22. Eustat. *Iliad.* B.

le mot de la grande énigme, c'est le plaisir, le premier et le plus parfait de tous les agens de la nature, la plus belle des récompenses accordées aux travaux et aux études du sage; le bonheur suprême de l'homme digne d'être heureux, est d'être initié au plaisir.

Pythagore. Le maître habile qui m'a guidé jusqu'ici, ne m'a rien appris de semblable.

Polydamne. C'est pour en venir-là, qu'il t'a fait passer par tant de routes périlleuses.

Pythagore. Dont peut-être je ne suis pas quitte encore.

Polydamne. Tu ne te proposes pas sans doute, à l'issue de tant de fatigues, de te faire aggréger au collége des prêtres mutilés d'Isis; tu te contenteras de pleurer sur l'aventure malheureuse de son époux sacré, sans vouloir imiter Osiris jusque dans la plus fâcheuse de ses métamorphoses (1). Ton intention n'est vraisemblablement pas non plus de parvenir au grade suprême d'hiérophante des mystères; il paye cher cet honneur insigne, en s'abstenant de femmes (2). Comme on ne t'a point condamné au régime de la cigue (3), l'heure est venue pour toi de jouir enfin de la réalité de tant de symboles, et d'apprendre les doux secrets de tous ces redoutables mystères.

Te voilà parvenu à l'âge où l'hymenée est

---

(1) Voy. ci-dessus l'exposition de la mythologie égyptienne.

(2) Arrien, *Epictete*. liv. III. 21.
Julian. *opera*. 328.

(3) Pausanias. II. Perse. *Sat*. V. F. Hieronymus. *in jovin*. I.

permis en Egypte (1). On est homme à sa vingt-cinquième année. Pythagore....

PYTHAGORE. Mon nom est parvenu jusqu'à toi.

POLYDAMNE. Je suis instruite et de ton nom et de tout ce qui te regarde; et si j'osais me permettre de pressentir le jugement suprême du tribunal de nos premiers pontifes, je pense que tu seras dans peu proclamé l'un des plus courageux d'entre nos initiés.

PYTHAGORE. *L'un des plus courageux*, je le désire plus que je ne l'espère.....

POLYDAMNE. Apprends donc.... Mais, approche ; des prophanes pourraient nous écouter ».

Polydamne, en me disant ces dernières paroles, jeta sur moi un de ces regards expressifs, capables d'ébranler la constance du sage le plus impassible. En même-temps, elle me prit par la main, et m'obligea doucement à m'asseoir tout près d'elle.

Mes chers disciples ! mon ame n'éprouva jamais une plus forte commotion. Que chacun de vous se peigne la plus belle des filles de Milet ou de Crotone, réunissant à la volupté des femmes de Sybaris, l'air de sagesse et d'innocence qui caractérisent les Lacédémoniennes. Joignez à cela les principes de la philosophie la plus élevée, la plus hardie, sortant d'une bouche amoureuse, et modelée sur celle de l'aînée des grâces. Rappelez-vous dans quel site voluptueux, cette scène se passait, et jugez des angoisses de mon ame, aux prises avec mes sens. J'étais dans toute la force

---

(1) Fred. Hofman, *diss. ad sanit. tuend pertinentes*. I.

de la vie et des passions : la nature elle-même, complice de la jeune et belle prêtresse, semblait m'absoudre d'avance, et plaidait en ma faveur contre la raison silencieuse et timide.

Mon bon génie ne m'abandonna point ; il m'avertit tout bas que j'en étais à la dernière et à la plus difficile de toutes mes épreuves. Cette seule idée fut comme une cuirasse qui me préserva des traits sans nombre lancés sur moi. Je pris place à côté de Polydamne qui parut s'apercevoir de ma résolution, et qui, sans en être trop effrayée, redoubla de prestiges et de séductions.

« Apprends donc, reprit-elle en voilant sa voix, le véritable secret de la grande initiation de Thèbes ; tu as souffert assez pour le savoir, sans attendre davantage ».

Pythagore. Je pensais que l'hiérophante seul avait le droit de me le confier.

Polydamne. C'est moi qu'il a chargée du soin de te le transmettre ; et je me hâte de répondre à ta juste impatience : d'ailleurs, ce secret tant envié, n'en est pas un.

Pythagore. Eh ! quoi !...

Polydamne. Il consiste..., comme je te l'ai déjà fait pressentir ; mais tu ne m'as point compris ; il consiste dans l'accomplissement du grand mystère de la nature génératrice ou reproductrice de toutes choses : épouse, amante du soleil, la multiplication des êtres est le but unique, la loi première de tout son systême. Nous naissons tous avec cette tendance irrésistible, avec ce besoin, à qui tout cède, de nous reproduire. Le printemps et la jeunesse, la force et la beauté, tout ce qui est bon n'existe que pour remplir cette douce tâche.

Le

Le sauvage et le citadin, l'homme et la brute, les métaux même et le marbre, tous les êtres enfin, sont empreints de cette vertu fécondante, l'ame du monde, et le premier lien de la société. L'homme est dieu, quand il jouit. Toutes les institutions politiques et religieuses roulent sur ce grand principe réproductif; et les meilleures sont celles qui le favorisent davantage : en un mot, la vie ne nous est accordée que dans cette seule vue de multiplier l'être que nous avons reçu. La nature n'est immortelle que par ce moteur universel à qui elle sacrifie tout; et si, de toutes les contrées de l'univers, l'Egypte est la plus féconde, la plus populeuse, la plus belle, c'est qu'il n'est pas de pays où la nature soit mieux servie. Nulle part le sentiment de la réproduction n'est aussi vif, aussi énergique. C'est des bords du Nil que l'on a vu se propager sur la face du reste de la terre, le culte rendu aux deux premières divinités de l'homme, le *Soleil* et le *Phallus* (1).

PYTHAGORE. Est-ce l'hiérophante lui-même que j'entends ?... Il ne s'expliquerait pas autrement; et lui seul peut-être, avait le droit de parler ainsi.

Polydamne reprit, après un moment de silence : « Il appartient aux initiés des deux sexes de s'élever au-dessus des préjugés, et de s'exprimer avec toute franchise. Sache donc la véritable origine et le vrai but des grands mystères d'Isis et d'Osiris; c'est de sanctifier l'acte le plus important de la vie, d'épurer tous ceux qui s'y livrent, afin de

---

(1) Strabo. XVII. *geogr.*

Tome II.

conserver à l'espèce humaine la prééminence de son instinct perfectionné, sur celui des autres animaux, resté à l'ébauche. C'est dans cette intention, que le collége des prêtres donne asile et l'éducation à douze jeunes filles qui se consacrent au premier devoir de la nature.

Tu nous verras, car je suis du nombre, tenir notre rang dans la marche sacrée (1), revêtues du seul voile de la pudeur : nous sommes les hiéroglyphes animés de la nature agissante dans les douze mois de l'année autour du Soleil, modèle céleste des époux de la terre. Pythagore, reçois donc enfin le salaire mérité de tes longs travaux. Comme Orphée, sois admis, vivant, aux délices de l'Élisée ! Puisses-tu en savoir profiter mieux que lui, et ne point te refuser aux tacites avertissemens de la nature qui ne parle jamais en vain ! Qu'il m'est doux d'avoir été choisie pour t'initier au dernier de nos mystères et t'offrir, au nom de la déesse Isis, la couronne de roses vierges due à ta persévérance !

Je ne pus répondre, en balbutiant, que par ce seul mot : polydamne !...

Polydamne. Mon cher Pythagore ! Que crains-tu de t'expliquer ? Pourquoi me taire les mouvemens de ton cœur pur; il ne le serait pas encore, que l'air qu'on respire en ces lieux acheverait de le rendre digne des jouissances de la chaste Isis.

Pythagore. Polydamne !....

Polydamne. Eh bien !...

---

(1) *Sethos*, par l'abbé Terrasson. liv. IV. Voy. Kirker. Lafiteau. Meursius, *Eleusina*. X. 5.

Pythagore. Les redoutables initiations de la grande Diospolis aboutiraient à ce terme ! Tant de fracas et d'appareil pour un résultat aussi naturel !

Polydamne. Sans doute. La plus haute sagesse ne doit avoir d'autre base que le plus impérieux de nos besoins.

Pythagore. J'ai peine à démêler les sentimens divers qui abondent dans mon ame et l'absorbent. Elle n'était pas préparée à tant de choses si disparates.

Polydamne. En apparence... car elles se touchent aussi étroitement que nos mains.

Et la jeune prêtresse, en me parlant ainsi, appuyait le précepte par l'exemple. J'étais hors de moi. Elle continua :

Lycurgue naguères en ces mêmes lieux, n'hésita pas d'en recueillir les usages pour les convertir en lois qu'il s'empressa de porter à son pays. Aurais-tu la prétention d'être plus sage que le fondateur des mœurs à Sparte ? Voudrais-tu donner quelque vraisemblance à la fable de Tantale, périssant de besoin au sein de l'abondance, haletant près d'une coupe pleine de nectar.... Tu as lu les hymnes d'Orphée ; mais crois en plutôt la nature : use des droits que te donne l'initiation, et ne sois pas plus sévère pour toi que ton maître Zonchis...

En prononçant ces dernières paroles, accompagnées d'un regard *spermatique* (1), elle fit un mouvement assez brusque qui obligea sa draperie de tomber à ses pieds. Ce geste la laissa presque nue, à l'exception d'une écharpe

---

(1) Grâce pour cette expression, à cause de son énergie, et d'Aristote qui s'en sert.

du genre de celles qui sont si recherchées par les courtisanes grecques et qu'elles font venir à grands frais de (1) Tarente; voile à peine (2) assez étroit pour dérober à l'œil ce que Vénus Anadyomène permit aux heureux Cypriens de contempler.

Ah! Polydamne! m'écriai-je à cette vue, en la quittant avec précipitation. Le nom de Zonchis me rend tout-à-fait à moi! Imprudente, tu m'as sauvé, en voulant me perdre.

La jeune prêtresse, un peu confuse, se retira par une route opposée, et me laissa seul. Je n'y fus pas long-temps.

§. LXV.

Pythagore est reçu initié.

Zonchis s'offrit presqu'aussitôt à moi et me dit, en m'embrassant : « Mon fils! enfin te voilà au port. Le dernier écueil était le plus dangereux de tous. Tu as eu assez d'empire sur ton ame pour l'éviter; viens! Tous les trésors de la grande initiation de Thèbes te sont ouverts. Du vestibule (3), passe dans le sanctuaire. Viens y puiser les connaissances dont tu t'es montré si avide, et que tu viens de mériter.

―――――――――

(1) Athenæus. XIV.
(2) Et de sa main soulevant gentiment le doux lien, ou lacis des amours, mit tout, sein, estomach, et ce qui suit à découvert.
Coluthus traduit par Tristan de St-Amant, écuyer du puy d'Amour. page 315. tome I. *in-folio. Histoire des empereurs.*
(3) Sénèque. *quest. nat.* VII. 31.

Suis-moi. Tous les voiles tomberont désormais à tes yeux ; et applaudis-toi. Tu es le seul (1) étranger, sans en excepter Orphée, que nous allons admettre à la communication de nos plus secrètes pensées. Mais avant, viens t'engager par un serment redoutable (2) à ne révéler à aucun mortel rien de ce que tu auras vu ; et passons chez l'hiérophante pour lui apprendre l'heureux succès de tes épreuves. Le jour baisse, c'est l'heure des mystères. La vérité aime à s'envelopper du manteau de la nuit.

La demeure de l'hiérophante se trouvant fermée, Zonchis me prescrivit d'attendre le moment propice pour être introduit, et même de passer la nuit sur le seuil de la porte (3). En me quittant, il me laissa dans les mains le livre (4) du cérémonial que je devais observer, et une branche de peuplier (5), dont la feuille de deux nuances, l'une claire, l'autre foncée, est l'hiéroglyphe de la vérité et du mensonge.

Ce ne fut que le soir du lendemain que les portes s'ouvrirent: Des hérauts se présentèrent à moi, et m'invitèrent à entrer, après avoir écarté le peuple par une proclamation de la sainte formule (6) : « Retire-toi, prophane vulgaire ; l'hiérophante va révéler ses secrets à

---

(1) Antiphon, cité par Diog. Laërce.
(2) Firm. *astrol.* I. 7. Horat. *od.* 2. liv. III. Meursius. *Eleus.* ch. XX. Horphyr. *vi. Pythag.*
(3) Porphyr. *abst.* I. 4.
(4) Plato. *Rep.* I. 2.
(5) *Essai sur l'anc. initiation*, par D. L. P. 1785. in-8°. p. 10 et 11.
(6) Brissonius, *de formul.* p. 4.

l'initié (1). Qu'on ferme les portes au prophane vulgaire ! »

Nous traversâmes un vestibule silencieux, aboutissant à la jonction de deux chemins : l'une de ces routes mène au Tartare, l'autre à l'Elysée. Un des hérauts me conduisit d'abord au séjour des coupables, que les Egyptiens désignent sous différens noms, équivalens *au gouffre Hécate*, et *au champ de Proserpine* des Grecs. Là, je vis tout ce que j'avais lu dans Orphée, dans Homère, et les autres poëtes initiés avant moi.

Là, je vis tous les rois, auteurs de guerres offensives, et dilapidateurs de la fortune publique, dont ils n'étaient que les dépositaires ; ceux qui dédaignèrent de prendre pour modèle les bons pères de famille ; ceux qui furent paresseux ou faibles, ignorans ou libertins.

Là, je vis tous les chefs de factions populaires indistinctement : ces démocrates perfides, qui vantaient l'indépendance à des nations sans mœurs ; ces rhéteurs ambitieux qui, du haut de la tribune, réclamaient les saints droits de l'égalité, uniquement pour abaisser leurs rivaux, et se mettre à leur place.

Là, je vis les sénateurs trafiquant de leur crédit, et spéculant sur les lois qu'ils faisaient.

Là, je vis ces gouvernans vaniteux qui insultaient à la misère des gouvernés par un luxe ruineux et puérile.

Là, je vis ces mauvais citoyens dont l'opulence scandaleuse rompait l'équilibre des fortunes, qui fait la sauve garde des républiques bien ordonnées.

---

(7) Euseb. *praepar. evang.* II. Clem. Alex.

Là, je vis ces pontifes, qui, cachés derrière l'autel, se moquaient du Dieu qu'ils venaient d'encenser, et du peuple crédule qui les payait pour être trompé.

Là, je vis les historiens lâches et vendus, qui corrompaient les sources où la postérité doit puiser; tous ces artistes de génie, mais sans honneur, qui ravalaient leur talent, et se mettaient aux gages du vice en état de les payer.

Là, je vis ces bas flatteurs qui violaient le chaste sein des muses, et prostituaient leurs faveurs à des grands sans vertus, à des riches sans entrailles.

Là, je vis les mères de famille châtiées pour les désordres de leurs enfans; les épouses infidelles et hypocrites; les filles dénaturées qui méconnurent, ou repoussèrent les auteurs de leurs jours tombés dans l'indigence. Là, je vis ces marâtres, qui, par l'intempérance de leur langue, révélaient les faiblesses domestiques, et fermaient tout retour à la vertu....

Là, je sus pourquoi les grands coupables étaient admis quelquefois aux saints mystères de l'initiation thébaine. Les sages dispensateurs de ces expiations politiques se ménageaient l'occasion et le droit de donner de fortes leçons aux puissans de la terre, qu'on ne peut atteindre qu'à l'aide du prestige de la religion. Si les Osiris, ou les Pisistrates visitaient plus souvent le Tartare de Diospolis, et lisaient leurs jugemens portés d'avance, et déjà mis à exécution, du moins sur leurs images, sans doute que le remords vengeur, ce cerbère Anubis à mille têtes, trouverait le chemin de leur conscience hautaine, et *obtiendrait du moins une trêve; jusqu'à *e les peuples puissent se mettre en état ou de se gouverner eux-mêmes, ou de châtier ceux qui les gouvernent.

Après avoir franchi plusieurs torrens à l'aide d'une barque légère et d'un Caron habile, la lumière pure de l'Elysée vint comme un beaume salutaire, rafraîchir mes yeux fatigués du spectacle des tourmens réservés aux crimes. J'y cherchai en vain l'image d'Homère. « Homère, me répondit-on, n'a pas encore tout-à-fait expié les fautes de sa muse sublime, mais mensongère. La trop sensible Sapho n'est pas encore admise non plus dans ce séjour de paix ; Hélène n'y sera jamais reçue. » Je conversai avec les mânes de Moschus, le législateur des Perriziens, et avec celui des habitans du Caucase, le divin Prométhée.

C'est Hermès trismégiste qui distribue les places dans ces demeures heureuses, presque aussi peuplées que la région du Tartare. Cette observation, honorable à l'espèce humaine, suffira sans doute pour répondre à ses détracteurs. L'Elysée est presque tout rempli de ces ames pures et modestes, qui ne laissèrent point de nom après leur vie sur la terre. Les mœurs privées ont le pas ici sur les actions d'éclat. Des places d'élites y sont réservées à ceux qui pratiquent la vertu pour elle-même, et qui ne doivent point leur sagesse aux Dieux.

C'est une institution bien au-dessus de l'érection des pyramides, que cette double peinture des récompenses et des peines décernées aux bons et aux méchans. Ces fictions politiques ont déjà fait beaucoup de bien. Mais il ne faudrait pas qu'elles tombassent entre des mains impures ou mal-adroites, et c'est cependant ce qui doit arriver tôt ou tard. Quand donc les hommes, pour être bons, n'auront-ils plus besoin du Tartare et de l'Elysée ?

Quand ils cesseront d'être peuple, me répondit Zonchis.

A la suite de ces tableaux si contrastés, on m'admit dans le sanctuaire fermé par un grand voile, qui se leva en ma présence. L'éclat dont il est rempli, frappa ma vue, et ne me laissa pas d'abord la faculté de distinguer les objets mystérieux qui s'offrirent en foule à mon admiration. A côté d'un globe de feu, représentant Osiris ou le Soleil, je reconnus l'œuf symbolique du monde : dans toute sa longueur, il est moitié blanc, moitié noir, image du jour et de la nuit : le grand *Demiourgos* (1), dont la barbe (2) est parsemée d'étoiles, le laisse sortir de sa bouche enflammée. Cette divinité, organisatrice de l'Univers, est (3) revêtue de la forme humaine sous une draperie d'azur. Un sceptre arme sa main puissante. De l'œuf à peine échappé de ses lèvres brûlantes, je vis éclore le dieu *Phtha* (4), auquel l'Egypte consacre la brebis, ainsi que le bélier au Demiourgos, sans trop savoir pourquoi ; mais tout ceci devait m'être expliqué.

Je distinguai parfaitement le double symbole du ciel et de la terre, ces deux grandes

---

(1) Quelquefois synonyme d'Hercule le Thébain.
(2) Nonnus, *Dionys*. XL.
(3) Euseb. *praepar. evang.* liv. III. ch. 2.
(4) Le savant Jablouski, à l'article du *phtha*, dépeint les Egyptiens comme des athées, dont le système ressemblait tellement à celui de Spinosa, qu'il n'est pas possible, dit-il, de s'y tromper, pour peu qu'on ait de pénétration.

N. B. Cette note est importante ; nous invitons nos lecteurs à ne point la perdre de vue.

divinités de sexe différent, principe actif et passif des générations, organes (1) de la fécondité d'Osiris et d'Isis; ces deux emblêmes naturels de la force expansive et simultanée de tous les êtres, sont portés, découverts, dans une corbeille mystique, par douze jeunes (2) *Canephores*, au maintien grave et décent, la tête ceinte d'une couronne d'autres *phallus* (3) entrelacés, à la manière des femmes de Lavinium, qui sans doute reçurent cet usage de l'antique Égypte.

Ces douze Canephores, des deux sexes, sont désignés sur le livre que j'avais à la main (4), comme représentant les douze grandes divinités astronomiques du zodiaque, et servant à marquer les divisions de cette zone de la sphère du monde.

Pendant mon séjour dans ce temple plein de merveilles, on produisait successivement à mes regards étonnés d'incroyables effets de lumière et (5) de ténèbres, jusqu'à l'arrivée de l'hiérophante. A sa présence, l'intérieur du sanctuaire fut éclairé par quantité de rayons qui

---

(1) Tertulien, *adv. Valent.* ch. I. Clément d'Alexandrie. *strom.* Diodore sic. *bibl.*
(2) Aristoph. *acharnan.*
(3) Le *Phallus* joue un très-grand rôle dans la mythologie égyptienne. Les habitans des rives du Nil, dont la langue était toute en hiéroglyphes, trouvèrent maintes occasions de le placer, et de lui faire signifier une infinité de choses, tant sacrées que profanes. Ils lui donnèrent quantité d'attributs. Cet objet devint une source intarissable où l'imagination de l'homme se plut à puiser.
Explications françaises des antiquités d'Herculanum. tom. VII.
(4) Proclus. *Comm. in Tim.* I. 2.
(5) Dion Chrysost. *orat. in*-12. Themist. *orat.* 2.

m'éblouirent. Le pontife, avec une verge d'or, leva les voiles qui me cachaient une statue dans les plus sublimes proportions, il passa plusieurs fois sur elle comme pour la polir, les amples draperies dont elle était chargée et qu'il emporta, me laissant dans une extase divine. Cette figure haute d'où jaillit toute la lumière dont le temple est inondé, offre l'image de la nature, remplissant tout l'espace. Je ne vis plus, je ne puis plus voir qu'elle. Son éclat ne me permit plus de m'arrêter à d'autres objets. On observa un long et parfait silence. Le silence (1) est le principal hommage que les prêtres d'Egypte rendent au Dieu principe de tout et qui lui-même est tout.

Ce simulacre d'un seul bloc du granit le plus dur n'est point quant à l'art, un modèle à proposer aux artistes. Les statuaires grecs savent déjà donner à leur Jupiter (2) Olympien ou à leur Junon un caractère beaucoup plus auguste, beaucoup plus majestueux, et des formes plus correctes et plus élégantes.

Le simulacre Thébain de la nature personnifiée tire tout son prix des hiéroglyphes sublimes qui le couvrent de la tête aux pieds. Cette statue est pour ainsi dire le livre même de la nature. Les principes éternels de l'univers et leurs grands résultats sont distribués sur toutes les parties de cette figure *androgyne*, selon leur analogie avec ces parties. Enfin, la science et les observations d'une myriade de siècles sont déposées là. Le grand sys-

---

(1) Porphyr. *antr. nymph.*
(2) Ceci a trait au Jupiter du temple fondé par Pisistrate, dans Athènes,

tême cosmologique qui de l'univers fait un seul Dieu intellectuel et physique tout-à-la-fois, père des Dieux, des hommes et de toutes choses, se trouve palpable et accessible en même temps aux yeux du corps et à ceux de l'ame, sur cette figure, principal objet des initiations.

§. LXXVI.

Suite. Fête religieuse du phallus.

Une harmonie céleste vint me tirer de la profonde et délicieuse rêverie où mon ame était plongée; les six vierges ou canephores d'Isis se présentèrent à moi pour me ceindre le front d'une couronne, tandis que les six autres canephores voués au culte d'Osiris chantèrent un hymne dont les premières paroles étaient sorties de la bouche même de l'hiérophante. Un moment après les mêmes six jeunes prêtresses (1) revinrent près de moi, pour me faire quitter les habits d'aspirant que je portais encore, et me revêtir de la robe sainte des initiés. Polydamne ne se trouva point du nombre des six vierges.

Déjà couronné de myrthe, on entrelaça mes cheveux de bandelettes de pourpre; puis on versa l'eau sacrée sur mes mains pour les purifier. Enfin, on me conduisit d'un pas lent vers l'hiérophante; il m'attendait dans le plus profond du sanctuaire, assis sur un siége élevé, espèce de trône. Habillé de pourpre, une clef (2) d'ivoire et d'or était suspendue à son

---

(1) Apulée *metam.*
(2) Lysias. *contr. and.* 107. Plut. *Aristo. vita.* tom. I. Soph. *OEd. col.* Pausanias, *eliac.* I. 20.

épaule droite, leçon symbolique donnée aux initiés pour leur recommander le silence et le secret. Il se leva, assisté de plusieurs pontifes inférieurs, et au bruit du cistre d'argent qu'on agitait derrière lui. Il procéda devant moi à l'élévation de l'organe générateur (1), figuré dans son entier développement. Spectacle auguste, sublime, imposant, mais qu'il faut voir, pour le trouver tel, dans la seule Egypte (2). En tout autre lieu, ce simulacre, loin d'élever l'ame, la ravale au-dessous des sens. Ce qui m'étonne, c'est qu'Hésiode et sur-tout Homère qui étudia les mœurs religieuses de la nation égyptienne, n'ayent point chanté dans leurs vers sublimes cet objet divinisé sur les bords du Nil. Sans doute qu'ils estimèrent leurs compatriotes trop corrompus ou trop éloignés de la nature, pour comporter un tel culte. Il commence à prévaloir dans quelques parties de la Grèce. Mais, qu'il y a loin des colliers phalliques et des priapes de bois recouverts d'une peau rouge, à la solennité de Thèbes! Il est vrai qu'ici le prophane vulgaire n'en est que le témoin éloigné; il ne peut par un rire indécent troubler la majesté des mystères, à la vue de la bannière d'Horus phallique représenté de sorte que l'accessoire de la figure en devient l'objet (3) principal. Derrière ce simulacre est peint un autre phallus isolé, et soutenu par des ailes. L'œil stu-

---

(1) Diodore. lib. XXII. 88. *Des myst. egypt.* I. ch. 21. *Simulacrum membri virilis revelatur.* Tertulien. *adv. vol.* p. 250. Herodote. liv. II. ch. 49.
(2) Jambli. III. 14.
(3) *Sceptro in dextrâ, mentulam reliquum corpus aequantem sinistrâ tenens pingebatur.*

pide de la multitude entreverrait à peine sous ces traits un avertissement donné pour apprendre combien les amans sont volages, et les plaisirs fugitifs.

Mes chers disciples, transportez-vous avec moi, à Thèbes, dans le temple de Diospolis ou du Soleil, ou plutôt de la nature; placez-vous au milieu d'une foule religieuse et savante, enorgueillie de l'antiquité de ses mystères, rassemblée dans un édifice auguste et spacieux, rempli d'images symboliques de toutes les connaissances humaines. Représentez-vous cette multitude exaltée encore par des hymnes pieux et des nuages d'encens, en présence d'un groupe de jeunes vierges, aussi pures que l'haleine du printemps, vêtues et parées de leur seule innocence, et ne sachant pas rougir devant un objet auquel elles n'attachent aucune autre idée que celle de la nature dont elles sont les filles chastes; voyez ces jeunes vierges attacher d'une main sage des guirlandes et des bandelettes au *phallus* (1) qu'elles ont porté avec piété sur leurs têtes, et lui jeter des fleurs pendant tout le temps que le souverain pontife le tient élevé et l'expose à la vénération publique. Peignez-vous tous les accessoires ménagés avec art et intelligence pour concourir à l'effet de l'ensemble : tel est le tableau dont on me rendit le témoin, pour prix des grands travaux qu'on m'avait imposés. Cette scène, dont la Grèce et d'autres pays donnent des copies informes, est ce qui m'a le plus frappé dans tous le cours de mes voyages.

---

(1) Apulée l'appelle la *double image de la Divinité suprême*. Métam. XI.

Je ne fus jamais si bien pénétré qu'en ce moment de cette sagesse égyptienne, si vantée et si peu suivie chez les autres peuples.

Consacrer une reconnaissance publique et solennelle au premier des bienfaits de la nature, à cette faculté des deux sexes servant d'origine aux familles et de principe conservateur aux sociétés politiques; sanctifier le mariage, le plus étroit, le plus nécessaire, le plus important de tous les contrats; convertir en acte religieux le devoir des époux; rendre un culte à l'organe générateur, le déifier lui-même, afin d'en épurer les jouissances, d'en perfectionner les heureux fruits, d'empêcher l'espèce humaine de s'abâtardir; certes! une telle institution, aussi respectable que sublime, mériterait d'être propagée sur tous les points des trois mondes, et de s'y conserver dans toute l'innocence de son origine. Les bords du Gange (1) sont les seules contrés sur la terre qui correspondent dignement aux rives du Nil dans l'exercice de ce culte. Ce cérémonial, dont il ne faut pas prostituer le reçit à des profanes, produisit sur moi une impression d'autant plus forte, que j'en sentais toute l'importance et tous les inconvéniens. La pompe sacrée qui en fut la suite et le terme, a le même caractère. Tous ceux qui devaient la composer (2), se plongèrent sept fois la tête dans des bassins et des canaux remplis d'une onde limpide. La marche fut ouverte par le simulacre d'Isis ou de la nature, recouvert d'une draperie de couleurs changeantes, parsemée d'étoiles; on y a

---

(1) Le culte du *lingam*.
(2) Apulée. *metam.* XI.

peint aussi le disque argenté de la lune. Un cistre d'airain et un vase d'or dont l'anse figure un serpent, accompagnent la statue, laquelle porte un globe sur sa main. Cette figure représente le *Dieu* (1) *Monde*. C'est une réduction de la grande, placée à demeure au fond du sanctuaire.

Quant aux accessoires, l'Egypte, la première, donna le serpent pour attribut, quelquefois même pour synonyme au phallus. Ce reptile en est déjà devenu, dans ce sens, un proverbe (2) par toute la Grèce.

On se mit en route avec le soleil levant. Quantité de personnages, sous le costume des diverses professions (3) de la société civile, marchaient avec beaucoup d'ordre. Au milieu, est le quadrupède aux longues oreilles, portant les choses saintes ; c'est-à-dire, encore le phallus couronné de fleurs, et posé sur un van. La voie est jonchée de branchages verts ; des femmes vêtues de robes blanches, la parsèment de fleurs : leur sein en est rempli. Les prêtres, masqués de figures d'animaux sacrés, jouent du cistre, de la flûte, et de la trompe d'Osiris ; on porte beaucoup de flambeaux allumés.

---

(1) Porphyr cité par Eusebe, *in praep. evang.* IX. 9.

(2) Ce proverbe a bien voyagé depuis. *Latet anguis in herbâ*, le serpent sous les fleurs, l'anguille sous roche, sont des dictons populaires, usités pour exprimer, d'un style honnête, quelque chose qui ne l'est plus.

On trouve ce passage curieux dans un scholiaste de Petrone qui raconte l'aventure d'un clerc libertin :

Ubi hoc semel, ut erat solitus, attentaret, manus inter crura loco virilis membri colubrum apprehendit.

(3) Apulée. XI. *metam.* Tertulien.

Parmi

Parmi eux je remarquai plusieurs prêtres vêtus aussi de lin, et munis de lampes d'or (1), ayant la forme d'un vaisseau, d'où sort une belle flamme, au lieu de mât.

D'autres pontifes soutiennent sur leurs épaules l'image de l'*Equité* (2), tendant aux spectateurs la main gauche, de préférence à la droite; parce que la première, plus novice, moins façonnée, moins industrieuse, n'en est que plus propre à symboliser la bonne-foi naïve, et l'équité naturelle.

On ne trouve rien de plus délicat chez les Grecs.

Les jeunes gens des deux sexes, vêtus de robes longues de fin lin, d'une blancheur éblouissante, se groupèrent en deux chœurs, pour exécuter des hymnes; le livre qui les renferme, est porté tout ouvert par un coryphée.

Vint ensuite un pontife, appuyant sur sa poitrine un vase, dans la forme du Dieu Canope, chargé d'hyéroglyphes; un serpent rampe, et se glisse le long de ses parois extérieurs, type du zodiaque et de la marche sinueuse des astres. Il était suivi d'un autre prêtre qui a dans sa main un horloge (3) de sable et une palme, et sous son bras gauche, les volumes astrologiques du grand Hermès. Quatre animaux sacrés, tels que le lion, le chien, l'accompagnaient, indiquant les quatre principaux points du cours solaire dans le zodiaque.

---

(1) *L'ane d'or d'Apulée.* XI.
(2) Idem, *loco citato.*
(3) Clement. alex. *strom.* V.

On m'accorda tous les honneurs de cette pompe sacrée. On me revêtit de la robe olympique, espèce de manteau chargé de figures de dragons, de sphinx, de phénix, d'ibis, et autres espèces révérées.

Ce long manteau sert à recouvrir douze robes qu'on me fit endosser; mais elles sont d'une trame si légère, que j'en sentis à peine le poids. On posa sur ma tête une couronne radiée, tissue de palmes, et l'on mit un flambeau dans ma main.

Arrivé sur les bords d'un grand lac creusé de mains d'hommes, chacun des assistans s'y plongea la tête sept fois (1); un prêtre m'exempta de ce cérémonial, par une aspersion d'eau purifiée qu'il fit sur moi. Après m'être dépouillé de tout vêtement, deux ministres subalternes me firent une onction (2) sur tout le corps, avec un mélange de glaise parfumée et de son.

On me prescrivit ensuite d'agiter le van mystique; puis, pour terminer ma purification, on m'ordonna de marcher plusieurs pas (3) à travers la flamme produite par du soufre, de la résine, et des branches sèches de laurier.

Je ne pus jamais me résoudre à meurtrir ma poitrine par des coups redoublés, à l'exemple des prêtres d'Isis, en commémoration du deuil de cette vierge (4) mère, cherchant son fils Horus.

---

(1) Apulée. *metam.* I. XI.
(2) Demosthenes. *coron.*
(3) Servius *Æn.* liv. VI. Procope. 9 a 2. Lucian.
(4) Athenée. *leg. pro Christ.* St-Athan. *C. gent.* Lact. lib. I. cap. 21. Minut. Felix.

DE PYTHAGORE. 179

Cette pompe sacrée dura sept (1) jours, autant que l'initiation eut de mois. Ma place était à la suite du char triomphal, sur lequel est posé le *Calathus* (corbeille de fleurs.) Au milieu de ces fleurs choisies s'élève le Phallus contenu dans un étui (2) qui a la forme d'un serpent. Des bœufs traînent ce char, et la *ciste* (3) placée dessus. D'autres cistes mystiques, mais plus petites, étaient portées par un groupe nombreux de jeunes vierges, parées de bandelettes de pourpre, leur chevelure repliée dans une coîffe, et marchant avec beaucoup de décence autour de moi et derrière (4).

Polydamne n'était pas de ce grouppe ravissant.

La marche sacrée des flambeaux éclairait la cinquième nuit ; on me donna le plus grand à porter. Pendant les pauses, on ne se permettait pas, comme en Grèce, ces insipides plaisanteries, dignes accessoires des mystères corrompus qu'on y célèbre. Et cependant le même objet qui donne lieu à tous ces sarcasmes, est encore plus multiplié à Thèbes (5) ; mais il inspire des sentimens bien plus religieux. Une jeune Egyptienne, la plus décente de toutes celles admises à cette solennité, vêtue d'une longue draperie diaphane, porte dans son sein entrouvert, le simulacre toujours révéré de la reproduction universelle, l'image ineffable du double *phallus* ; je le vis

---

(1) *Schol.* de Callim.
(2) Apulée. *metam.* XI.
(3) Panier, coffre, arche, corbeille.
(4) Meursius. Eleus.
(5) Non pas la Thèbes de Béotie.

M 2

distinctement poindre au-dessus d'un vase d'or, chargé d'hiéroglyphes, chefs-d'œuvres de l'art de la ciselure. L'anse de cette urne figure un aspic ailé, dont la tête semble menacer le prophane tenté d'abuser des saints mystères. Un (1) silence profond régne autour, et donne tout loisir à la pensée de pénétrer les vues sublimes de la nature, et des hiérophantes.

Ce grand acte religieux, dont je vous rapporte le sommaire seulement, fut terminé par une invocation que le sage ne désavouerait pas : En voici quelques fragmens, dignes d'occuper une place dans votre mémoire. Mes chers disciples ; vous y reconnaîtrez véritablement la sagesse égyptienne qui n'a pas toujours été vantée sur parole :

« Divinité qui imprimes le mouvement à notre globe et qui gouvernes l'univers, tu régles les saisons : les élémens te sont asservis ; les vents ne soufflent et les nuages ne s'assemblent qu'à ton gré. Les semences ne peuvent germer ni croître sans toi....

Mortels! écoutons-là parler elle-même d'elle même :

Me voici, la Nature, mère de toutes choses, souveraine de tous les élémens, l'origine des siècles, l'image uniforme des Dieux et des hommes. Les voûtes éclatantes du ciel, les vents salutaires de la mer et des montagnes, le déplorable silence des enfers reconnaissent mon pouvoir absolu. Je suis la seule divinité révérée dans l'univers sous plusieurs formes, avec diverses cérémonies, et différens noms.

---

(1) *Recherches sur les mystères*, par le baron de Sainte-Croix. p. 478, 79. *in-8°*.

Les Egyptiens recommandables par l'antiquité de leur doctrine, sont les seuls qui m'honorent d'un culte véritable (1). Ils n'ont point créé de fantôme pour usurper mes droits. Ils n'ont point donné de père à celle qui est la mère de tous les êtres. Quel est donc celui qu'on m'oppose ailleurs, et dont le pouvoir est au-dessus de ma puissance? Je date mes titres de toute éternité. Je suis tout; qui peut exister au-dessus et hors de moi? Peuples inconséquens, qui avez voulu me distinguer de moi-même, oubliez-vous que la nature est une. Insensés! pourquoi me chercher un auteur, et le prendre dans mon sein? Le cercle est mon hiéroglyphe. Distingue-t'on un principe, une fin dans un cercle? la nature a fait les hommes; les hommes ont fait les Dieux. Mortel! crains de mettre les Dieux aux prises avec la nature. Ils ne sont pas de force, et ne prévaudront jamais contr'elle ».

J'observai que cette invocation ne se fit point en public. Elle n'est que pour l'hiérophante, les premiers pontifes et l'initié.

§. LXXVII.

Continuation.

Le cerveau affaissé sous tant de merveilles, on me laissa à moi-même pour méditer sur ce que j'avais vu, et pour en trouver l'explication sur le saint volume remis entre mes mains. Le livre des hiéroglyphes du soleil me donna une idée de la richesse de l'imagina-

---

(1) Apulée. *metam.* XI.

tion des Egyptiens. En voici quelques exemples pris au hasard :

(Ce sont les prêtres qui parlent et expliquent eux-mêmes leurs symboles) : « L'image deminue que nous dédions au soleil (1), a la tête rasée, à l'exception du côté droit ; pour montrer que le Dieu du jour ne se découvre jamais en entier, au même moment, à tout l'univers. Les cheveux coupés, et dont il ne reste plus que la racine, indiquent que cet astre inépuisable, infatigable, après avoir disparu, a la faculté de renaître ».

Cet hiéroglyphe du soleil, placé sur un œuf (2) pétri avec du limon, signifie que le soleil épure, éclaire, échauffe et féconde la terre.

Nous lui donnons le (3) lotus pour trône ; parce qu'il siége dans l'empirée, que le lotus représente par la forme orbiculaire de son fruit et de ses feuilles. Cette plante fluviatile se plonge dans les eaux du Nil aussitôt que le soleil dans les ondes de l'Océan. Elle ne surnage qu'avec lui, le lendemain, après le lever de l'aurore.

Le soleil voit et entend tout (4). C'est lui que nous adorons sous l'image d'Osiris. C'est encore lui que nous honorons dans un silence religieux, sous les traits d'Harpocrates posant son doigt (5) sur ses lèvres ; parce que le soleil

---

(1) Macrobe. *saturn.* liv. I. ch. 21.
(2) Basnage. *hist. des Juifs.* tom. II. *in*-12. p. 904.
(3) Jamblique. *de myst. aegypt. sect.* VIII. cap. 2.
(4) Homère, qui voyagea en Égypte, répéta les mêmes paroles dans ses poëmes.
(5) ... *Premit vocem digitoque silentia suadet.*
Voy. Cuperi *Harpocrates*... *in*-4°.

répand ses bienfaits sans faire de bruit : grande et belle leçon dont les mortels ne profitent guères !

Nous lui donnons des ailes pour marquer la rapidité de sa course, et la promptitude de ses opérations : une urne est suspendue à sa main, parce qu'il verse sur nous tous les biens qui conservent l'existence. Sa gauche tient le bâton (1) augural, puisqu'il prévient nos besoins. Ce sceptre recourbé soutient l'Ibis (2), oiseau bienfaiteur de notre Egypte.

Nous gravons le triangle (3) sur le piédestal de sa statue ; c'est la figure des mathématiques la plus parfaite, la plus digne de caractériser la régularité et la perfection de sa marche astronomique. D'ailleurs, pour parler convenablement, il n'a que trois saisons.

Il tient le fouet et la massue pour exciter et pour punir : pour exciter les peuples engourdis dans la fange ; pour punir les rois qui osent se comparer à lui, et partager son culte.

Le ministre porte-flambeau offre encore un type du soleil ; la flamme s'élève du sein d'une nef d'or ; une autre nef d'argent représente la lune ; c'est dans ces deux vaisseaux que sont transvasées les ames (4), quand elles quittent le corps qui leur servit de vêtement pendant quelques années.

Elles passent alternativement du chaud au

---

(1) Pignorius. *mensa isiaca. in-fol.* 15.
(2) Ou la cicogne.
(3) Kirker. *OEd. egypt. Templ. isia.*
(4) Voy. Hiéroclès et Dacier, sur Pythagore.

froid, et vont continuer dans d'autres mondes, sous d'autres masques, leur existence impérissable et sans bornes.

Un autre ministre soulève une urne, qui a la forme d'une mamelle, et qui est remplie de lait; un autre tient élevée une main de justice, et reste debout devant les portes de la vérité : en s'ouvrant elles laissent voir une statue sans tête; c'est l'image de la justice suprême, dont la main pèse également sur tous les mortels, sans avoir égard au rang qu'ils occupent, et sans se laisser fléchir par leurs prières ou par leurs hommages.

Le vase de lait est la voie lactée qui sert de route aux ames pour descendre sur la terre (1) par la porte des hommes, et le signe du cancer, ou pour remonter vers le ciel par la porte des Dieux ou le signe du capricorne.

L'ours, le bœuf et le bélier ont leur rang dans la pompe sainte d'Isis, pour figurer la marche des constellations, objet primitif de nos mystères .... etc.

Cnef, ou l'intelligence de la nature, est vêtu d'un manteau bleu céleste foncé (2) ; il porte une ceinture et un sceptre, et sa coiffure est de plumes légères, emblème de la subtilité de l'ame universelle..... Les Grecs en ont fait leur Psyché ».

On termina le cérémonial par me faire franchir le seuil de la porte de vérité (3), et me conduire devant une colonne antique : les caractères qui la couvrent, m'apprit-on, furent

---

(1) Macrobe. ch. XII.
(2) Euseb. *praep. evang.*
(3) Diodor. l. *bibl.*

tracés du doigt de Thot lui-même ; j'y lus cette inscription (1) :

Aux Dieux immortels,
Le Ciel et la Terre,
Le Jour et la Nuit,
Le Soleil et la Lune,
Le Souffle ou l'Air.

Après m'avoir laissé le temps de méditer sur cette théogonie, toute physique, on me présenta de l'argile détrempée dans un vase d'eau du Nil. « Pétris, me dit-on alors, une image de l'homme (2) ». Ce que j'exécutai de la manière la moins informe qu'il me fut possible.

La figure humaine ébauchée, le pontife me dit : « Contemple ton ouvrage ; tu viens de faire un monde : l'univers n'est autre chose que du limon. Tu viens de faire Dieu : la divinité (3) ou la nature, n'est que le composé, ou l'assemblage des parties du grand tout, lesquelles pourraient se réduire à deux, la terre et l'eau. Retiens cette leçon, et qu'elle te serve de règle pour mesurer tous les cultes qui divergent dans les détails, mais dont l'ensemble est le même sous des noms différens. Laisse au peuple ses Dieux, contemple la nature ». Ne pouvant dissimuler de la surprise, le pontife m'apporta un globe représentant le monde planétaire, et me faisant parcourir la série des diverses constellations, marquées par des points lumineux sur un fond d'azur, il me dit :

« Tu vois la source où nos ancêtres ont

---

(1) *De musicâ.* XLVII. Theon. Smyrnæ.
(2) *Isis et Osiris.* Plutarch.
(3) *Præpa. evang.* III. 9. Euseb.

puisé les Dieux qu'ils ont donnés à la terre. C'est sur le système du ciel que nous calquons celui du culte. C'est sur les figures de la sphère (1) que nous modelons les simulacres qu'on adore dans les temples. Une sphère est le premier autel, le premier livre de nos rits sacrés. Les astronomes ont été les premiers prêtres.

Je ne pus m'empêcher de dire à Zonchis : Pourquoi n'en est-on pas resté-là.

Zonchis me répliqua : C'est que l'esprit humain, comme tout le reste, doit passer successivement du jour à la nuit, de la nuit au jour. C'est la loi commune et le cercle de la nécessité, qu'il nous faut suivre et parcourir sans murmurer ; ce qui serait bien inutile.

PYTHAGORE. Alors, l'homme pourrait se passer de la raison, et s'en tenir à l'instinct.

ZONCHIS. Les choses n'en iraient pas plus mal.

PYTHAGORE. Serait-ce-la le résultat de la sagesse Egyptienne ?

ZONCHIS. Peut-être ».

Le lendemain du dernier jour de mon initiation, Zonchis vint me chercher, avant le lever du Soleil ; nous étions au premier mois du printemps (3). « Mon fils, me dit-il, en me conduisant dans le plus retiré des appartemens de l'hiérophante qui nous attendait. Tu as été jugé digne de voir la lumière ; elle s'est manifestée à tes yeux ; ton ame, sans doute, attend de nous quelque chose de plus encore. Tu as vu beaucoup, et peu compris. N'en sois

---

(1) Synesius. Dupuis, *relig. univ. in-*8°. p. 290. I.
(2) Cette saison était consacrée aux initiations, ainsi que l'équinoxe d'automne. Voy. Meursius. *eleus.*

pas étonné. Le sanctuaire de l'initiation n'est que le vestibule de la vérité; son temple va s'ouvrir aujourd'hui pour toi.

PYTHAGORE. Et il est bien temps. Tout ce que vous m'avez montré jusqu'à ce moment est d'un ordre si peu naturel...

ZONCHIS. Point d'impatience.

PYTHAGORE. Que de préliminaires!

ZONCHIS. Il n'en fallait pas moins. La saison de l'enfance précède l'âge viril.

PYTHAGORE. Que de hochets sacrés!

ZONCHIS. Viens prendre de nos mains l'à-plomb de la sagesse ».

Arrivés chez l'hiérophante, nous le trouvâmes, revêtu de sa longue robe de pourpre; une bandelette de la même couleur relevait encore l'éclat de sa chevelure blanche. Assis dans une chaise d'ivoire, il avait les coudes appuyés sur un sphinx d'un côté, de l'autre sur un harpocrate, sculptés tous deux en bois d'ébène. Une verge d'or reposait sur ses genoux. Dans sa main était la clef des portes du temple, sur laquelle un lion (1) est figuré. Le Jupiter des Grecs, armé du foudre, imprime plus de crainte, mais il n'inspire pas plus de respect et de confiance. « Sage hiérophante, lui dit Zonchis en me présentant, Pythagore est devenu semblable à nous. La rosée (2) *du ciel* est tombée sur son cerveau. Il est revenu d'une grande (3) maladie : La colombe blanche lui apporte le verd (4) laurier.

---

(1) Voy. le *commentaire* de Theon, sur *les phénom.* d'Aratus.

(2) Hieroglyphe de la science. *Orus Apollo.*

(3) L'ignorance.

(4) Paroles hiéroglyphiques. *Orus Apol.* II, 46.

N'ayons rien de caché pour lui. Rends-le tout-à-fait homme ».

§. LXXVIII.

On découvre à Pythagore le secret des initiations.

Resté seul avec le respectable pontife, il me fit signe de m'asseoir sur un siége un peu plus bas que le sien.

L'hiérophante. Eh bien, Pythagore ! Reponds avec franchise. Es-tu satisfait ?

Pythagore. Pas encore. Il me faut le secret (1) promis et que peut être j'ai le droit de réclamer. Athléte impatient de fournir ma course, vous m'avez préparé au combat, et montré de loin la couronne ; ouvrez-moi la barrière, après m'avoir armé du ceste. Désormais, que dois-je penser de moi ? que dois-je apprendre aux autres ? Parlons-nous enfin sans voiles. *Cneph* (2) ne doit pas être un Dieu pour les initiés. Je viens savoir le mot de tant d'énigmes, le secret de tant de mystères.

L'hiérophante. Pythagore ! Quand donc ce que j'ai à te dire cessera-t-il d'en être un ? Je souffre, toutes les fois qu'il faut que je révèle

---

(1) Les Egyptiens ont eu deux théologies, l'*ésotérique* et l'*exotérique*. La première consistait à n'admettre d'autre Dieu que l'univers ; d'autres principes des êtres, que la matière et le mouvement.

Diderot. Encyclop. méth. *Phil. des Egypt.*

(2) *Cneph* signifie *caché*. Journ. de Trévoux. nov. et déc. 1702. p. 90.

aux seuls initiés ce qui devrait être sçu de tous les hommes !

PYTHAGORE. Vous avez promis de m'admettre à la *vue* (1) *claire* de la vérité.

L'HIÉROPHANTE. Eh bien ! mon fils. En voici un rayon : le secret de nos mystères apprend aux initiés bien moins la nature des Dieux (2) que celle des hommes et des choses.

Le peuple d'Egypte compte peut-être encore plus de nations antérieures à lui que de nations subséquentes. Comme le Nil qui le fait vivre, son origine se cache dans les déserts (3) éthiopiques. Il n'en convient pas, et nous lui laissons cette erreur qui tourne au profit du sol dont il se croit immédiatement issu. Il fut un temps où cette terre vierge encore n'était point surchargée de ces lourdes pyramides, l'orgueil de cette contrée. La haute Egypte ne voyoit errer sur son sein que des troupeaux et leurs pasteurs. Les Egyptiens de ces siècles reculés ne formaient que des familles. Une famille n'a pas besoin de culte ; le culte ne vient qu'à la suite de la corruption ; c'est un frein qui suppose des vices à réprimer. L'Egypte pastorale et agricole ne connaissait point de Dieux, et n'en sentait pas la nécessité. Elle

---

(1) Pluche, *hist du ciel*. tom. I. p. 374.

(2) *Rerum natura magis cognoscitur quam Deorum*. Cicer. *nat. deor.* I. *ad finem.* §. XLII.

Aux mystères d'Eleusis, de Samothrace et de Lemnos, je suis persuadé qu'on prêchait l'athéisme à un petit nombre d'initiés en qui on reconnaissait des dispositions favorables. J'en prends à témoin Cicéron.

Larcher, *notes sur Hérodote*. VIII. p. 449, 450. tom. V.

(3) Diodor. liv. III. *bibl*. Lucien. p. 985. *opera*. Volney. *les ruines*. Voy. les notes.

rendait chaque jour, et dans chaque saison, son tribut d'admiration au Soleil (1) et aux astres de la nuit. Elle parfumait d'encens les étables, pour y conserver la salubrité parmi les bestiaux; mais elle n'en brûlait point sur des autels. Divisés en petites peuplades, les habitans de la Thébaïde, loin d'avoir des temples pour y loger des divinités, ne se construisaient seulement pas de maisons pour eux. Ils se creusaient des abris dans les roches (2). Ils n'étaient point savans, mais ils étaient heureux. Pendant leurs loisirs, ils traçaient sur les parois de ces cavernes l'image des astres, pour se régler à leur approche ou sur leur absence. Pour aider leur mémoire, ils s'avisèrent de donner aux aspects célestes les noms des divers objets pris sur la terre et à leur portée.

Pendant plus de cent siècles (3), le peuple, content du culte qu'il rendait aux astres et aux élémens (4), ne plaça sur les autels aucunes formes animales. C'était bien alors que la terre offrait l'image du ciel. Des mœurs douces et aussi régulières que les mouvemens astronomiques qui servaient de lois, entretenaient les familles dans une harmonie parfaite et une paix profonde. Les Egyptiens de ces temps-là jouissaient d'un bonheur facile.

La population s'accrut, et produisit la foule; celle-ci enfanta le désordre et la guerre. Les pères de familles devinrent chefs d'armée, et le

---

(1) Maimonides et Selden pensent que l'idolatrie a commencé par le culte du Soleil.
(2) Diod. *bibl.* I. Paw. *rech. sur les Chin.* tom. II.
(3) Herodot. liv. II.
(4) Lactant. *instit.* cap. XII.

vainqueur se fit sans peine déclarer roi. L'exercice et l'abus du pouvoir se touchent. On pensa à lui donner un rival, et on alla le chercher au ciel.

Un pasteur, le plus âgé d'une région, bien intentionné sans doute, mais imprudent, osa dire au premier despote, en lui montrant le soleil avec son bâton recourbé, qui depuis devint (1) augural : « Il est une puissance au-dessus de la tienne. L'œil du monde est ouvert sur toi ; il voit tout. L'astre dont les rayons pénètrent dans les entrailles de la terre, se fait jour aussi dans les replis de ton ame. Marche droit devant lui et devant nous ».

Ainsi, la religion naquit pour servir de frein à la royauté. Le tyran intimidé d'abord, donna ensuite la main au pontife, à l'insçu de la multitude, émerveillée de ces nouvelles formes, dont elle ne calcula pas les conséquences. Enlacée par ce double lien, le charme de la nouveauté lui fit contracter de nouveaux besoins, des rapports dont il ne se doutait pas. La facilité de tromper les peuples enhardit les ambitieux et les fourbes.

Quelques bons esprits voulurent se porter médiateurs, en disant à leurs frères : « Observez la nature pour apprendre à jouir de ses bienfaits ; mais ne lui prêtez pas vos passions. Etudiez les phénomènes du ciel, les productions de la terre, au lieu d'y chercher des Dieux, et d'y souffrir des maîtres.

Leurs découvertes furent aussitôt dénaturées. Chaque étoile devint une divinité de plus ; et le peuple, déjà fatigué des crimes de la poli-

---

(1) C'est le *lituus*.

tique, se réfugia dans le sein de la religion. Les hiéroglyphes(1) sacrés qui n'étaient d'abord que les images du ciel planétaire, devinrent celles des astres divinisés, et tinrent long-temps lieu de statues. A cela, quelques amis ardens de la vérité se dirent entre eux : « Empêchons que l'épidémie de l'erreur ne fasse de plus grands progrès. Opposons une digue à la débauche de l'ame et du corps. Les mauvais rois ont besoin de mauvaises mœurs. Pour attaquer ceux-là, commençons par réformer celles-ci; imprimons un sceau religieux au principal objet du scandale des nations. Divinisons le phallus (2). On n'abuse pas de ce qu'on vénère.

Ces premiers essais réussirent assez bien. On procéda de la même manière à l'égard de plusieurs autres monstruosités morales et politiques; et le peuple eut du moins la satisfaction de voir ses rois courber aussi leur tête superbe devant l'autel des mêmes Dieux.

Je ne pus m'empêcher d'interrompre l'hiérophante pour lui dire :

C'est-là sans doute l'origine de ce qui se passe dans le temple de votre Jupiter, où vous admettez, la nuit, les plus belles femmes de Thèbes, pour devenir chacune, à son tour, l'épouse éphémère (3) du premier des Dieux. Moi-même j'ai pensé succomber à ce piége.

L'HIÉROPHANTE. La jeune fille qui se prête à ce manège, mérite l'accueil que tu lui as fait ; celle au contraire qui résiste aux attaques du Dieu, ou de son ministre, reçoit le prix de

---

(1) Lucien. *Déesse de Syrie*.
(2) Jambl. III. 14.
(3) Herodote. liv. I.

sa vertu. Honorée le reste de ses jours dans nos temples souterrains, elle peut choisir parmi les pontifes de la première classe, un époux digne d'elle. Ainsi, nous avons su amender un abus que nous ne pouvions détruire.

PYTHAGORE. Homme saint, le résultat de tout ceci ne fut et n'est encore avantageux qu'aux prêtres.

L'HIÉROPHANTE. Qu'importe, pourvu qu'ils n'en abusent pas ! Circonscrivons-nous maintenant dans l'Égypte : cette contrée est la plus florissante, la plus savante, (1) la plus sage du monde connu. A quelle mesure en est-elle redevable ? au culte qu'elle observe, et à la prudence de ceux qui le dirigent.

PYTHAGORE. Le peuple d'Egypte le plus sage du monde! Hiérophante!.... nous sommes seuls.

L'HIÉROPHANTE. Je ne l'ai point oublié....
Oui, plus sage même que ses premiers ancêtres de l'Ethiopie. Si nous n'avons pas l'honneur de l'invention, on ne peut nous refuser la gloire d'avoir construit le plus hardi et le plus solide de tous les édifices politiques. Quelle contrée peut nous le disputer pour la population ? Sésosiris comptait six cent mille soldats à pied, et vingt-sept mille charriots armés (2).

Notre seule ville de Thèbes a fourni jus-

---

(1) Ces peuples (les Egyptiens) étaient si instruits, que nos plus belles découvertes modernes nous font apercevoir chaque jour qu'elles leur étaient connues.
P. V. Introd. à la *théorie de la nature*, par Lametherie. Sec. édit. *in*-8°.

(2) Diod. sic. I. 53. *bibl*.

qu'à sept cent mille (1) hommes propres au combat. Votre Homère n'a-t-il pas célébré dans ses poëmes (2) la ville au cent portes, de chacune desquelles sortaient au premier signal, deux cents guerriers sur leurs charriots, et dix mille de pied.

PYTHAGORE. Une grande population est quelquefois un indice équivoque de la prospérité d'un gouvernement.

L'HIÉROPHANTE. Accorde au moins quelque sagesse à des lois qui, depuis plusieurs siècles, se font obéir par trente millions d'hommes, se coudoyant pour ainsi dire, sur une étroite langue de terre. Ce tableau a son prix.....

PYTHAGORE. Moins peut-être que celui d'une fourmilière de trente millions d'insectes, gouvernés par le seul instinct de la nature. Les fourmis, il est vrai, n'élèvent point de pyramides, ni de labyrinthe, et n'ont point d'initiation, ni de secret.

L'HIÉROPHANTE. Tu te trompes. Les fourmis en ont un auquel je te renverrais, de préférence au nôtre, s'il n'était pas vraiment ineffable pour l'homme condamné à n'avoir que de la raison, et à consulter les livres de Thaut, jusqu'à ce qu'il puisse lire dans ceux de la nature. Le secret des fourmis est, comme tu l'as dit, leur instinct.

PYTHAGORE. Votre doctrine cachée est sans doute renfermée dans tous ces volumes que j'ai vu porter avec tant de vénération dans la pompe d'Isis, et que je brûle de parcourir.

L'HIÉROPHANTE. Tu n'y trouverais pas ce que

---

(1) Tacite. *Ann.* II. 60.
(2) *Iliad.* IX. 381.

tu cherches. Juges-en par la quantité et le titre des volumes (1). Ils sont au nombre de quarante-deux : il n'en faut pas tant pour renfermer un secret.

L'hiérophante me permit de lire le frontispice de tous ces ouvrages : le premier est un répertoire d'hymnes ; Orphée en traduisit plusieurs ; là se trouve celui d'Héliopolis.

Le deuxième offre la suite chronologique des rois d'Egypte, qui doit remonter une série de plus de quatorze mille années, si l'Egypte eut des monarques aussitôt que des astronomes. L'hiérophante me fit observer pour l'exactitude de l'histoire que les premiers savans d'Egypte ne firent que nouer leurs observations au fil des découvertes astronomiques du collége de l'île Méroë ; et peut-être Méroë n'en est elle-même que la dépositaire, et non l'inventrice.

Quatre livres sur l'astrologie, c'est-à-dire, un sur l'ordre qu'observent les planètes entre elles ; un autre sur le lever du Soleil et de la Lune ; les deux derniers sur les aspects des astres.

Dix volumes concernant les sacrifices, cantiques, invocations, offrandes, pompes sacrées, marches saintes, fêtes et cérémonies religieuses.

PYTHAGORE. Dix volumes de cérémonies religieuses !

L'HIÉROPHANTE. Ils tiendront encore long-temps leur place ici.

Dix autres volumes sur les lois divines et civiles, et sur la discipline des prêtres.

Six qui traitent de la médecine, de la charpente du corps humain, des instrumens de dissection, et des plantes.

---

(1) Clément d'Alex. *Stromat*. VI.

Le reste des volumes contient les hiéroglyphes, une géographie du monde, une division de l'Egypte en trente-six nômes, une description du cours du Nil, des traités sur l'art musical et les instrumens, sur les ornemens ou costumes sacerdotaux, sur les lieux consacrés, enfin sur les mesures.

Voilà tous nos trésors, me dit l'hiérophante; de toute cette collection, la partie la plus précieuse est sans contredit l'hygiène et la dietetique; c'est celle à laquelle nous nous sommes attachés; et nous nous devons ce témoignage d'avoir bien mérité de l'espèce humaine sous ce rapport.

PYTHAGORE. Et toute cette bibliothèque est l'ouvrage d'un seul homme, ou plutôt d'un demi-Dieu!

L'HIÉROPHANTE. Ni l'un ni l'autre. Tous ces volumes ne portent qu'un nom, celui d'Hermès: Hermès n'a point existé; Pythagore, voilà un de nos secrets...

PYTHAGORE. Pour lequel vous exigez un an d'initiation et trois années d'épreuves!

L'HIÉROPHANTE. Ce n'est pas trop pour apprendre à l'homme, jeune encore, toute l'importance de la discrétion.

PYTHAGORE. Que de frais d'études pour tromper le peuple!

L'HIÉROPHANTE. Indique nous une méthode plus simplifiée pour le rendre, malgré lui, aussi heureux qu'il en est susceptible. Apprends-nous à gagner la confiance de la multitude, sans lui parler d'un personnage vrai ou faux qui lui en impose: c'est comme si nous lui donnions un culte sans images. Autant nous les avons prodiguées dans nos temples, et sur l'extérieur de tous les monumens de Thèbes, autant nous en avons été avares en deçà de ce voile (1) qui nous soustrait au vulgaire. La divinité que nous reconnoissons a les formes trop sublimes pour être l'œuvre d'un pinceau mortel. Comment rendre la nature qui est tout (2)?

Ces volumes dont tu viens de faire l'énumération, en même-temps qu'on peut y trouver tout ce qu'on veut, n'en sont pas moins précieux et satisfaisans pour ceux qui savent y lire et qui en possèdent la clef; c'est pour en prévenir l'initié, que tu m'as vu hier une clef d'or suspendue à mon épaule. Voici le dernier résultat de toutes nos lectures et de toutes nos méditations : toute théogonie, dans son principe, n'est que le tableau fidelle, mais allégorisé de la nature: (3) la multitude aveugle s'en tient aux formes et à l'écorce ; l'initié perce jusqu'au tuf, et interroge le fond.

Toute la sagesse (4) égyptienne consiste dans l'étude et l'admiration des choses naturelles. Nous n'admettons que l'existence d'une seule matière organique. Et c'est-là notre divinité, si l'on exige que nous en ayons une.

PYTHAGORE. Mais c'est aussi celle du peuple. Le peuple veut des Dieux qu'il puisse voir et palper, entendre et sentir. L'hiérophante

---

(1) Plutarque.
(2) Les divinités des philosophes égyptiens, comme celles de tous les autres philosophes, n'étaient autre chose que le monde et les parties de l'univers.
  Jaquelot, *existence de Dieu.* p. 250. *in*-4°.
(3) Plutarque. Voy. Eusebe. *praepar. evang.* III. cap. I. p. 83.
(4) Regnaut, *orig. anc. de la phys. nouv.* p. 36. tom. I.

peut donner la main au profane vulgaire. Le secret des initiations n'est peut-être qu'un mot pour un autre.

L'HIÉROPHANTE. Eh ! toutes les sectes, toutes les factions et les guerres qui s'en suivent sont-elles autre chose que des disputes de mots ? Les hommes sont divisés de culte et de système politique, parce qu'ils ne s'entendent pas. Mais jusqu'à ce que cette mésintelligence universelle d'opinions ait cessé, il faudra deux doctrines. Il ne sera pas permis ni prudent de dire tout haut sur la place publique ce que je te répète ici à mi-voix et dans la profondeur du temple :

Les Dieux (1) ne sont que les vertus de la Nature répandues dans les astres, dans les plantes, dans tous les corps qui la composent. Tous les êtres sont physiques (2) ; il n'en est aucun d'immatériel. Tout est soumis aux lois de la nécessité, chaîne indestructible qui lie le grand Tout.

Jupiter (3), le Dieu de notre Diospolis, n'est que le Soleil, ou plutôt, l'ame du monde, ou mieux encore, le monde, l'univers lui-même, l'existence de tous les êtres... Cela seul est la divinité qui compose le ciel et la terre, l'universalité des choses, la nature enfin. Dieu est tout. Pythagore ! es-tu satisfait ?

---

(1) Cheremon, sage d'Egypte, cité par Porphyre, *epist ad Janebonem.*
(2) Bougainville, *mém. de l'acad. des inscript. sur les mystères.*
(3) Macrobe, *saturn. somn. Scipion.* 19.
Eusebe. *praep. ev.* 100.
Strabon. *geogr.* XVI. 1104. *id.* 1707.
Paw, *rech. sur les Chin.* tom. II.

Pythagore. Non, sage hiérophante. Je ne le serai que quand ces grandes vérités ne seront plus des secrets.

L'hiérophante. Ton vœu est précoce : le peuple a besoin qu'on le trompe (1). On ne peut en agir autrement avec lui... On ne gagne sa confiance qu'à l'aide du merveilleux.

Pythagore. Si cela est ainsi, jamais je ne me rangerai au nombre de ceux qui veulent le gagner. Je l'abandonnerai plutôt à lui-même.

L'hiérophante. Et il finira par te dévorer.

Pythagore. Quoi ! le langage de la raison, dégagé de toutes vos circonlocutions mythologiques, ne serait point à la portée de la multitude ?....

L'hiérophante. Il y a plus : livre la vérité au peuple; demain elle sera méconnaissable à tes propres yeux : et l'histoire primitive ne l'a que trop prouvé. Nos premiers ancêtres, s'il faut en croire la tradition, étaient à ce point où tu regrettes de ne plus trouver les hommes. Pourquoi n'y sont-ils pas restés ? Les y rappeler, ce serait recommencer à parcourir un cercle vicieux. Et nos mystères n'ont été institués que pour accueillir la vérité, lui donner un asile, et la sauver du naufrage. Sans nous, elle n'aurait pas sur toute la terre un seul endroit où pouvoir reposer sa tête. Insultée dans les carrefours, cette fille céleste n'a d'autres ressources que de voyager la nuit, couverte d'un triple voile, et de se cacher dans les déserts ou sous la voûte de nos temples souterrains.

---

(1) Synnesius, *in Calvit.* 315.
Sanchoniaton, cité par Eusebe. *praepar. ev.* lib. III.

§. LXXIX.

Suite.

Pythagore. La vérité dont le flambeau, comme celui du Soleil, devrait luire pour tout le monde, n'est donc que la propriété du très-petit nombre?

L'hiérophante. Sans doute. Il est triste et cruel d'être obligé à cet aveu. Mais cela ne saurait être autrement.

Pythagore. Et tu me vantais tout à l'heure l'extrême population de l'Egypte. Hélas! je ne vois plus sur les bords du Nil que trente millions d'aveugles qui, marchant à tâtons, se coudoyent et se heurtent sous la verge d'une poignée d'hommes clair-voyans. Quel tableau! Et devais-je faire tant de chemin pour en être le spectateur affligé?

L'hiérophante. Tes pas, jeune initié, ne seront point tout-à-fait perdus. Tu auras appris dans nos mystères l'art de traiter les hommes, non d'après ce qu'ils devraient et même ce qu'ils pourraient être, mais d'après ce qu'ils sont et seront encore long-temps, ici comme ailleurs.

Pythagore. Vous m'aurez aussi enlevé l'espoir de concourir à la perfection de mes semblables, qu'il me faudra désormais regarder comme une douce chimère.

L'hiérophante. Un exemple entre mille, va te rendre raison de notre politique religieuse, qu'il ne faut pas toujours confondre avec l'imposture sacerdotale (1). Nous autorisons de tout notre pouvoir, le culte du crocodile; ne te hâte pas de nous en faire le reproche. L'Egypte (2) n'existe que par les soins qu'on apporte à l'entretien des canaux du Nil. Nous avons profité d'une tradition pieuse, qui du quadrupède amphibie fait le symbole de l'eau potable. En sorte que la présence de cet animal est fort désirée; mais pour en jouir, il ne faut point laisser les canaux s'encombrer de sable ou de limon.

C'est ainsi qu'il convient de s'y prendre avec le peuple.

Cette conduite a mérité à l'Egypte le titre de mère (3) des sciences, et aux Egyptiens celui d'auteurs de toutes les bonnes (4) études.

Revenons à nos livres sacrés; d'après le sommaire des sujets qu'ils traitent, tu as vu qu'ils embrassent toutes les connaissances nécessaires au gouvernement d'un grand peuple; lois, culte, morale et arts, tout s'y trouve, et

---

(1) *Bibliothèque choisie.* VII. 123. *in-*12.

« ... Les mystères dont les sacrificateurs égyptiens couvraient tout, n'étaient que pour tromper le peuple, et je soupçonne beaucoup que le secret de tout cela ne fut qu'une superstition grossière, ou un pur athéisme ».

Le savant *Leclerc* eut parlé encore plus juste, en attribuant la superstition grossière au peuple, et le pur athéisme aux prêtres *qui étaient*, dit-il, *les maîtres du peuple.*

Il faut rapprocher cette note des précédentes, extraites de *Jaquelot*, *Larcher*, *Jablonski*, etc.

(2) Elien. Eusebe. *praepar. ev.* III. 11. Paw. *rech. sur les Chinois.* tom. II.

(3) ... *Ægypti matris artium.* Macrob. *saturn.* I. 15.

(4) *Ægyptios, omnium philosophiae disciplinarum parentes.* Macrob. *somn. Scip.* I. 10.

nous en sommes les seuls gardiens. La splendeur de l'Egypte n'est due peut-être qu'à cette précaution de déposer dans les mêmes mains, la régle universelle de l'empire, et d'avoir choisi des mains sacerdotales. Point de solide politique sans le culte.

PYTHAGORE. Homme saint.!... Le sage Phérécyde (1) ne pense pas tout-à-fait de même.

L'HIÉROPHANTE. Une nation doit confondre la personne de ses magistrats dans celle de ses Dieux et de leurs ministres. Nous sommes chargés de tout, des détails comme de l'ensemble.

PYTHAGORE. Mais l'Egypte a un roi.

L'HIÉROPHANTE. Oui; qu'elle ne reconnaît qu'autant qu'il s'est fait prêtre, et qu'il n'oublie pas par quel chemin il est parvenu au trône.

PYTHAGORE. Le gouvernement d'Egypte est donc théocratique.

L'HIÉROPHANTE. Tous le sont, ou doivent l'être pour prospérer, quoiqu'en dise le sage Phérécyde. Jamais des hommes ne se feront obéir par la multitude en leur nom. La multitude, qui sent ses droits, n'est docile qu'à un pouvoir venu de plus haut. Elle répugne à croire plus sages et plus puissans qu'elle, des êtres qui lui ressemblent. Si ces êtres s'appuyent sur un bras mystérieusement caché, la foule ébahie et crédule, se soumet, et ne secoue le joug que par l'excès des maux qu'on lui fait imprudemment souffrir. Une expérience de plusieurs mille années confirme cette

---

(1) Voy. le paragraphe XV du *voyage de Pythagore à Scyros.*

théorie peu compliquée. Le peuple du Nil est entre nos mains, une véritable momie, dont nous disposons pour sa propre conservation : nous éloignons de lui, autant qu'il est en nous, tout ce qui pourrait le corrompre. Nous l'aromatisons, nous l'enlaçons de bandelettes sacrées; nous le circonscrivons dans les limites de l'empire, comme un corps embaumé dans son étui; nous lui interdisons tout mouvement, tout essor dangereux pour lui.

PYTHAGORE. Autant que pour vous.

L'HIÉROPHANTE. Loin de se plaindre il nous bénit avec ses Dieux, et ne nous laisse manquer de rien, en reconnaissance des soins que nous prenons de son bonheur.

PYTHAGORE. Ce qu'on m'a dit est-il vrai? la nation égyptienne vous consacre la troisième partie de ses biens. Son roi n'en a que la dixième.

L'HIÉROPHANTE. Le collége des prêtres travaille pour le peuple beaucoup plus utilement que la cour du monarque. On nous doit l'instruction publique et l'éducation. Nous ne nous engraissons pas à l'ombre des autels, dans la poussière de l'ignorance et de la paresse. Le régne des sciences et des arts en Egypte est notre ouvrage, autant que le culte. De tels bienfaits sont au-dessus de toutes les récompenses. D'ailleurs, la lie d'une nation ressemble aux boues du Nil qui fertilisent l'Egypte.

PYTHAGORE. Dites aussi qu'il doit en coûter pour subvenir à l'entretien d'un grand nombre de rouages.

L'HIÉROPHANTE. Je t'entends, et ne fais pas difficulté de l'avouer. Le peuple doit payer sans doute les ressources extraordinaires qu'il nous faut créer pour le maintenir sage et heureux, libre et même éclairé, autant que possible, à son insçu, et quelquefois malgré lui.

Pythagore. On vous doit trois grandes superfluités : avant vous on n'avait ni temples (1), ni autels, ni statues ; il ne fallait au culte de la nature que la voûte du ciel, les montagnes et le soleil ?

L'hiérophante. Avant nous aussi, c'est-à-dire, avant l'établissement de la société civile, on n'avait nul besoin non plus de lois politiques.

Pythagore. De sorte qu'on ne saurait se passer de vous.....

L'hiérophante. Pas plus que l'aveugle de son bâton conducteur.... Le peuple s'est tellement accoutumé à nous, qu'il ne peut plus faire un pas sans notre assistance. Nous lui avons même inspiré une sorte de fierté. Il s'applaudit de nous posséder, quand il voit d'illustres (2) étrangers accourir à Thèbes pour se purifier dans nos temples, et implorer nos lumières. Il souffre même que nous affections les attributs de la royauté. Nous ceignons sur nos têtes (3) le bandeau royal; et dans nos solennités nous portons un sceptre, d'autant plus révéré, que nous lui avons donné la forme d'un soc de charrue.

Pythagore. Hiérophante sage ! vous aurez de la peine à me persuader la bonté et la stabilité d'un gouvernement fondé sur le mensonge, ou tout au moins l'erreur. Egypte !

---

(1) Dion. Laert. *praem.* 7. Herodot. Lucian. *dea syr.*
(2) *Hercule*, *Orphée*, *Homère*, *Thalès*, etc.
(3) Diod. sic. IV. *bibl.*

Egypte ! ton (1) régne passera. Le souvenir seul de tes fables attestera un jour ton existence.

L'Hiérophante. Eh! de toutes les nations, de tous les grands hommes qui passent sur la terre, reste-t'il autre chose que des fables et un peu de poussière ?

Pythagore. La scène dont j'ai été le témoin à Tentyris, n'est pas un argument en faveur de la théocratie.

L'Hiérophante. Nous ne prétendons pas être plus sages, ou plus habiles que la nature sous le régime de laquelle il existe aussi des monstres, sous le régime de laquelle il se commet des monstruosités. Heureusement, de pareils exemples sont rares dans nos annales ; ils ne suffiraient pas pour justifier des innovations dans un ordre de choses, devenu pour ainsi dire naturel par son ancienneté. Les roues du char sont, il est vrai, dans des ornières ; malheur au cocher imprudent qui s'aviserait de les en tirer ! il risquerait de briser le char et de périr lui-même sous ses débris.

Pythagore. En sorte que de toutes les sciences, celle qui importe le plus aux hommes, est la seule précisément qui, dans votre systême, ne doit pas avancer. Vous avez surpris à la nature le secret du tonnerre ; celui de perfectionner votre espèce semble interdit à vos recherches. Vous n'osez y toucher. Ministres de la lumière, vous ne voulez régner que sur les ténèbres.

---

(1) O *Ægypte*, *Ægypte !* *religionum tuarum sola supererunt fabulae, aeque incredibiles posteris tuis.*
       Asclep. IX.

L'HIÉROPHANTE. Par prudence....

PYTHAGORE. Ainsi, les peuples, tant que vous le jugerez nécessaire dans votre sagesse, demeureront semblables à des enfans robustes auxquels vous ne permettrez aucun élan généreux.

L'HIÉROPHANTE. Dans la crainte d'une chute.

PYTHAGORE. Mais les prêtres ont-ils été institués pour les peuples, ou les peuples pour les prêtres ? Tout en applaudissant à votre sagacité, je ne vois toujours que le soin de vous maintenir, plutôt que celui d'éclairer votre patrie.

L'HIÉROPHANTE. Ce ne sont point des lumières qu'il faut à la multitude, mais de l'aisance et de la tranquillité.

Depuis plus de trente mille années, les Egyptiens viennent régulièrement consulter le taureau Apis, à travers les barreaux de son étable ; superstition ridicule sans doute, et dont l'hiérophante de Thèbes, et l'initié de Samos, peuvent rire entr'eux ! Mais respectons les faiblesses d'un peuple, qui, depuis trois mille années, laborieux et paisible, donne au monde l'exemple de la meilleure culture des terres. On peut lui pardonner bien des fautes.

PYTHAGORE. Ce n'est pas à lui que je les impute. Ce n'est pas lui qui a imaginé les formes religieuses.

L'HIÉROPHANTE. Eh ! qu'importe la configuration du vase, si la liqueur qu'il contient est du nectar !

PYTHAGORE. Toujours est-il vrai que le peuple d'Egypte n'est qu'une momie entre vos mains. Tu ne me l'as point dissimulé ; en effet, il en a la tristesse et l'attitude servile :

et quoi que vous me disiez, la nature n'a point fait les hommes, pour être des momies de leur vivant.

L'Hiérophante. Indique-moi une contrée où l'espèce humaine offre un plus satisfaisant tableau, je quitte ma robe d'hiérophante, pour me revêtir de l'habit d'initié, et prendre des leçons à mon tour. Si tu n'as rien de mieux à nous découvrir, souffre que je me repose à l'ombre de cette pyramide politique et sacrée, dont on parlera long-temps encore après la chute de nos obélisques.

Pythagore. Ah! pontife! ta comparaison n'est que trop exacte. Oui! la nation égyptienne ressemble à vos pyramides; elle en a les belles proportions, la même solidité. Mais ce ne sont toujours que des pierres qui pèsent les unes sur les autres.

L'Hiérophante. Pour continuer la similitude, vallait-il mieux laisser dans les carrières ces matériaux bruts?

Pythagore. Oui sans doute. Ils étaient à leur place.

L'Hiérophante. Avoue du moins que la forme pyramidale est celle qui convient le mieux pour la durée d'un édifice politique, comme pour une construction matérielle. Le prince et le collége (1) des Trente, à Thèbes, sont au sommet, et forment à peine un poids sensible pour le reste de la masse. Nous répondons d'elle, si elle n'admet dans son sein aucun corps étranger; si Amasis et ses successeurs restent fidelles aux devoirs qui leur sont

---

(1) Prêtres-magistrats.

prescrits dans les livres hermétiques, ainsi que nous-mêmes à notre serment.

Nous nous engageons à résister aux mauvais rois, déjà liés par l'impuissance où nous avons su les mettre, au nom des Dieux de l'empire, de lever des impositions, sans notre avis et le consentement de la nation; car nous sommes aussi les conservateurs des richesses de l'état : et observe, Pythagore, que le caractère religieux dont nous sommes revêtus, a pu seul nous procurer cette autorité salutaire posée entre le peuple et son roi. Eh! comment le peuple ne serait-il pas attaché à une religion qui élève une barrière sainte, seule capable de le mettre à l'abri du despotisme. Les plus sublimes vérités spéculatives lui auraient-elles été plus profitables que ses superstitions ?

PYTHAGORE. Et toujours des superstitions !..

L'HIÉROPHANTE. Maux nécessaires, et qui ne sont pas les pires.

PYTHAGORE. J'en doute.

L'HIÉROPHANTE. L'anarchie....

PYTHAGORE. Le fanatisme... Ne pourrait-on faire louvoyer le vaisseau de la république entre ces deux écueils ? Mais pour cela, il faudrait des lumieres, et vous n'en voulez que parmi vous.

L'HIÉROPHANTE. En faisons-nous un mauvais usage ?

PYTHAGORE. L'éducation que vous donnez au peuple est pitoyable.

L'HIÉROPHANTE. Elle est analogue à ses besoins. Tu pèses trop sur les détails, Initié; et ne t'arrêtes pas assez à l'ensemble.

PYTHAGORE. C'est que le plus souvent la
beauté

beauté de l'ensemble est aux dépens des détails.

L'Hiérophante. Nous voyons les choses de plus haut. Remarque la sagesse d'une mesure qu'on s'est empressé d'adopter dans plusieurs régions. Nous avons inséré dans nos livres canoniques une loi fondamentale qui défend de réunir dans les mêmes mains les fonctions de la royauté et du pontificat. Séparés, ces deux pouvoirs se servent de contre-poids, et assurent à la loi un empire absolu.

Pythagore. Tant qu'ils ne rivalisent point.

L'Hiérophante. Pythagore, tu n'es pas satisfait ?

Pythagore. Je le serais, si j'apercevais moins d'alliage dans l'or pur que vous avez si habilement mis en œuvre.

L'Hiérophante. En politique, l'or pur sans alliage, ne serait point ductile. C'est encore là un de nos plus importans secrets.

Connais toute l'influence des idées religieuses. Suppose un ambitieux qui, à la mort d'un prince, se fait élire son successeur par l'armée seulement, et du camp passe aussitôt sur le trône, sans autre cérémonial. Longtemps, si ce n'est toujours, réputé usurpateur, peut-être donnera-t-il lieu à une guerre civile sanglante, ou à l'anarchie pire encore. Au contraire, s'il a pour lui le suffrage des prêtres ; s'il se rend à Thèbes, comme autrefois, ou bien à Memphis, pour porter sur ses épaules le joug sacré du bœuf Apis, et pour subir un noviciat de plusieurs jours, dans le collége des pontifes ; sa personne devient sacrée, et ses talens acquièrent une force, un ascendant qu'ils n'auraient jamais obtenu sans *Apis* et *Thaut*. C'est au nom du Dieu Apis et de son ministre Hermès, que nous avons osé prescrire aux rois l'emploi de leur journée, et toutes ces lois d'économie politique et morale, mieux gravées dans nos livres que dans leur cœur. C'est au nom des Dieux que nous nous sommes constitués les censeurs de la conduite des rois, et les inspecteurs de leurs moindres actions. Leur table même n'est couverte que de mets conformes à notre système diététique. Les alimens du peuple et de son chef tiennent leur place dans le culte. Même pour la conservation de leur santé, il faut tromper les hommes, et les sauver de leurs propres excès par d'autres erreurs plus innocentes.

PYTHAGORE. *Il faut tromper...* Respectable hiérophante! Non! jamais je ne pourrai adopter ce principe qui paraît servir de base au savant collége de Thèbes.

L'HIÉROPHANTE. Ce n'est pas tromper que d'utiliser une imposture. Il nous semble au contraire que le chef-d'œuvre d'un véritable homme d'état est de forcer le mal lui-même à devenir bien; le méchant à servir les bons; l'ombre à faire ressortir le jour.

PYTHAGORE. Je préfère une conduite franche.

L'HIÉROPHANTE. Dans le voisinage d'une cour où la dissimulation tient le sceptre?...

PYTHAGORE. Le prince a-t-il votre secret?

L'HIÉROPHANTE. Oui! nous le lui communiquons pendant l'apprentissage du trône, qu'il subit avant d'y monter.

PYTHAGORE. Vous m'étonnez. En agir ainsi, n'est-ce pas aller même contre l'esprit de vos sages institutions? Confier vos mystères à un roi, précisément à celui de tous les mortels qui a le plus de moyens à sa disposition de les violer !

L'HIÉROPHANTE. Il ne se permettrait pas du moins ce crime deux fois. A la première, il serait poignardé, et il en est prévenu. Il n'y a pas d'exemple du châtiment, parce qu'aucun d'eux n'a osé l'encourir. Les rois aiment trop la vie, pour s'exposer à la perdre par une indiscrétion. Une telle infraction est même très-rare de la part de tout autre initié.

PYTHAGORE Ainsi donc, il faut bien te le redire, la vérité qui, comme la lumière du jour, devrait éclairer tous les hommes, en toute une année, ne luit aux yeux que de trois mortels au plus, assez forts ou assez heureux pour avoir pu supporter vos rudes épreuves. Tout le reste de l'espèce humaine est voué aux plus absurdes pratiques de la religion, et se trouve à la merci d'un infiniment petit nombre de sages, sujets eux-mêmes à l'erreur, et même aux passions ; le plus sage n'en est exempt que dans la tombe : et sans sortir de votre Egypte, voilà trente millions d'hommes réduits au culte des animaux, et n'ayant pour lois morales que des hiéroglyphes à triple sens. Suis-je donc venu de si loin pour remporter un résultat aussi révoltant ? Pourquoi suis-je né, et à quoi bon vivre ?

L'HIÉROPHANTE. Ce retour sur toi-même, et le vif intérêt que tu prends à la perfectibilité de tes semblables, t'honorent. Ecoute : consens à vivre, d'abord pour toi, c'est le premier vœu de la nature ; ensuite pour le peu d'hommes susceptibles, comme toi, de devenir, non pas parfaits, mais meilleurs; et abandonne la tourbe née pour faire nombre sur la terre. Que veux-tu du peuple ?

PYTHAGORE. Ne sont-ce pas des hommes, comme nous qui décidons si légèrement de leur destinée ? Ne sont-ils pas pourvus des mêmes organes ?

L'HIÉROPHANTE. Non. Ce ne sont pas des hommes, ils ont cessé de l'être : leur métempsycose est complète. Crois que si nous pouvions en faire des êtres semblables à nous, nous ne t'en parlerions pas ainsi. Nous avons dans les mains tous les instrumens nécessaires pour cela; mais ce limon, moins aisé à mettre en œuvre que celui du Nil, est rebelle à la raison.

PYTHAGORE. Peut-être, parce que vous n'exercez votre sagacité et vos talens que sur de grandes masses humaines.

L'HIÉROPHANTE. De petits groupes s'entre-déchireraient, ou seraient envahis par de plus nombreux.

PYTHAGORE. Tu ne les supposes pas instruits.

L'HIÉROPHANTE. Parlons de ce qui existe. Ce serait rendre au peuple un bien mauvais service que de vouloir l'appeler à nos mystères; il ne saurait pas en profiter : Il y a impossibilité naturelle. Une grande nation est comme une forêt épaisse : combien y compte-t-on d'arbres droits et sans défauts, capables d'être distingués et réservés pour servir à la construction ? La foule des végétaux semble n'exister que pour la reproduction, et de leurs débris, fournir un engrais à la terre. Laisse le peuple à ses travaux, à ses Dieux : occupe-toi de le rendre plus heureux. Sers-lui de bouclier contre le despotisme dont il sait si mal se défendre. Ne tente pas une entreprise infiniment louable par son motif, mais parfaitement inutile. Tu ne feras jamais rien du peuple, en le livrant à lui-même.

PYTHAGORE. Ce n'est pas là non plus mon intention. Mais ne pourrait-on pas le diriger et le ramener doucement à la nature?

L'HIÉROPHANTE. Il y a trop loin maintenant d'elle à lui.

PYTHAGORE. Ne saurait-on abréger les distances? L'éducation des peuples ne doit pas être plus difficile que celle des enfans. Le moins aisé est de trouver des instituteurs politiques qui veuillent s'écarter un peu de la méthode de leurs prédécesseurs. Que ne tentez-vous, à Thèbes, cette grande et belle expérience!

L'HIÉROPHANTE. On l'a faite avant nous, et sans succès.

PYTHAGORE. On s'y est peut-être mal pris. Que ne recommencez-vous!

L'HIÉROPHANTE. Change-t-on le caillou en un morceau d'ambre? et c'est encore là une des raisons qui nous conseillent de continuer à cacher la vérité aux yeux du vulgaire. La produire au grand jour, eût été funeste pour elle, pour nous et pour le peuple. Le moment favorable n'en est pas venu.

PYTHAGORE. Il est toujours à propos de dire vrai.

L'HIÉROPHANTE. Encore une fois, non!

Pythagore, crois que nous avons étudié les besoins, et calculé les forces de l'ame humaine. Si nous avions le moindre espoir de régénérer la masse des hommes, en resterions-nous où nous nous arrêtons ? Notre intérêt et notre gloire seraient sans doute de nous montrer les bienfaicteurs du monde. Du haut de nos pyramides, nous inviterions toutes les nations à venir puiser dans nos sources pures. « Habitans du globe, dirions-nous, accourez dans nos écoles ; venez apprendre ici ce qu'il vous reste à faire pour être heureux et sages à beaucoup moins de frais ».

Qu'en serait-il résulté pour eux et pour nous ? De mauvais génies auraient soufflé la discorde sur eux, la calomnie sur nous. La vérité aurait eu sa faction ; le mensonge la sienne, beaucoup plus nombreuse. On en serait venu aux mains ; le sang eût coulé ; et après une (1) *iliade* d'événemens malheureux, et de crimes atroces, chaque nation, comme autant de troupeaux, aurait repris le chemin de sa bergerie, en regrettant peut-être de l'avoir désertée un moment, et en nous chargeant de malédictions. Pythagore, consens donc à vivre pour toi et pour un petit groupe d'amis. Plains les hommes devenus peuples ; retiré de la foule, et bien convaincu de toute impuissance à faire mieux, applaudis-toi des circonstances heureuses qui te préservent de subir la destinée commune. Cultive en paix la nature et la sagesse ; et profite des avis secrets que tu es venu chercher à Thèbes. Tu n'auras point perdu tes peines et ton temps.

PYTHAGORE. J'ai cru en effet entrevoir

---

(1) Les Anciens s'exprimaient ainsi pour peindre, d'un seul mot, une infinité de choses tragiques.

quelque chose de cette doctrine secrette, en apercevant dans la pompe sacrée d'Isis, le quadrupède à longues oreilles, chargé des choses saintes. Je n'osai me livrer à l'idée qui me vint en ce moment à l'esprit, que c'était l'hiéroglyphe vivant du peuple égyptien. Le peuple, qui s'en amuse, est loin de s'y reconnaître, et de soupçonner que c'est lui (1) dont il s'agit.

L'HIÉROPHANTE. La multitude n'y voit que l'âne de Typhon. Il en est de même de la plupart de nos hiéroglyphes. Ces symboles figurés nous ont été d'un grand secours pour conserver intact le dépôt des vérités premières ; nous en avons rendu gardien le génie même du mensonge ; et nous jouissons d'une satisfaction intérieure, en voyant le vulgaire encenser ce qu'il mettrait peut-être en pièces, si on l'exposait à ses regards sans enveloppe.

PYTHAGORE. Pour de si grands bienfaits, on vous doit sans doute de la reconnaissance. Eh bien ! sachez que vous faites des ingrats.

En parcourant votre Egypte, j'ai entendu vous reprocher la singularité de vêtement et l'affectation de maintien. « Ils voudraient passer pour leurs Dieux, m'a-t-on dit tout bas. De vrais sages seraient moins recherchés dans leurs manières d'exister ».

LE PONTIFE. Tu n'as pas entendu ces reproches sortir de la bouche du peuple ; et c'est pour lui qu'il nous faut agir ainsi.

Nous sommes peu affectés de tous ces bruits injurieux et contradictoires, que les jaloux font courir sur notre compte. L'envie, ou plu-

---

(1) *Fabula de te narratur.* Phed.

tôt le délire, n'a-t'il pas été jusqu'à nous accuser de rendre un culte aux excrémens (1), parce que le fumier et les engrais entrent dans nos hiéroglyphes, pour attester l'économie de la nature, qui se régénère au sein même de la corruption.

PYTHAGORE. Vous n'en pourriez pas dire autant d'un vieux peuple.

§. LXXX.

Explication des principaux hiéroglyphes.

L'HIÉROPHANTE. PASSONS en revue nos principaux symboles. Et d'abord, l'Hiéroglyphe lui-même en est un; nous en faisons le parfait synonime du Dieu suprême chez toutes les nations. Le Jupiter de votre Grèce, le Sérapis de notre Egypte, nous sert d'hiéroglyphe pour parler de la nature à des oreilles prophanes, sans nous commettre.

Nous donnons un sceptre de pavot à Isis, comme la conservatrice du globe, représenté par la tête sphérique de cette plante (2). Les aspérités de la tête de pavot semblent indiquer les montagnes et les vallons; les capsules internes donnent l'idée des excavations de ce globe, et les semences qui y sont contenues en nombre infini, expriment la fécondité prodigieuse de la terre ou de la nature, sous le nom d'Isis.

Nous revêtissons d'un rézeau (3) l'image d'Isis,

---

(1) Clément d'Alex. liv. V. de ses *recognitions*.
(2). Phurnutus.
(3) *Roman. musœum*, de Lachausse, *in fol.*

double symbole de la chaîne qui lie toutes les parties de l'univers, effet et cause les unes des autres, et de l'ensemble qui caractérise toute bonne administration.

Tu vois Isis balançant sur ses genoux son fils Orus : c'est un de nos hiéroglyphes tout-à-la-fois religieux et politiques. Pour ne t'entretenir que de ce qui fait le principal sujet de tes voyages, ce groupe intéressant représente tout naturellement la patrie et le peuple. La confiance ingénue de ce dernier envers l'autorité qui le gouverne, est bien peinte dans la sécurité du jeune enfant endormi sur les genoux de sa mère. C'est aux magistrats à partager la sollicitude maternelle, pour ne point exposer à une chute cette multitude aveugle qui se repose de tout sur eux.

Voici un géant aveugle, qui marche à l'aide d'un long bâton surmonté d'un œil ouvert : autre naïve image du peuple, s'appuyant sur le sceptre de la loi.

Quant à cette tête nue, pourvue de très-grandes oreilles et de très-petits yeux, c'est un avis sage donné à ceux qui hantent le palais des rois ; c'est-là qu'il faut tout écouter et paraître ne rien voir.

C'est encore une allusion à la multitude, avide de nouvelles, et qui ne voit pas loin.

Pan est l'une des premières divinités de l'Egypte ; une ville de notre Thébaïde porte son nom. Il a des autels presque par-tout, et les plus redoutables mystères (1) de nos temples souterrains lui sont consacrés.

Le vulgaire ne voit en lui qu'un compagnon

---

(1) C'est l'origine des *terreurs paniques*.

d'armes d'Osiris. D'autres, à cause de ses pieds de chèvre, l'invoquent comme le dieu des pasteurs, conduisant leurs troupeaux au son de la flûte à sept tuyaux. Pour nous, cette flûte aux sept chalumeaux représente les sphères du monde, conduites et animées par le souffle de l'ame universelle, du *Dieu-Tout*, que nous appellons (1) *Kenthor*. Chacune de ses parties a son symbole dans chaque trait de la figure de Pan.

Notre Hermès (2), sous le nom duquel sont écrites toutes nos savantes traditions, et les découvertes que nous y ajoutons tous les jours encore; ce Dieu de la science, révéré de toute l'Egypte, et dont le culte est passé en Grèce, et sans doute dans beaucoup d'autres contrées, n'est autre chose, comme le mot l'atteste (3), que la suite des colonnes sur lesquelles sont déposées toutes les connaissances humaines dont nous sommes les seuls dispensateurs.

Le peuple du Nil s'exposerait volontiers à une guerre sainte (4), si on lui contestait qu'il est (5) *autochtone*; c'est pourquoi il a adopté pour hiéroglyphe la grenouille, qui vit habituellement dans la vase du Nil. Le véritable sens, le sens primitif de ce symbole est au contraire, que le peuple est un animal impar-

---

(1) Dans l'idiome original égyptien, *Kenthor* veut dire *la Nature*. Villebrune, Athenée, XI. p. 263.
(2) Jambl. *de myst.*
(3) Galien, *contra Julien*. Voy. la note *d* des *lettres sur l'Egypte*, par Savari. tom. III. *in-*8°.
(4) Horus Apollon. *hierogly.*
(5) C'est-à-dire, né du sol même qu'il habite, et qui le nourrit.

fait, qui semble destiné à végéter dans la fange de la terre, comme la grenouille dans le limon des fleuves.

Un de nos hiéroglyphes les plus pleins, et les moins compliqués, est celui d'une langue et d'une main (1) dans le même cadre, pour rendre en deux coups de pinceau, les deux principales facultés qui ont mis l'homme si fort au-dessus du reste des animaux, la parole et le tact. Nous avons laissé croire à la multitude que cet hiéroglyphe, sublime dans sa simplicité, ne regarde que le culte, et renferme les deux objets seuls capables de fléchir les Dieux, la langue par ses prières, la main en la tendant vers le ciel.

PYTHAGORE. Ou mieux encore, en la chargeant d'offrandes.

L'HIÉROPHANTE. Le peuple aurait moins de religion, si elle ne lui coûtait rien.

PYTHAGORE. Je vois que tout est pour le mieux.

L'HIÉROPHANTE. Nous laissons le vulgaire attacher une vertu magique au nombre.

M L X X X X V.

Ce nombre, qui renferme la somme des jours de trois années (2), n'est autre chose pour nous, que le symbole du silence, parce que la langue de l'enfant ne se délie guères plutôt qu'à la troisième année révolue de la naissance; avant, il balbutie.

PYTHAGORE. Après, il déraisonne.

---

(1) *Hierogly*. Pierius.
(2) $\frac{365}{1095}$

L'HIÉROPHANTE. La rosée du ciel signifie, pour les prophanes, la résidence des Dieux, et la pureté de leurs alimens. Pour l'initié, c'est la connaissance de toutes choses, laquelle a commencé par celle de l'influence des corps célestes sur tout ce que produit la terre.

Le crible placé à côté d'un (1) jonc dans le même tableau, sert au médecin pour avertir d'épurer l'eau du Nil, avant de la boire : pour nous, c'est une leçon donnée aux écrivains. C'est comme si nous leur disions : « Avant de publier vos œuvres, passez au crible tout ce qui sort de votre plume ; ou bien, passez vos études au crible, pour laisser tomber les erreurs, et ne garder que la vérité.

L'image d'une femme grande et bienfaite, mais sans tête, égaye beaucoup la foule des spectateurs : la multitude est loin de se douter que c'est elle dont il s'agit ; lorsqu'on l'abandonne à elle-même, et qu'on la livre à ses caprices aveugles. Derrière ce voile, nous définissons le peuple : Animal qui a mille bras, mille pieds et point de tête. Une femme sans tête nous sert encore à désigner l'opinion publique.

PYTHAGORE. La justesse de l'hiéroglyphe me semble parfaite.

L'HIÉROPHANTE. Un serpent qui mord sa queue et se tue lui-même en se couvrant de son venin, n'est pour la foule que Typhon dieu du mal, lequel un jour doit être sa propre victime ! Eh ! Tourbe imbécile, reconnois-toi

---

(1) Le jonc servait communément d'instrument à écrire.

plutôt dans cette image, quand tu te laisses entraîner aux dissentions civiles.

PYTHAGORE. Pourquoi faites-vous des mystères de ces grandes et fortes vérités ? Elles me semblent bonnes à être proclamées dans toute leur simplicité. Mais ce serait parler comme tout le monde ; et vous voulez éviter toute accointance avec le vulgaire.

L'HIÉROPHANTE. Il le faut bien pour faire impression.

PYTHAGORE. J'aurai de la peine à me familiariser avec les formes mises par vous en œuvre.

L'HIÉROPHANTE. Elles sont indispensables pour le succès.

PYTHAGORE. Mais cela ne ressemble-t-il pas un peu au charlatanisme ?

L'HIÉROPHANTE. Nous n'en disconvenons pas.

PYTHAGORE. Hiérophante sage !...

L'HIÉROPHANTE. Nous avons une variante de cet hiéroglyphe, à l'usage des initiés seulement. Pour lui, un bouc à queue de poisson, de laquelle il dévore l'extrémité, représente l'univers qui vit de lui-même. Le bouc est le type de la nature fécondante; le poisson est celui de la nature fécondée. L'amalgame de ces deux animaux nous a paru très-expressif : Quoi de plus prolifique que le bouc, de plus populeux que le poisson ? Il en est parmi cette dernière espèce qui dépose par an plus (1) d'un million d'œufs. Tu le sais.

PYTHAGORE. Je ne sais que trop aussi ce qui se passe devant les autels de Mendès. Les

---

(1) Voy. une note du traducteur d'Athenée. tom III. *in*-4°. liv. 8.

femmes sont loin de soupçonner toute la sublimité du symbole.

L'HIÉROPHANTE. Ce sont des abus inévitables, et peut-être utiles : je crois te l'avoir déjà prouvé. Continuons.

Nous savons douter, ou du moins reconnaître les bornes de notre entendement; comme nous savons poser un terme à nos études. Si dans tes voyages, tu visites Hiérapolis, on t'y montrera dans le temple le simulacre d'une femme en robe longue bordée de phallus debout. C'est une réminiscence étrangement altérée de notre Isis. Nous lui faisons dire à ceux qui la contemplent :

Personne n'a encore levé le voile qui me (1) *couvre.*

Par cet autre hiéroglyphe, le complément de celui qui précède, en avouant que la reproduction des êtres est pour nous un mystère, nous rendons hommage à la puissance cachée, ineffable de la nature, mère de tout.

Notre lotus nous sert à peindre l'ame universelle de cette nature, dont l'action sphérique est représentée par la rondeur des feuilles, de la fleur et du fruit de cette plante nilotique.

Chez nous, le cyprès est l'hiéroglyphe de la justice (2), parce que les branches de cet arbre sont droites et s'étendent également de tout côté.

A ce sujet, j'ajoute que sous le nom d'Isis, nous avons divinisé la loi, afin de la rendre

---

(1) Mot-à-mot : Personne ne m'a encore troussée.
(2) *Justitia postergata.* ab Andr. Bon. Mandeslo. *in*-4°. 1705.

inviolable ; c'est pourquoi nous faisons lire cette inscription dans nos temples (1) :

Moi, Isis, je suis la loi suprême de l'Egypte : nul ne peut rompre ce que j'ai lié.

La colombe moitié blanche, moitié noire, est pour tout le monde le symbole d'une veuve : pour nous, seuls dispensateurs des mystères à Thèbes ; c'est la naïve image de la pauvre espèce humaine qui n'a sur toutes choses que des demi-lumières.

Le vulgaire croit que la pie malade se guérit en déchiquetant une feuille de laurier ; au lieu d'y voir l'hiéroglyphe d'une multitude ignorante et babillarde qui calomnie et persécute les hommes sages et les poëtes sublimes.

Il croit encore que le lion se guérit de la fièvre en dévorant un singe : nous pensons que c'est l'hiéroglyphe des ouvrages pleins de chaleur et de génie qui absorbent et font disparaître les livres où l'on ne trouve que des choses copiées avec art, mais n'apprenant rien de nouveau.

Le lion qui bat ses flancs avec sa queue, pour se délivrer d'un insecte entré dans ses naseaux, n'est pour le commun des hommes que l'expression figurée de *la colère à l'occasion de peu de choses ;* nous y voyons davantage ; c'est l'hiéroglyphe d'un peuple qui se bat pour des opinions éphémères.

Nous ne nous empressons pas d'avertir le peuple de se contempler comme dans un miroir, quand il rencontre l'hiéroglyphe d'un tau-

---

(1) Diodor. *bibl.*

reau attaché à un pieu par une faible courroie passée autour de son genou. Ce lien, c'est la loi, plus forte que le peuple par la seule opinion.

La même idée se retrouve dans l'hiéroglyphe suivant : le vulgaire croit fermement que si la plume d'un cigne ou seulement l'aile d'une abeille vient à tomber sur la tête d'un crocodile, elle possède la vertu de le rendre doux et docile. Il ne faut pas lui dire que ce n'est qu'un symbole pour exprimer le pouvoir de la sagesse industrieuse sur la multitude jalouse et malfaisante.

Le peuple ajoute foi à une vieille tradition qui veut que la rencontre d'un pourceau fasse fuir l'éléphant dans les bois : il ne se doute pas qu'il est ici question de lui-même ; que le quadrupède à trompe, emblême de l'intelligence et de la propreté, représente le sage qui aime mieux vivre seul, au sein des forêts, que de se commettre au milieu de la fange où se vautre la tourbe des mortels.

Communément, dans l'image d'un cerf creusant la terre pour y cacher les mauvaises dents qui lui tombent, on ne voit que l'image d'un homme soigneux de sa sépulture ; nos livres secrets lui donnent une toute autre signification. C'est le symbole d'un homme public qui cache ses défauts ou ses faiblesses pour ne point causer de scandale au peuple imitateur.

PYTHAGORE. Toute la sagesse égyptienne ne serait-elle que de la prudence ?

L'HIÉROPHANTE. Il est permis de le croire à de plus sages que nous !...

On a dit au vulgaire, et il le croit, que le castor poursuivi par d'impitoyables veneurs

se

se coupe l'organe de la génération, afin de fuir plus vîte.

Nous n'y voyons que l'hiéroglyphe du Sage qui, obligé de traverser la vie entre des peuples abrutis et des rois despotes, s'abstient de laisser après lui une postérité qui le maudirait un jour de lui avoir donné si mal-à-propos l'existence.

Un chien qu'on mène en laisse (1) n'est-il pas la naïve image du soldat ?

L'autruche dépourvue de jugement et de mémoire, abandonne ses œufs dans le sable, laissant au soleil le soin de les faire éclore. Nous l'avons choisie pour l'emblême d'une nation qui ne tient compte de ses droits les plus chers et oublie ses devoirs les plus sacrés.

PYTHAGORE. Les prêtres, dans cet hiéroglyphe, sont apparemment représentés par les rayons du Soleil.

L'HIÉROPHANTE. Pour désigner ceux de nos rois qui oublieraient leur dignité, en perdant les heures à des passe-temps ignobles, avec des femmes immondes, nous peignons un éléphant jouant avec des souris.

PYTHAGORE. Tous les états trouvent chez vous des leçons. Amasis a-t-il étudié celle-ci?

L'HIÉROPHANTE. Nous permettons aux prêtres subalternes de laisser entrevoir au peuple quelque mystère ineffable dans la figure que représentent deux pièces de bois qui se traversent : nous nous contentons d'avertir l'initié : c'est l'hiéroglyphe de la vie ; le bien et le mal s'y croisent nécessairement.

Notre trismégiste n'a jamais été plus grand

---

(1) Pierius, *hierogly*.

dans ses conceptions que lorsqu'il traça l'hiéroglyphe de la Nature sous les traits d'une divinité mâle avec quatre (1) yeux à la tête, et autant d'ailes aux épaules ; afin que deux de ces yeux et de ces ailes puissent se reposer, quand les deux autres agissent : en sorte que la nature voit en dormant et dort en voyant ; vole en se reposant, et se repose en volant.

Pythagore. Comment ce trois fois grand homme représentait-il la liberté ?

L'hiérophante. Par la main droite (2) ouverte. Les Ethiopiens (3) revendiquent cet hiéroglyphe.

Pythagore. Qu'importe l'endroit de la source, pourvu que l'eau qui en découle soit pure !

La lampe sur un tombeau est l'emblême bannal de la vie et du trépas : Quand viendra-t-il le moment propice de dire aux hommes réunis en société : « C'est votre image ! La lumière brille en vain aux yeux du peuple ; le peuple est mort pour la vérité. C'est un cadavre en proie aux vers qui en font un squelette.

La tête décharnée d'un bœuf mort de fatigue, pour engraisser son maître, est une leçon un peu plus à la main du peuple : la vue de cet hiéroglyphe l'a porté plus d'une fois à faire des retours sur lui-même, et à plaindre sa condition comparée aux jouissances des cours : il s'est dit : voilà notre image ! Comme il n'a point de tenue dans le caractère, ni l'habitude de réfléchir, il en est resté là, sans pousser plus

---

(1) Sanchoniaton.
(2) Textoris *officin.* p. 464. tom. II.
(3) Diod. sic. *bibl.*

loin ses réflexions amères, et ses rapprochemens malins : peut-être a-t-il bien fait. Il se serait trouvé des hommes habiles à mettre en œuvre les circonstances; on aurait aigri la multitude, pour la précipiter dans des résolutions extrêmes; et loin d'améliorer son état, elle eût mis le comble à ses maux, faute d'en connaître les remèdes; étant incapable de discerner les vrais médecins d'avec les empyriques.

Un œil ouvert n'est que le soleil pour l'initié; pour les prophanes, c'est quelque chose de plus. C'est le génie du bien, quand ils prospèrent; s'ils éprouvent des contre-temps fâcheux, c'est le génie du mal.

Pour le peuple, aux yeux duquel il faut tout peindre, nous dessinons la vigilance sous l'hiéroglyphe d'une grue (1), debout sur un pied; de l'autre, ce volatile tient un caillou.

Ce caillou, c'est la loi dont le magistrat ne doit point se dessaisir, même en dormant.

L'habitant d'Eléphantinople (2) adore Osiris sous la figure d'un pâtre à tête de mouton, et ne profite point de la leçon indirecte qui lui est offerte; mais ses chefs s'en trouvent bien sous ce masque, qu'ils n'ont point osé donner au peuple : un peuple-mouton n'est pas difficile à conduire. Le berger peut dormir, pourvu que le chien veille.

Ce scarabée peint sous de brillantes nuances et engourdi dans le cœur d'une rose (3), c'est le riche voluptueux qui s'endort au sein de la mollesse.

---

(1) Horapol. II. 94. *let*. de Cuper. *in*-4°. p. 191, 193.
(2) Cælius Curio. lib. I.
(3) Pierius Valer. *hierogl.*

P 2

L'os d'Orus (1), et celui de Typhon, présentent un mystère aux yeux de la multitude, surtout quand elle voit ces deux figures d'os s'attirer, se repousser tour-à-tour; car elles sont composées d'aimant et de fer. Nous avons su découvrir, les (2) premiers, que cette même pierre, qui attire le métal, le repousse quand le fer a déjà été aimanté. Cette double action nous sert à symboliser la nature dans son état d'union ou de décomposition successives.

Voici enfin un hiéroglyphe dont tu dois bientôt mériter l'application, infatigable Pythagore : un arbre chargé de fruits (3), est dans nos livres sacrés, le symbole du voyageur qui a profité.

Il en est ainsi de tous les autres hiéroglyphes; langage vraiment sacré, puisqu'il contient une double doctrine, à l'aide de laquelle tout le monde est satisfait? L'es-tu enfin ?

PYTHAGORE. Il faut bien que je sache me contenter.

L'HIÉROPHANTE. Tu observeras que la morale, qui est la science de tous, n'a point de voiles en Egypte : nous réservons nos hiéroglyphes pour la politique et la religion.

PYTHAGORE. Malgré ce correctif, tout cela laisse encore à désirer.

L'HIÉROPHANTE. Quel inconvénient peut-il résulter de notre écriture hiéroglyphique appliquée aux objets placés hors la portée du vulgaire ? En distinguant la lune par un demi cercle, le soleil par un cercle entier, le globe

---

(1) Plutarch. *de Iside et Osiride.*
(2) *Admir. ethicae theologiae mysteria* Ervarti.
(3) *Dictionn. d'antiq.* par Mongez. *in* 4°.

terrestre par une sphère, la nature par un cube, nous rendons la science plus respectable, en la rendant moins accessible. Un peu plus d'expérience te rendra moins difficile.

PYTHAGORE. On pourra croire que toutes ces figures symboliques qui offrent un si grand sens, expliquées par des sages, ne sont, ou du moins n'ont été dans l'origine, que les résultats bizarres du caprice des sculpteurs employés aux ornemens (1) de chaque pyramide.

L'HIÉROPHANTE. Que veux-tu? Cette injure sera commune au soleil et à nous. Les yeux malades de l'homme n'ont-il pas vu des taches sur le front du soleil?

PYTHAGORE. Ne craignez-vous pas d'entendre un jour traiter vos hiéroglyphes de *laborieuses bagatelles* ? (2)

L'HIÉROPHANTE. La jalousie et l'ignorance rabaissent ordinairement ce qu'elles ne peuvent atteindre ou comprendre.

PYTHAGORE. Comment vos vingt-cinq caractères alphabétiques n'ont-ils pas fait tomber les hiéroglyphes (3) ? Le simple est préférable au composé.

L'HIÉROPHANTE. Ce n'est pas aux yeux de la multitude......

PYTHAGORE. Deviez-vous consulter ses goûts? Sages d'Egypte! vous étouffez la vérité sous la multiplicité des voiles, je crains que vous n'ayez beaucoup trop long-temps des imitateurs.

---

(1) *Dissertation sur l'écriture hiéroglyphique*. Paris, 1762. *in*-12.
(2) Stillingflect appelle les hiéroglyphes *difficiles nugae*.
(3) Apulée appelle les hiéroglyphes *litteras ignorabiles*.

Ane d'or.

§. LXXXI.

Résultat des initiations.

L'HIÉROPHANTE. Poursuis tes avides recherches; peut-être arriveras-tu à la source même d'où découlent le peu de vérités devenues le partage des mortels. Nous te l'avouerons avec candeur : ce n'est pas encore à Thèbes que tu recevras de la première main, ce que tu désires tant, ni même à Méroë, où sans doute tu brûles de porter tes pas, ni même à Babylone. Le vrai est comme le Phénix ; il n'a point de patrie ; partout il a été aperçu un moment ; on ne le possède nulle part.

PYTHAGORE. Donnez-moi donc enfin le grand résultat de tout ce que j'ai vu et entendu à Thèbes ?

L'HIÉROPHANTE. La terre n'est pas plus l'ouvrage du ciel, que l'homme n'est l'ouvrage des Dieux. Au contraire, les vapeurs de la terre produisent peut-être la rosée du ciel. Ce qu'il y a de certain, c'est que le ciel et la terre, effet et cause l'un de l'autre, ainsi que chacune des parties qui les composent, forment un tout, qu'on peut appeler le seul (1) Dieu ; car le tout est seul. Le tout possède en lui les facultés nécessaires à son existence absolue, indépendante ; et il n'en est redevable qu'à lui-même. Il n'y a point de monde supérieur,

_____

(1) Les philosophes égyptiens regardaient le monde comme un vaste *tout* qui est *Dieu*.
Essai sur la musique, par Laborde. tom. I. in-4°. p. 17. note C.

point de monde inférieur ; tout va et vient du même pas et d'une marche graduée. On recommence par ce qu'on a fini ; on finit parce qu'on a commencé. Voilà toute l'économie, toute la sagesse du dieu Tout.

Les dissentions des hommes, les dissonances de leurs opinions, ne sauraient troubler l'harmonie de la nature ; les vices de détail ne peuvent rien sur la perfection de l'ensemble. Applique ces grands principes de morale universelle à la politique des nations. Sois pour le peuple ce que le soleil est pour la taupe, et regarde les révolutions humaines du même œil que les catastrophes physiques.

PYTHAGORE. Reconnaissez-vous une divinité mère de toutes choses ?

L'HIÉROPHANTE. Oui ! nous la nommons la nuit (1), et nous lui donnons pour symbole une vache noire et pleine.

PYTHAGORE. Mais c'est un aveu hiéroglyphique de votre ignorance sur le principe d'où découle tout ce qui existe ?

L'HIÉROPHANTE. Précisément. En un mot, nous ne reconnaissons qu'une seule divinité : mais il n'en est point de plus grande, puisqu'elle renferme en elle tous les autres Dieux. Il n'en est point de plus réelle, car notre Dieu, puisqu'il faut bien en avoir un pour s'entendre, est le monde lui-même. Mais cette idée étant trop vaste pour être comprise dans le cerveau de la multitude, nous avons imaginé de la diviser et subdiviser, afin de nous rendre intelligibles à tous. En conséquence, le soleil

---

(1) Les Egyptiens ont élevé des temples à Vénus, qu'ils appellent les ténèbres ou la nuit. *Hesychius.*

est devenu comme le chef de ce grand corps (1) divinisé. L'air et le feu, l'eau et la terre, en sont comme les principaux membres; lesquels donnent lieu à d'autres parties plus petites, mais qui toutes partagent la divinité du tout qu'elles composent, et dont elles émanent. En un mot, notre théogonie toute entière est dans cette seule exclamation, qui termine nos saints mystères :

O monde (2), *père et fils, à la fois de toi-même !*

PYTHAGORE. Cependant vous permettez d'adorer des Dieux.

L'HIÉROPHANTE. Oui ! la multitude rend un culte, après leur trépas, à des hommes sages qu'elle a peut-être persécutés pendant leur vie. Elle leur doit (3) cette réparation tardive.

On pourrait dire, et c'est-là un de nos secrets : « Les Dieux sont nés de la première statue faite à la ressemblance d'un homme. Cyrophanès (4), le premier de nos statuaires, peut passer pour le fondateur du premier culte.

C'est ainsi que le simulacre (5) de Cneph, avec son masque de chien, ou de lion ou de serpent, élevé à la mémoire de ce bienfaicteur de

---

(1) Diod. sic. I. 11. *bibl.*
(2) *Tu tibi pater et filius*. Paroles tirées de la théologie égyptienne, et rapportées par Julius Firmicus.
(3) On lit dans St-Augustin, *cité de Dieu*. VIII. 5. que dans les mystères d'Égypte et de Grèce, l'hiérophante enseignait que les Dieux qu'on adorait, étaient des hommes déifiés après leur mort..
(4) *Fulgentii mytologia.*
(5) Ou *Knef*.

la haute Egypte (1), devint bientôt la représentation de l'une de nos plus importantes divinités.

PYTHAGORE. Pontife ! pardonne de nouveaux doutes....

L'HIÉROPHANTE. Un initié a droit de tout dire, tant qu'il n'est pas convaincu.

PYTHAGORE. Vous avez laissé diviniser le ciel et la terre, les hommes et les autres animaux? pourquoi n'avoir point essayé d'opposer à ce culte grossier et susceptible de tant d'excès ou d'abus, le culte si simple de la sagesse et de la raison ? Les vertus publiques ou privées, ne pourraient-elles figurer à leur tour sur les autels, aussi bien que le serpent et le phallus, le cynocéphale et le bouc? Pourquoi ne pas s'en tenir à Isis, allaitant Orus, et à un petit nombre de groupes semblables ?

L'HIÉROPHANTE. Tu ne connais pas encore le peuple. Il eût déserté nos temples, pour affluer dans ceux où des jaloux de la considération qu'on nous porte, auraient pris le soin de piquer davantage sa curiosité par les hiéroglyphes bizarres que tu nous reproches. Pour sauver cet affront à la science et à la vertu, il a bien fallu les affubler comme tu les vois, et prendre les devants.

PYTHAGORE. J'entends.

L'HIÉROPHANTE. Plains les hommes publics, à commencer par les prêtres.

PYTHAGORE. J'admire au contraire leur courage. Il en faut, pour porter toute sa vie un masque. J'aime la vérité, j'idolâtre la vertu, mais pas assez pour propager leur culte, en

---

(1) Strab. XVII. *geogr.*

sacrifiant au mensonge et au vice. Je ne serai jamais prêtre, ni homme public (1).

J'accomplirai à la lettre l'une des mystérieuses épreuves que vous m'avez imposées. Pendant mon initiation, je me suis vu inhumé vivant jusques au col (2) : je tiendrai pareille conduite dans le monde. La tête au-dessus de toutes les misères humaines, je leur prêterai mon corps seulement. Je conserverai ma pensée libre et dégagée de tous les liens civils et autres. Je ne serai tout au plus que le spectateur et le témoin, jamais le complice des mensonges politiques et sacrés dont on berce le pauvre genre humain.

L'HIÉROPHANTE. Puisse-tu en être toujours le maître ! *Veille, et sois pur*(3) !

L'hiérophante se tut, et me serra dans ses bras aussi tendrement qu'un père (4) qui reçoit les adieux de son fils. Le peu qu'il m'avait dit touchant l'île de Meroë fut un nouvel aiguillon pour ma curiosité et un aliment au besoin que j'avais encore d'être instruit. Je conçus aussitôt le dessein d'y faire un voyage, et j'en parlai à Zonchis qui me dit :

« Attends quelques semaines ; une heureuse occasion s'offrira d'elle-même pour remplir ton vœu. Chaque année Thèbes envoye aux Ethiopiens (5) une nombreuse députation de prêtres

---

(1) Pythagore tint parole.
(2) On appelait cette épreuve l'*inspection*.
(3) *Koth*, *ompheth*, formule égyptienne, pour congédier l'initié.
(4) *Jod*, en égyptien, et encore aujourd'hui dans la langue cophte.
(5) Ethiopien, *Ethiops*, *ustus vultus*. Visage brûlé, homme noir. Desbrosses. *note* sur Sall. p. 457. t. I. *in-*4°.

et d'officiers publics, avec le simulacre de Jupiter-Ammon. Un autel dressé à l'endroit qui sépare les deux nations, attend ce tribut religieux; là, une fête pompeuse est préparée et se célèbre pendant douze jours (1).

Tu pourras faire avec eux le voyage et le tour; tu auras en même-temps tout loisir pendant la solennité d'apprendre ce qui concerne le culte et les mœurs de cette région intéressante, et même d'aller jusqu'au célèbre collége de Meroë. Les initiés de Thèbes y ont de droit leur admission. Profite du temps qui te reste jusqu'à l'époque de cette marche sacrée pour voir Thèbes. Les monumens de cette ville la plus ancienne du monde, tiennent le premier rang après ceux de la nature qui leur ont servi de règle et de modèle.

§. LXXXII.

Topographie de Thèbes.

Je parcourus cette cité, qui offre à chaque pas une merveille de l'art. Ce n'est point qu'il y ait beaucoup de luxe dans l'intérieur des maisons particulières et sur leur façade. Les Thébains d'Egypte n'ont point voulu franchir le cercle assez étroit de ce qui n'est qu'utile. Thèbes avait plus d'éclat, du temps qu'elle était la métropole de toute l'Egypte. Memphis qui lui enleva cette gloire, ne put la dépouiller de ses belles murailles, qui n'ont rien de comparable que les remparts de Babylone; ni de ses su-

---

(1) Diod. sic. I. cap. 2. *bibl.*

perbes écuries (1) aux cent portes et d'une capacité assez vaste pour contenir vingt-mille coursiers; ni de ses temples dont un seul pourrait loger les habitans de toute une ville; ni de ce navire (2) d'or, d'argent et de cédre et long de trois cents coudées, que Sésostris consacra aux Dieux, à son retour de ses conquêtes lointaines; ni du fameux tombeau astronomique d'Osimandias aussi beau et plus utile que le labyrinthe de Mœris. Les ruines seules de tous ces édifices suffiraient à la construction (3) de plusieurs autres dont on admirerait encore la magnificence. Je visitai les quatre principaux temples.

A l'entrée de chacun d'eux, des femmes me pressèrent d'acheter d'une certaine poussière, laquelle mêlée aux breuvages ordinaires, chasse la tristesse et calme la colère (4). Ces Egyptiennes me dirent pour me déterminer: la belle Hélène (5) s'en trouva bien.

Dans cette composition il entre du pavot (6), cultivé avec autant de soins que de succès sur le territoire de Thèbes.

Le vestibule de l'un de ces temples est annoncé par deux superbes obélisques (7) hauts de six-vingt coudées ou cent-quarante-huit

---

(1) Diod. sic. tom. I. lib. 11. *bibl.*
(2) Diod. sic. *eod. loco.*
(3) Ce qui arriva en effet. Diodore nous apprend que Cambyse, après avoir incendié Thèbes, en fit transporter les débris dans ses états, pour en construire les palais de Suse, Persépolis, etc.
(4) Diod. sic. *bibl.*
(5) Homer. *Odyss.*
(6) Voy. *Papaver ex antiquitate erutum.* 1713. in-4°.
(7) On dirait aujourd'hui *aiguilles.*

palmes ; c'est un monument de Sésostris (1) ; monument (2) de vanité qui n'a point élevé les sciences d'une seule palme de plus.

J'observai que les murailles de la plupart des temples thébains sont inclinées, ainsi que les commencemens d'une pyramide.

Le plus ancien des temples n'a pas moins de treize stades d'étendue, et quarante-cinq coudées d'élévation. Le nombre des tombeaux des rois et leur riche construction ne le cèdent qu'aux obélisques. On me montra le lieu de la sépulture des femmes de Jupiter-Ammon ; du moins c'est le titre que le peuple mal instruit, sans doute, donne à un très-vieux édifice qui a perdu de ses ornemens, mais dont la masse semble pouvoir durer autant que le Soleil en l'honneur duquel il fut érigé ; il est composé de douze corps de bâtiment qu'une tradition presque perdue et que j'ai eu peine à recueillir et à démêler au milieu de beaucoup de fables, désigne sous le titre des douze domiciles du Soleil. Dans chacun d'eux, dit une chronique égyptienne, Jupiter passait un mois entier et y laissait des gages de sa fécondité.

Et c'est ainsi que les traditions de la terre ont défiguré les plus beaux phénomènes du ciel : ne pouvant s'élever jusqu'à ce premier astre, les peuples ont voulu le ravaler jusqu'à eux ; ils ont indignement travesti en aventures galantes et immorales le cours majestueux et régulier du bienfaicteur du globe.

---

(1) Diod. sic. *bibl.* I. Strab. XVII. *geogr.* Amm. Marcell. XVII. *in*-4°.

(2) *Structas moles*, dit Tacite, en parlant du voyage de Germanicus à Thèbes.

Il n'y a que les prêtres jeunes encore qui se trouvent bien de cette croyance populaire. Représentans de leur Dieu, ils usent de tous ses droits avec les femmes thébaines que la piété conduit dans leurs bras, au sein des ténèbres religieuses. La religion a fait bien des outrages à la vertu.

Cet édifice hiéroglyphique le cède, pour la beauté, au superbe observatoire qui porte le nom d'Osimandias, et que je rencontrai à dix stades de clôture du premier.

Le vestibule, bâti de pierres de plusieurs couleurs, est haut de quarante-cinq coudées.

C'est-là que je lus, gravée sur un pilastre, une imprécation (1) ainsi conçue : « malédiction sur la mémoire de celui qui, le premier, introduisit, en Egypte, le luxe de la table! »

Ce monument a près de deux siècles (2).

Je passai ensuite dans un péristile de forme quadrangulaire-équilatéral. Des sphinx d'un seul bloc de pierre, et grands de seize coudées, lui servent de colonnes. Des cubes de pierres de dix-huit (3) coudées, composent le plafond, semé d'étoiles peintes en or sur un fond bleu. L'or n'a rien perdu de son éclat.

A la suite, est un second vestibule, décoré de statues colossales. J'y reconnus tous les objets dont m'avait entretenu le prêtre de Canope à mon entrée en Egypte.

Un autre péristile encore, ouvre passage par sept portiques immenses dans une espèce d'amphithéâtre profond, et porté sur de hautes

---

(1) Diod. sic. *bibl.* I.
(2) Vers l'an 770 avant l'ère commune.
(3) Diod. sic. liv. I. sect. 2. *bibl.*

colonnes. Là, sont représentés avec plus de naturel que d'art, beaucoup de spectateurs, attentifs aux décisions de tout un sénat, composé de trente juges. Leur chef a les pieds ensevelis au milieu d'un amas de volumes poudreux. A son cou est suspendue une image de la vérité, fermant les yeux. La matière de toutes ces figures, plus grandes que le type humain, est un bois aussi dur que la pierre, et noirci par le temps.

Plus loin, dans deux constructions séparées, sont placées les représentations des principaux Dieux de l'Egypte, et des animaux qui leur servent d'attributs. Enfin, je pus examiner cette fameuse couronne d'or de trois cent soixante coudées de circonférence, consacrée au soleil.

Ce qui dans ce palais, me causa quelque répugnance, ce fut de hauts et lourds pilastres ayant pour chapiteaux deux têtes de femmes (1) accolées l'une à l'autre, et paraissant ployer sous le poids de l'édifice dont elles portent le faîte. La vue de pareils objets est pénible. je n'aime pas cette image permanente de la servitude. Je souffrirais d'y voir des têtes d'animaux. Les artistes devraient s'interdire toute composition qui tend à dégrader l'homme à ses propres yeux; pourquoi une nation qui se respecte souffre-t-elle sur ses monumens publics, des décorations flétrissantes, et aussi contraires aux lois de la nature qu'aux régles du goût?

Un autre monument dédié encore au soleil, attira mes pas à l'orient du Nil sur sa rive oc-

---

(1) Diod. sic. *bibl.* I.

cidentale; c'est la statue de *Memnon* (1), qui fait entendre un bruit harmonieux et gai, quand il est frappé des premiers rayons du soleil. On attribue cet effet à la coupe de la pierre de ce colosse. J'y revins le soir; un son lugubre sortit en effet comme on m'en avoit prévenu, du creux de cette même statue, qu'on croirait sensible à l'absence du père de la lumière. Je me présentai au *Memnonium*; on désigne ainsi un superbe temple voisin, dont Sérapis est le Dieu. Les prêtres me reçurent avec beaucoup d'égards, à la vue de l'hiéroglyphe des initiés, que j'eus le soin de leur montrer; il me firent passer dans le sanctuaire après avoir traversé plusieurs cours spacieuses et plusieurs avenues de colonnes. Les murailles du fond sont chargées d'ouvrages de sculpture (2), dans le style adopté depuis par les Étrusques. Je m'informai à l'un de ces pontifes, du méchanisme de la statue de Memnon; je ne puis m'adresser mieux, lui dis-je. Il me répondit, en souriant: « On (3) nous fait honneur d'un pieux artifice dont nous sommes innocens. Toute la gloire en est au génie de l'architecte, plus savant que les autres dans les sciences naturelles. Le culte du soleil, dont nous sommes les ministres, peut se passer de cette ressource; mais il ne la désavoue point; et nous n'avons pas à en rougir, comme des sacrifices humains. Il se peut même que l'idée de faire rendre par une statue un hommage verbal au Dieu de la

---

(1) Euseb. Syncell. *chr.* Jablonski. *panth. égypt.*
(2) Strabo. lib. XVII. *geogr.*
(3) Strabo. *geogr. eod. loco.*

lumière,

lumière, soit due à nos prédécesseurs, lors de la consécration de ce temple. Depuis plusieurs siècles, l'étude de la nature a son sanctuaire dans nos retraites souterraines. Nos ayeux étaient familiarisés avec les grands phénomènes ; ils savaient quel parti on peut tirer de l'athmosphère raréfiée (1), et de la dilatation des solides, causée par la chaleur. Ils calculèrent en même-temps les effets que devaient produire sur l'esprit des peuples, ces sons semblables à ceux de la lyre, sortis de la bouche d'un colosse de pierre, échauffé par le dieu du feu.

Illustre initié ! tu ne saurais te peindre l'enthousiasme religieux de toute une multitude rassemblée autour de la statue de Memnon, lors d'une grande solennité. On s'accoutume aux prodiges, quand ils se répètent tous les jours ; la sublimité du tableau de la nature au lever du soleil, n'a plus rien que d'ordinaire à des yeux qui en jouissent chaque matin : pour ramener les hommes blâsés au culte de la nature, nos ancêtres crurent nécessaire d'avoir recours à l'art. Prévenue de ce qu'elle va entendre, la foule épie, dans un pieux silence, le moment où le grand astre doit se montrer. Elle l'appelle ; elle convoite sa présence, comme si elle ne l'avait jamais vu. Enfin, il paraît ; le peuple est dans l'attente ; il partage ses regards entre la voûte du ciel et la tête de Memnon. Il suit toutes les gradations de la lumière. Son imagination s'allume aux premiers feux du jour. Chacun des assis-

---

(1) *Traité de l'usage des statues chez les anciens.* ch. XV. in-4°.

tans veut recevoir sur sa personne l'influence bénigne des rayons solaires. La statue en est inondée, elle s'en pénètre. Une fois échauffée, quelques sons se font en effet entendre (1). La lyre d'Orphée, bien autrement harmonieuse, ne produisait pas des sensations aussi rapides. La multitude ravie, se prosterne pour adorer le grand Sérapis ; puis, elle remplit les airs de l'hymne du matin, dont les premiers mots ont été prononcés par la statue elle-même ; du moins, on le croit ainsi. Les spectateurs s'en retournent remplis des merveilles de la nature divinisée, à laquelle des pierres même rendent hommage. Ce rit sacré vaut bien sans doute l'effusion du sang de quelques animaux laborieux et paisibles. Il élève l'ame, en frappant les sens ; il faut aimer une patrie dont le sol est le théâtre de tant de merveilles. Le peuple, que l'oisiveté dégraderait entièrement, se livre aux plus rudes travaux, sans murmurer, jaloux de la gloire qui rejaillit sur ses aïeux, auxquels il est redevable de tous ces temples, de toutes ces statues : une noble émulation s'empare des vivans, à la vue des chefs-d'œuvres des morts ; et voilà pourquoi aucune contrée n'abonde en monumens sublimes et durables comme la nôtre.

Les bras du peuple, bien dirigés, pourraient fabriquer un monde. Mais pour cela, il faut savoir lui inspirer un noble orgueil, une grande confiance en lui-même. Les habitans de l'Égypte

---

(1) ... La statue du roi Memnon tous les jours craque au soleil levant, sentant les rais d'icelui.
Dit Pline, *hist. nat.* XXXVI. 7. dans la langue de Dupinet.

ont des droits à leur propre estime, et à celle des siècles à venir. C'est ce sentiment que nous nous faisons un devoir d'entretenir : tant qu'il ne sera pas éteint chez nous, nous serons le premier peuple de l'univers.

PYTHAGORE. Prêtre de Memnon, je le pense ainsi que toi. Ceux qui gouvernent le peuple ne savent pas tout ce qu'on en peut tirer. Mais ce n'est pas en ne lui faisant remuer que des pierres. Ne pourrait-on pas le rendre laborieux, et instruit tout-à-la-fois ?

LE PRÊTRE DE MEMNON. Alors, il ne lui faudrait plus de statues parlantes.

PYTHAGORE. Ni de prêtres ou d'architectes pour les faire parler.

Les prêtres du *Memnonium*, ou plutôt du *Serapium*, me promenèrent dans toutes les parties de cette construction sublime et digne du grand astre, auquel elle est consacrée. Les statues colossales y sont multipliées, comme si ce n'était que des bustes rangés avec symétrie dans le muséum d'un homme d'étude. Presque toutes ces figures gigantesques tiennent à la main une clef, au bas de laquelle est attaché le phalius, dans les proportions des autres objets de ce temple.

Il est à remarquer que les hommes les plus petits de leur espèce sont ceux qui donnèrent à leurs monumens les plus hautes proportions. Le peuple d'Egypte semble vouloir tenir une réponse toute prête aux nations mieux conformées, qui hasarderaient de jeter sur lui un regard méprisant. Un autre sentiment d'orgueil a pu encore le diriger, principalement dans la représentation du *phallus*; il paraît s'être dit : « Si la nature nous a traités en marâtre, quant aux formes extérieures ; apprenons que cette bonne mère a bien su nous en dédommager ».

A travers une forêt de colonnes aussi élevées que les plus grands arbres, on me fit pénétrer dans un nouveau sanctuaire éclairé d'un jour doux, et fermé par une draperie.

Derrière ce voile, me dit un prêtre, une vierge consacrée au Dieu de ce temple, lui sacrifie ce qu'elle a de plus cher et de plus précieux. Ce dévouement lui procure un hymen avantageux ; elle n'est embarassée que du choix parmi les aspirans à sa main...

PYTHAGORE. Quoi !... il se peut....

LE PRÊTRE. Ce pieux usage t'étonne. Dans les temps reculés, il n'en coûtait que la vie à la victime. C'est en commémoration de l'ancien usage, qu'après avoir satisfait à son vœu, et avant d'en recevoir le prix dans les bras d'un époux fier de la posséder, nous célébrons ses funérailles (1).

PYTHAGORE. Dites-moi, je vous prie, prêtres de *Sérapis-Soleil* (2) ! qu'a de commun ce rit tout au moins étrange, et digne des ténèbres, avec l'astre du jour ? Ne suffisait-il pas de retracer l'image de l'organe générateur : pourquoi ne pas s'en tenir au symbole et passer à la réalité ?

LE PRÊTRE. On a dû déjà te le dire : on ne rend point raison des usages. C'est beaucoup, quand on peut en modifier les abus. Préférerais-tu voir couler le sang d'une vierge, jeune,

---

(1) Strabon. liv. XVII. *geogr.*
(2) Voy. une *dissertation* curieuse *sur le dieu Sérapis*. 1760. Amsterd.

belle et pure ? L'imagination sanctifie ou dégrade ; la jeune fille qui passe de ce temple dans la couche d'un mari, y sera l'exemple des épouses vertueuses et des mères sages.

Pythagore. J'aime à le croire ! mais convenez que pour arriver à la fidélité conjugale, vous lui faites prendre un détour dont tout le monde ne s'accommoderait pas.

Le prêtre. Tu juges de cela en étranger.

Pythagore. Les saintes mœurs, ce me semble, devraient être de tous les pays.

Le prêtre. Mais, illustre initié, tu as eu les honneurs de la pompe sacrée du phallus. Tu as partagé son culte que Mélampe (1) s'est empressé de porter jadis d'Egypte en Grèce. Ce qui se passe derrière notre sanctuaire n'en est qu'une suite. Le dieu *Nud* (2) a des autels dans les trois mondes.

Pythagore. Tout cela ne justifie point la pratique religieuse et révoltante de ce lieu saint.

Le prêtre. Nous n'avions à choisir qu'entre deux excès.

Pythagore. Par tout, on me tient ce langage. Eh bien ! puisque vous êtes parvenus à détruire le plus grand de deux excès ; que ne faites-vous un deuxième effort ! Et c'est ainsi que peu-à-peu vous reconcilierez la religion avec la sagesse.

Le prêtre. Mais le peuple qui tient à ses usages, quand ils sont sanctifiés...

---

(1) Hérodot. II.
(2) Selon Eusebe et Diodore, non-seulement les Egyptiens, mais aussi plusieurs autres peuples, avaient une vénération sacrée pour les parties de la génération.

Pythagore. Que lui revient-il des jouissances obscures et ténébreuses que vous vous permettez ? La multitude n'y est point intéressée...

Le prêtre. Puisqu'elle ne le trouve pas mauvais....

Pythagore. Ni vous, non plus....

Le peuple afflue dans ce temple par douze portiques égaux en dimensions. Je mesurai celui qui regarde l'occident ; les prêtres m'ont dit que les parois avaient près de quarante palmes d'épaisseur, pris dans les fondemens. Large de trente, il en a plus de cinquante d'élévation. L'architecture nue d'ornemens symboliques, est d'une belle simplicité et probablement a servi d'origine à l'ordre des Toscans. Précédé d'une longue avenue de sphinx, ce portique donne entrée dans une vaste cour fermée par deux larges terrasses chargées chacune d'une colonade. Chacun des portiques présente les mêmes accessoires ; et ces bâtimens ne sont pas encore le temple qui les efface tous. Comment a-t-on pu trouver assez de pierres et assez de bras pour édifier ces masses dont la vue imposante fatigue et accable l'imagination ?

La voûte (1) ou pour parler plus juste, le plafond est soutenu par dix-huit rangs de colonnes, dont plusieurs ont au-delà de vingt palmes de tour, et soixante-dix de hauteur. Excepté celles du sanctuaire, toutes les murailles sont enrichies de sculptures, les unes creuses, les autres en relief. Les premières sont des hiéroglyphes historiques ; les secondes offrent dif-

---

(1) Quelques savans refusent aux Egyptiens l'art de construire des voûtes.

férentes représentations de personnages astronomiques. Sur un pan de mur exposé au midi, on a figuré une nef conduite par des nautonniers (1); Osiris tout rayonnant est debout au milieu. Les Grecs, me dit à ce sujet un pontife du lieu, pour déguiser leurs larcins, ont fait monter leur Apollon dans un char attelé de quatre coursiers. Si cette copie prête davantage au talent des artistes; elle n'offre pas la justesse de l'original. Il est certain que l'air est un fluide où le Soleil surnage et vogue avec majesté. Nous nous piquons d'être fidelles aux convenances, au risque de mettre moins de grâces dans nos compositions. Nous n'avons pas seulement l'intention de plaire à l'œil oisif ou curieux : nous voulons encore jusque sur nos murailles muettes parler à l'entendement et lui offrir des objets instructifs. Nous voulons, surtout, imprimer à nos institutions politiques et sacrées un caractère aussi grand que le sujet qui leur sert de base et de type ».

Je demandai ce que signifiait un rouleau de papyrus suspendu à la voûte du temple avec un fil rouge (2).

Il me fut répondu : « c'est le rituel de nos cérémonies religieuses, qu'un épervier (3) nous apporta un jour sur un rayon du Soleil. En mémoire de cet événement, nous portons sur nôtre tête une plume (4) d'épervier assujettie par une bandelette écarlate. Ce livre (5) saint,

---

(1) Macrob. *saturn.* Mart. Capella. II. *philol.*
(2) Blanchard. *Acad. inscript.* tom. XIII. *in-12.* p. 52.
(3) Ou faucon. Diod. sic. I. 2. *bibl.*
(4) Pierius. *art. Osiris.*
(5) *Les Dieux fétiches* du présid. Desbrosses. p. 262.

tombé du ciel en terre, est presqu'aussi ancien que la voûte sacrée à laquelle il reste suspendu.

PYTHAGORE. Je m'en doute. Vous l'ouvrez donc peu souvent?

LE PRÊTRE. Très-peu. Nous le savons par cœur.

PYTHAGORE. Je le pense bien. Et dans quelle langue est écrit ce livre tombé du ciel en terre?

LE PRÊTRE. Il est tout en hiéroglyphes.

PYTHAGORE. Cela est commode pour vous.

LE PRÊTRE. Et imposant pour les autres. Nous faisons jurer, sur ce livre, entre nos mains, le chef même de l'empire.

PYTHAGORE. Mais il a le mot du serment.

LE PRÊTRE. Il n'en est pas moins lié pour cela. Malheur au prince qui se joue du culte!

PYTHAGORE. Il vaudrait mieux, n'est-ce point, qu'il se jouât de la justice.

Voici, continua le même pontife, des édifices moins considérables; les uns nous servent de demeure; les autres sont celles des animaux sacrés; nous tenons nos bienfaiteurs rapprochés de nous. La reconnaissance, autant que la commodité du service, nous en faisait un devoir.

Suis-nous (continua-t-il) sous cette galerie plus obscure qui nous sert de tombeaux. Un de nous vient de payer son tribut à l'humaine nature: initié! honore ses funérailles de ta présence.

Le cadavre du pontife subalterne défunt, aromatisé déjà, n'était pas encore dans ses langes. Une large bandelette de lin, longue d'un grand nombre de coudées, fut déroulée sous mes yeux. Un ami du mort, chargé de ses dernières volontés, prit un pinceau et traça sur cette toile trempée dans une gomme plusieurs lignes d'un caractère particulier offrant des espèces de lettres rondes, droites, inclinées. C'est l'écriture sacerdotale interdite au vulgaire. Elles indiquaient le nom, la qualité et les vertus du prêtre qui avait cessé de vivre. Au milieu de cette bande historique, on peignit d'un simple trait une figure humaine à la ressemblance du pontife. On le représenta à genoux (1), l'index de la main gauche posé sur sa bouche entr'ouverte ; la main droite élevée et tendue vers un cercle d'où partaient plusieurs rayons divergens. Cet hiéroglyphe semblait dire que l'auteur qui en donna le dessin, ne reconnaissait pour divinité que le Soleil.

La momie fut couchée ensuite dans sa tombe de sycomore, et dressée contre la muraille, pour faire suite à beaucoup d'autres.

Je remarquai avec peine, mais sans trop de surprise, que les prêtres donnèrent peu de regrets à la perte de leur compagnon. Ils chantèrent l'hymne funèbre avec plus d'harmonie que d'attendrissement. Je me hasardai de communiquer mon observation à l'un d'eux. Il me répondit froidement :

L'ame d'un prêtre est au-dessus de ces affections communes de la nature.

PYTHAGORE. En effet, il est si loin d'elle !

LE PRÊTRE. Il ne serait pas décent qu'on vît un prêtre rire ou pleurer.

PYTHAGORE. Sans doute ; puisqu'un prêtre n'est plus un homme.

A peine sorti de cette enceinte immense, peuplée de prodiges, j'entrai dans une autre

---

(1) *Journal de Trévoux*, juin 1704.

où je rencontrai à chaque pas les mêmes sujets d'étonnement et d'admiration. Plusieurs fois je fus obligé de m'arrêter, et penché sur une colonne de fermer les yeux pour soulager ma vue et me rendre compte d'une partie de tant de merveilles. Je me trouvais affaissé et incapable de ne plus rien voir, parce que j'avais trop vu. Il me restait pourtant encore à parcourir toute la partie occidentale de Thèbes. A mille pas de la ville, dans un vallon s'offrirent à moi ces grottes dont on parle tant; elles sont pratiquées dans des roches; après avoir servi de retraite et de temples aux premières émigrations éthyopiennes sur les bords du Nil, elles parurent aux premiers rois propres à renfermer leurs tombeaux. On voulut me persuader que ces galeries se prolongeaient dans une espace incalculable ; on m'ajouta : elles sont si profondes, que plusieurs berceaux passent sous le lit même du Nil. Ces cavernes contiennent autant de merveilles qu'il s'en trouve sur le sol qui les recouvre; le ciseau y a prodigué sur les sarcophages des monumens nombreux qui échapperont plus long-temps encore que les autres, aux ravages des années. Ces voûtes sont peintes avec soin ; on y voit un ciel semé d'étoiles d'or, presqu'aussi scintillantes que leurs modèles. On y a représenté aussi quantité d'oiseaux sous les couleurs qui leur sont propres. Ces nuances sont ineffaçables ; car elles semblent n'avoir été appliquées que depuis plusieurs jours ; et elles comptent déjà plusieurs siècles. Toute l'histoire des rois de Thèbes, et même, m'a t-on dit, des temps antérieurs, s'y lit, écrite en style symbolique dont les prêtres seuls ont la véritable signification. Je prévois que cette réserve de leur part hâtera l'inconvénient qu'ils pretendent éviter. Jusqu'à ce moment, ils ont sçu conserver intacte la tradition des faits ; mais n'ont-ils pas à craindre une invasion qui en les dispersant ou même en les immolant à la fureur brutale d'un conquérant étranger, rompra ce fil précieux, et privera l'univers des sages documens de leur morale et des leçons utiles de l'histoire ?

J'eus le temps encore de visiter la fameuse carrière de granit (1) qu'on appelle en Italie, *pierre de Thèbes*, et qui pour la dureté, ne le cède point au porphyre. C'est des entrailles de cette carrière qu'ont été extraits les obélisques d'Héliopolis.

Je revins aux tombeaux de Thèbes. Chacun d'eux est creusé dans chacune des roches immenses isolées, qui servent comme de termes au territoire de la ville. J'examinai de nouveau l'intérieur de ces monumens funèbres ; parmi les ornemens sans nombre, je distinguai beaucoup de têtes humaines, soutenues par des ailes de chauve-souris. Ces hiéroglyphes sont sculptés et peints tout-à-la-fois.

Remonté sur la terre, je visitai d'autres temples, dont chacun d'eux, avec les espaces vides qu'il renferme, et les édifices annexés, occupe une étendue de mille pas.

Que de bonnes terres perdues dans une région où le boisseau (2) de froment pèse vingt livres et dix onces.

Que de travaux, mes chers disciples ! si la

---

(1) Kircher. *obelisc. pamph.* p. 48, 49.
(2) Plin. *hist. nat.* XVIII. 7.

nature les eût imposés à l'homme, il se serait cru bien malheureux et trop châtié. Elle ne nous fait pas payer le bonheur si cher. L'homme ne met-il un grand prix qu'à ce qui lui coûte de grandes fatigues?

Quelques jours après ce voyage dans les environs de Thèbes, réfroidi un peu de mon admiration pour toutes les belles masses d'architecture qu'ils m'offraient à chaque pas; les mettant de côté pour ne m'occuper que de l'heureuse situation de la ville aux cent portes, je ne pus m'empêcher de hasarder sur elle quelques réflexions amères : cette cité antique est placée de manière à entretenir des relations naturelles avec les contrées les plus opulentes de l'univers. A sa gauche elle a toute la vallée du Nil, l'endroit de l'Egypte le plus fertile, le plus favorable par conséquent à une population rapide. A sa droite est un vaste canal de mer, communiquant à l'Inde, tandis que le Nil lui sert de fil pour nouer l'Ethiopie à une autre mer, bassin commun aux trois mondes : comment Thèbes réunissant les avantages du sol à tant d'autres rassemblés dans ses murs, a-t'elle pu se voir éclipsée par Memphis? Cette Thèbes (1), la plus riche cité de la terre, quand elle était la contemporaine de Troye ; cette Thèbes, qui dans les premiers temps donna son nom (2) à l'Egypte entière; qui, sous Sésostris, comptoit jusqu'à trois millions d'habitants, dont sept cent mille (3) en état de marcher aux armées...

---

(1) Homer. *Iliad*.
(2) Herodot. II.
(3) Tacite. *hist*.

Un seul homme fut la cause de sa décadence. Le matin, à son lever, un monarque dit à ses courtisans : « Je crois le séjour de Memphis plus sain ». Cette simple observation a suffi ; en peu d'années la ville de Thèbes, devenue veuve de son roi, est tombée dans l'oubli ; on fait peu de cas d'elle. La sagesse de ses prêtres lui attire quelques amis ardens de la vérité ; la foule se porte à Memphis autour du trône.

D'où je conclus, mes chers disciples, que la science des politiques n'est pas moins conjecturale, pas moins caduque que les autres. Je frémis, et j'ai honte, quand je réfléchis qu'un individu sans talens, sans vertus, sans efforts, pèse à lui seul plus que des millions de ses semblables, et n'a besoin pour les déplacer et les entraîner là où son caprice le porte, que d'être assis sur un siége un peu plus haut. Cette réflexion accable. En la faisant, je rougis et me console de cesser bientôt d'être homme.

§. LXXXIII.

Pythagore assiste à l'Héliotrapèze.

On m'annonça enfin la députation éthiopique. Je me rendis dans le temple de Jupiter Ammon, pour me trouver à l'arrivée des gymnosophistes. Zonchis m'accompagna pour me recommander lui-même au chef de la pompe sacrée. Elle était nombreuse. Une bonne partie des prêtres du collége de Méroë se trouvait à cette marche sainte. On eût dit autant de monarques. Chacun d'eux porte un sceptre *aratri forme* (1), et sur la tête un diadême, qui retrace une vipère repliée en elle-même ; hiéroglyphe de la durée de leur doctrine et de leur empire sur l'esprit du peuple. Ils sont vêtus dans le goût des moissonneurs de l'Attique (2). Ils portaient au milieu d'eux, sur leurs épaules, dans un brancard tissu de roseaux pris aux sources du Nil (3), un petit temple d'or, et vide, arche carrée-longue, à huit faces, qu'ils appellent *cosmaterion* (4) ; les portes en étaient ouvertes pour recevoir le Dieu qu'ils venaient chercher.

Les prêtres de Thèbes s'empressèrent en effet d'accueillir ceux de Meroë, et, conformément à l'antique usage, amenèrent aussitôt le simulacre de Jupiter Ammon, qu'ils voulurent placer eux-mêmes dans le temple portatif, en présence d'une foule de peuple.

Ce cérémonial, un peu vague à dessein pour n'offenser personne, plaçait un doute dans l'esprit du spectateur étranger aux deux nations. L'Egypte reconnaissait-elle avoir reçu ses Dieux de l'Éthiopie, ou celle-ci de celle-là ? Tout se passa paisiblement, comme de coutume : en fait de croyances, le peuple n'y regarde pas de si près.

On prit du repos le reste du jour et la nuit entière. Dès l'aurore suivante on tourna ses pas du côté de l'Ethiopie, et je fus admis volontiers du cortége.

La veille du départ, il fut procédé à une

---

(1) Qui a la forme d'un soc de charrue.
(2) Philostrate. *vie d'Apollonius*. VI.
(3) Eustat. *Iliad*. A. p. 128. Herodot. II. 63.
(4) Dom. Martin, *monum. singuliers. in* 4°. p. 157.

cérémonie religieuse (1), dont la bizarrerie apparente produit toujours son effet sur l'esprit de la multitude. On égorgea un bélier; on le dépouilla de sa peau, qui, toute fumante, fut placée sur la statue de Jupiter Ammon; mais de sorte que la tête de l'animal immolé pût servir de coiffure au premier des Dieux. Puis on alla prendre dans son tabernacle, le simulacre d'Hercule, qu'on exposa en face de celui de Jupiter. Après avoir laissé quelque temps ces deux divinités en présence l'une de l'autre, on les replaça chacune sur son autel, au milieu d'un double nuage d'encens, et au bruit des hymnes.

Quelle origine et quel but assigne-t'on à ce cérémonial ? Le voici, me dit un homme du peuple :

« Depuis bien des années, le grand Hercule désirait ardemment contempler Jupiter face-à-face. A force de supplications importunes, Jupiter s'avisa de ce moyen pour ne point refuser Hercule, et en même-temps pour ne pas le contenter tout-à-fait. Il se métamorphose en bélier, et s'offre ainsi à ses regards curieux; car jamais mortel n'a pu voir un Dieu impunément ».

Peu satisfait de cette explication, je m'adressai à des prêtres, qui ne surent me dire autre chose, sinon que c'était vraisemblablement les restes, étrangement défigurés, d'une ancienne tradition astronomique. Le seul fruit qu'on en retire est de suspendre le meurtre des béliers pendant tout le mois dans lequel tombe cette fête. le peuple s'abtient de

---

(1) Herodot. II. 42.

la chair de l'animal, en mémoire de cette aventure pieuse, qui coïncide avec celle du bélier du désert.

PYTHAGORE. Quelle est cet autre incident ?

LE PRÊTRE. Hercule (1) traversant les sables de la Libye, se sentit travaillé d'une soif ardente. Il s'adresse à Jupiter. A peine sa prière achevée, un bélier apparaît à lui, frappe de sa corne le sable brûlant, et du coup fait jaillir une source d'eau fraîche. C'est l'une des origines du temple, du culte et de l'oracle d'Ammon. Initié ! es-tu plus satisfait ?

PYTHAGORE. Guères davantage : mais il faut bien me contenter de ces veilles traditions, qui récouvrent sans doute d'antiques vérités, dont vous-mêmes, pontifes de Thèbes, avez perdu la trame.

LE PRÊTRE. Si les causes se sont dérobées à la mémoire des hommes, les effets subsistent.

PYTHAGORE. Et c'est assez pour vous.

Je reprends mon voyage d'Éthiopie. On ne choisit point la route la plus courte, mais la plus douce; on remonta le Nil. Nous aperçûmes assez fréquemment de loin, des crocodiles étendus sur la plage, et endormis aux rayons brûlans du grand astre ; mais ils ont le sommeil trop léger pour se laisser surprendre. Ils n'attendirent pas nos nacelles pour se soustraire à tous les yeux, au fond des eaux. Nous n'avions rien à redouter; le premier des Dieux était notre compagnon de voyage. Nous naviguâmes devant le port de Latopolis sans y mouiller, et nous eûmes un vent favorable pour franchir le parage redoutable de la grande

---

(1) *In* IV. *AEneid*, Servius. Diod. sic. *bibl.* IV. ch. 157.

ville

ville d'Apollon. Le Nil, resserré par les montagnes voisines qui semblent vouloir lui disputer le passage, est plus rapide ici qu'ailleurs. Nous n'eûmes pas de peine à signaler la ville d'Ombos; les approches sont infestées de nombreux troupeaux de crocodiles. Ces quadrupèdes amphibies multiplient d'une manière effrayante. Cependant, ils n'abusent pas de l'impunité où la supertition des habitans du pays les laisse. Enfin, nous aperçûmes l'île Eléphantine, faisant face à Syené, dernière ville d'Egypte, et qui lui sert de limite. On y rend un culte au *phagre* (1), poisson fort vorace, regnicole du Nil; il purge ce fleuve d'une trop grande population.

De Canope à Syené, on compte cinq mille stades (2), ou six cent vingt-cinq mille pas; et trois mille stades de Syené à Meroë (3). J'avais parcouru soixante schesnes pour arriver de Thèbes à Syené. En Egypte, tout se mesure.

J'allai voir le nilomètre, établi dans le temple même de Cnef, et près d'un bois de palmiers.

Je visitai aussi la citerne au fond de laquelle le soleil plonge tout entier, au milieu du jour du solstice, quand il passe au huitième degré du signe de l'écrévisse. J'aurais voulu avoir près de moi mon ancien maître Phérécyde.

Il y a de beaux monumens à Syené. (4)

Le Nil fournit à cette ville de bons poissons, et le territoire de mauvaises dattes.

---

(1) Clement Alex. *admon. ad gent.*
(2) Plin. *hist nat.* II. 73. Strabo. II.
(3) Strabo. *geogr.*
(4) Aujourd'hui *Asna.*

Tome II.   R

Les Syenois perdent la vue de bonne heure : les maux d'yeux qu'ils éprouvent fréquemment, ont pour cause les vents enflammés du désert.

A cent stades (1) de ces deux points topographiques, Eléphantine et Syené, est l'île Philé, honorée d'un temple, ou plutôt de la sépulture d'Osiris et d'Isis. On y fait chaque jour une libation de trois cent soixante coupes de lait, qui n'est pas perdu pour les hommes ; il coule et se perd dans des vases cachés, à l'usage des pontifes subalternes. Ce rit est accompagné de gémissemens sur le trépas des deux fondateurs du peuple égyptien.

On y adore aussi l'aigle (2). Ce puissant volatile est plus grand et a l'œil plus vif dans cette île, que par toute l'Egypte. On le prend quelquefois pour le phénix. Rarement il se laisse voir à ses adorateurs. Il sert d'emblême (3) au soleil. Mes chers disciples, ajoutons : et au sage.

Là, commence l'Ethiopie, aux environs de la petite cataracte, terme de notre navigation : tout y était préparé pour nous recevoir. Nous étions attendus avec une sainte impatience.

Une longue table, dite *la table des Dieux* ou *du Soleil* (4), dressée sur le rivage, offrait ce que les deux états limitrophes produisent de plus exquis. Les convives, très-nombreux, furent si promptement et si abondamment servis, que le peuple put croire en

---

(1) Heliod. VIII. *hist. aethiop.*
(2) Strabo. lib. XVII.
(3) Porphyr, dans Eusebe, *praepar. evang.* III. 4. L'*Œdipe* de Kirker. tom. III.
(4) *Héliotrapèze.* Voy. l'*Iliade* d'Homère. liv. I.

effet à quelque chose de surnaturel (1). Il n'y a que les Dieux, s'écriait-il, capables de dresser ainsi un banquet.

La fête religieuse, qui se solennisa aussitôt notre arrivée, est l'une des plus gaies de l'Egypte. Le lieu destiné à la cérémonie pieuse ressemble bien plutôt à une place de riches marchands, qu'à un sanctuaire ; et quelques soins qu'on prît pour en déguiser l'origine, je pénétrai sans peine que cette pompe sacrée ne fut d'abord qu'un commerce périodique d'échange et en nature; les métaux, signes représentatifs et conventionnels du prix des choses négociées, en sont expressément bannis, sans doute en commémoration de la bonne foi et de la simplicité primitives des deux peuples contractans. Les Ethiopiens sur-tout y apportaient tant de loyauté, qu'on vint à dire, et bientôt même à croire, que Jupiter descend de l'Olympe chaque année, tout exprès pour s'asseoir à leurs banquets, où ils agitent leurs affaires la coupe à la main. Cette tradition a suffi pour motiver la solennité dont je fus le témoin, et qu'Homère a célébrée dans ses poëmes. On sortit le dieu d'Ammon de son temple d'or pour le placer au milieu de la table.

Au pied de cette longue table furent mises d'un côté, les marchandises égyptiennes, de l'autre, celles d'Ethiopie, telles que la myrrhe, l'ivoire, l'or, le *cinnamomum* (2) ; des ra-

---

(1) Herodot. III. Pausanias, *Attic.* Solinus. Pomp. Mela. S. Hyeronimus, *prolog. vet. test.*

(2) Espèce de canelle, ou clou de gérofle. On ne peut affirmer lequel des deux, les Anciens n'ayant laissé sur leur botanique que des notions vagues ou incorrectes.

cines, des gommes, du lin, des bois précieux. Les propriétaires, sans proférer une parole, ajoutaient, retranchaient de part et d'autre; puis, après une libation à Jupiter, qui préside les marchés (1), on changea de place les objets offerts, et l'on passa au festin en chantant des hymnes. On y servit quantité de chairs rôties d'animaux à quatre pieds (2). La joie devint plus vive à la fin du banquet, sans cesser d'être décente, et conserva toujours quelque chose de religieux. On se trouvait en la présence des prêtres de Meroë, qui me parurent jouir d'une considération égale à celle qu'on porte au roi, et même aux Dieux du pays.

Pourquoi cette fête n'est-elle pas celle de tous les jours, et commune à toutes les nations? La vérité perdit à l'invention de l'écriture, par la facilité qu'il en résulta de publier le mensonge; la bonne foi se ressentit de même de la découverte des monnaies. Qui empêche les peuples de répéter, chaque journée, ce loyal commerce d'échange, qui n'a lieu qu'une fois l'an! Ne serait-ce pas parce qu'on en a fait une solennité religieuse? Pourvu qu'on s'en acquitte une seule fois, on se croit dispensé des vertus sociales pour tout le reste de l'année.

Le chef de la pompe sacrée ne sut trop que répondre à cette observation.

PYTHAGORE. Multipliez donc vos fêtes; celles de cette sorte ne peuvent être trop nombreuses.

---

(1) Philostrat. *Apollo.* IV.
(2) Herod. III. *Thal.*

LE GYMNOSOPHISTE. Gardons-nous en bien. Elles finiraient par devenir des jours ordinaires.

PYTHAGORE. En ce cas, la religion est donc impuissante; elle ne produit que des instans de vertu.

LE GYMNOSOPHISTE. La politique n'a guères plus de pouvoir. La loi de Lycurgue (1), touchant les monnaies de sa république, allait à ton but; l'a-t'elle atteint? Les Spartiates en sont-ils devenus plus délicats dans leurs relations commerciales? On les dit au contraire plus âpres encore au gain. Ils convoitent tout l'or, et le territoire de la Grèce entière.

PYTHAGORE. Je ne serai donc marchand que quand l'*Héliotrapèze* sera devenu la table de tous les peuples.

§. LXXXIV.

Voyage à Méroë.

LE chef de la pompe sacrée, beaucoup trop occupé des détails de cette fête pour me continuer ses éclaircissemens, m'adressa à l'un des Gymnosophistes éthiopiens; celui-ci me donna en faisant route, les notions indispensables pour profiter du séjour que je me proposais de faire parmi les gymnosophistes de l'île Méroë (2).

« Vous autres Grecs, me dit-il, qui n'avez pas le temps d'approfondir les choses, contens de les effleurer, vous confondez un peu légère-

---

(1) Plutarch. *V. Lyc.*
(2) Aujourd. *Guerri*, ou *Gueguere*. Delisle, *le géogr.*

ment, ce me semble, la nation éthiopique avec quantité de peuplades errantes, qui, dans leurs courses vagabondes avoisinent de temps à autre notre patrie antique et permanente dans ses limites comme dans ses principes. Les véritables Ethiopiens sont ceux qui habitent près les sources et le long des premiers rivages du Nil. L'Egypte n'a, pour ainsi dire, que les restes des eaux dont nous nous abreuvons, et des sciences que nous cultivons de temps immémorial, bien avant elle. L'orgueilleuse Thèbes n'est qu'une colonie (1) éthiopique.

PYTHAGORE. Elle en fait volontiers l'aveu.

LE GYMNOSOPHISTE. Il est peut-être aussi difficile de découvrir nos premières traces historiques que les eaux premières du fleuve (2) *Abbawi* ou *Siris* (3) *que nous laissons aller à la mer.*

Ces dernières expressions du Gymnosophiste de Meroë sont d'autant plus justes qu'avec un léger travail (4) il ne tiendrait, peut-être, qu'aux Ethiopiens d'arrêter le cours du Nil et le le perdre dans les terres, avant son entrée en Egypte. Aussi parlent-ils ordinairement de ce pays, comme un bienfaiteur de son obligé.

On nous désigne sous plus d'un nom, continua le prêtre. Il en est deux que nous avoue-

---

(1) *Voyage aux sources du Nil*, par J. Bruce. tom. I. *in-4º.*

(2) C'est-à-dire, *père des eaux.*

(3) Autre nom éthiopien du Nil, qui correspond à *junceus*, à cause des joncs qui croissent en abondance sur ses bords.

(4) *Esprit* du P. Castel, *action de l'homme sur la nature*, p. 188., 189. 1763. *in-12.*

rions volontiers : *Atlantia*, (1) *Ætheria*, parce qu'ils portent (permets moi l'expression), une physionomie bien prononcée d'une haute antiquité. On nous a quelquefois peints privés de la tête, ayant la bouche et les yeux placés au haut de la poitrine : Hiéroglyphe épigrammatique dont nous sommes, peut-être, redevables à la basse Egypte. D'autres nous gratifient d'une tête de chien; parce qu'une peuplade voisine s'abreuve du lait de la femelle de cet animal. On a été jusqu'à se permettre de dire que nous avions pour chef un chien (2). Et quand cela serait!.. un chien dressé avec sagesse ne vaudrait-il pas mieux qu'un Sésostris, un Psamméticus ? Il coûterait moins, et ne ferait pas tant de mal...

PYTHAGORE. Ta pensée ne me semble pas déraisonnable.

LE GYMNOSOPHISTE. Quoi qu'il en soit, sans doute que la postérité n'en croira pas toujours les historiens sur leur parole ».

En quittant Syené, pour nous acheminer vers le chef-lieu de toute l'Ethiopie, mon Gymnosophiste voulut bien me continuer ses instructions, il poussa même les bons offices à mon égard jusqu'à me proposer quelques excursions avant de nous rendre à Méroë. Après avoir traversé le territoire des Napatéens, il me mena vers un rocher remarquable par sa structure naturelle; je le crus de loin une forteresse construite dans toute les règles de l'art. Arrivé au pied de cette roche, je ne vis qu'un lieu haut, inaccessible par sa position

---

(1) Strabon. *geog*. Plin. *hist. nat.*
(2) Pline et Plutarque rapportent cette tradition.

et fermé de toutes parts. C'est-là, m'apprit mon guide, que nous déportons les princes de la famille du monarque, que le collége sacerdotal de Meroë estime indignes de vivre dans la société des hommes. Chaque mois on leur envoye la quantité de nourriture proportionnée aux seuls besoins; il n'ont point d'autre châtiment. On l'a trouvé assez rude pour punir des coupables nés au milieu de toutes les superfluités de la cour.

Derrière cette autre montagne qui borne notre horizon, est un petit pays dont le roi a introduit un singulier usage dans son palais. Il mange toujours derrière un voile (1); Personne ne le voit à table.

PYTHAGORE. Ne serait-ce pas afin de passer pour un Dieu? Cependant les Dieux eux-mêmes se nourrissent d'ambroisie.

LE GYMNOSOPHISTE. Plus loin sont les moschophages, qui ne se nourrissent que de la chair des lions. Pour être leur chef, il faut n'avoir qu'un œil (2).

PYTHAGORE. Serait-ce un hiéroglyphe, pour faire sentir l'importance de l'unité de principes et d'action dans un gouvernement?

LE GYMNOSOPHISTE. Dans cette profonde vallée que l'on découvre à peine de la hauteur où nous sommes, habite une peuplade, petit fragment de la grande émigration égyptienne qui eut lieu lors de l'usurpateur (3) Psamméticus. Le régime politique suivi dans cette retraite, mérite d'être cité au voyageur curieux.

---

(1) Job. Ludolfi. *hist. aethiop.* lib. II. *in-fol.*
(2) Solin. XXXIII.
(3) Voy. tom I. de cet ouvrage, p. 328.

Engoués de leur labyrinthe du lac Mœris qu'ils furent obligés d'abandonner, ces bannis volontaires voulurent réaliser autant qu'il fût en eux ce systême social calqué sur celui du Soleil, qu'on avait eu le projet de faire adopter à l'Egypte entière (1). Ils n'ont réuni qu'autant de familles qu'il y a de jours dans l'année ; et chaque famille ne doit être composée que de vingt-quatre têtes (2) de l'un et de l'autre sexe ; c'est le nombre des heures. La population excédente va retrouver le grand corps de l'émigration.

Le sénat est de trois cents soixante-six membres ; ce sont les chefs, ou les plus anciens des familles. Le magistrat suprême de cette petite république, élu par le sort et parmi les sénateurs, ne règne que l'espace d'une journée, assisté par douze magistrats, choisis de la même manière et dans le même corps.

Chaque soir, le sénat agite l'urne ; laquelle perd chaque soir un nom. La veille du dernier jour de l'année, le sénateur qui reste est chef à son tour et sans l'intervention du sort.

Les dénominations de ces différens pouvoirs sont tirées de la chose même. Le sénat s'appelle l'année ; les sénateurs, les jours ; les magistrats, les mois ; le roi, le soleil.

PYTHAGORE. Tout le genre humain distribué ainsi sur la terre par groupes qui n'excéderaient pas dix mille têtes, offrirait-il un tableau moins satisfaisant que celui de ces républiques colossales qui pèsent sur elles-mêmes

---

(1) Voy. ci-dessus, p. 100 de ce volume.
(2) Ce qui donne huit mille sept ^t quatre-vingt-quatre citoyens.

et causent tant de ravages quand elles viennent à se mouvoir et à tomber ?

Le Gymnosophiste. Le spectacle serait d'autant plus agréable que notre petite *République du Soleil* est fort paisible et a les mœurs très-douces.

Nous employâmes plus de cinquante journées à parcourir la distance de Syené à Meroë, grande étendue de terre presque enceinte par les eaux du Nil et de l'Astaboras. Elle a la forme d'un bouclier romain. On l'a dit longue de trois mille stades, large du tiers de sa longueur. La ville qui porte son nom, occupe le centre de la première des sept températures du globe (1). La constellation du chien lui est verticale. Cette capitale de toute l'Ethiopie, pourrait fournir, dans le besoin, plus de deux cents mille guerriers; mais elle se glorifie davantage des quatre cents mille artisans qu'elle entretient, dit-on, pendant toute l'année, grâces au luxe occasionné, sans doute, par la grande quantité d'or et d'autres métaux dont le pays abonde. On y compte plusieurs mines d'or, outre celui que les rivières charient ou déposent sur leur rivage dans le sable.

La presqu'île de Méroë possède aussi des mines de cristal, où l'on rencontre des diamans (2) de la plus belle eau, et qui égalent en volume le fruit de l'aveline.

---

(1) Les Anciens divisaient le monde habité en sept climats renfermés entre autant de cercles parallèles à l'équateur. Le premier passait par Méroë, vers le quinzième degré.
Voy. la *géographie ancienne* de Cellarius. *in* 4°.
(2) Plin. *hist. nat.* XXXVII. 4.

Le diamant des mines d'or de la Macédoine est plus petit que la graine du concombre.

Les femmes, en ce pays, peuvent satisfaire leur amour pour la parure ; et elles en ont peut-être plus besoin qu'ailleurs. Leur sein est d'une forme que les artistes grecs ne prendraient pas pour modèles.

La ville de Meroë paya cher son éclat; elle se vit plusieurs fois en proie au soldat brutal de plusieurs princes plus criminels encore.

L'histoire primitive de l'Ethiopie ne m'offrit rien de satisfaisant ; mon Gymnosophiste m'avoua son insuffisance et le défaut de monumens authentiques. On parle, me dit-il, d'une division de cette contrée en cinquante états monarchiques. Les uns étaient absolus; d'autres se courbaient, assure-t-on, sous le sceptre des femmes.

Pythagore. C'est le plus léger, peut-être: c'est du moins le plus facile à rompre.

Le Gymnosophiste. Quelques-uns n'étaient qu'électifs : et l'on ne pouvait choisir les rois que dans l'ordre des prêtres. Sans doute de cette époque, découle l'opinion de la justice des Ethiopiens, bien avant qu'on pensât à citer la sagesse de l'Egypte. Un peuple attaché à son culte, penché quelquefois à confondre ses prêtres avec ses Dieux. C'est ce qui donna naissance à une tradition qui porte: « Long-temps l'Ethiopie n'eût d'autre divinité que son roi ».

L'inconvénient serait moindre sans doute que de rendre les honneurs divins aux quadrupèdes, aux volatiles ou bien aux légumes (1) de son jardin.

---

(1) Juvenal. *satyr.*

Je ne pus m'empêcher de sourire à ce trait lancé obliquement contre les Egyptiens. Le Gymnosophiste parut ne pas s'en apercevoir, et continua :

L'Egypte, cette fille ingrate qui bat le sein de sa nourrice, ne paraît pas douée d'une bonne mémoire. Nous pourrions demander aux habitans de Memphis et du Delta, où étaient les Egyptiens, quand l'Egypte n'existait pas ?

Il est vrai, bien des siècles se sont écoulés depuis que le territoire de Thèbes, le plus élevé après le nôtre, le premier de tous les lieux où le *Siris* promène le tribut de ses ondes, cessa d'être un marais fangeux, inhabitable. Les eaux du Nil ont continué depuis de couler dans le même sens; on ne les a jamais vues remonter leur cours, et jamais l'embouchure n'a disputé la préséance à sa source. Le sage peuple de l'Egypte a donné au monde le scandale de ce phénomène politique; il nous dispute et réclame la bonté de nos lois. A l'entendre, les pères ont été à l'école (1) de leurs enfans. Nos lois et les siennes peuvent avoir quelques conformités, un air de famille. Les bonnes lois, chez un peuple, ne sauraient être opposées aux bonnes lois d'un autre peuple. Il est pourtant dans notre code des dispositions dont la profondeur est échappée à l'Egypte. Elle se contente d'obliger ses nouveaux rois à se préparer, à l'ombre des autels, aux devoirs du trône,

---

(1) On sait que l'Egypte avait emprunté de l'Ethiopie une partie de ses plus anciens usages.
Les *fétiches* du présid. Desbrosses. p. 184.

DE PYTHAGORE. 169

A Méroë, on exige d'eux davantage. Comme la caste des Gymnosophistes est celle de toutes qui a le plus de mœurs et de lumières, l'Ethiopien ne veut d'autre roi qu'un pontife de profession.

PYTHAGORE. Ces deux graves fonctions sont-elles compatibles assez pour être cumulées sur la même tête ?

LE GYMNOSOPHISTE. Quand la tête est saine.

En Egypte, un monarque peut tout oser de son vivant ; il n'est jugé qu'après sa mort, et le bras de la Justice ne peut laisser tomber le châtiment que sur un cadavre. Chez nous, les fonctions de rois ne sont pas si douces ; la nation a-t-elle des forfaits à imputer au chef l'empire ; elle s'adresse au collége des prêtres : ceux-ci tiennent la balance entre le peuple et son chef. Ils pèsent, et si le bassin des crimes l'emporte sur celui des vertus, un message est envoyé au prince coupable :

« De la part des Dieux, quitte le trône pour la tombe ».

Le roi, comme le dernier de ses sujets, sans répliquer, exécute lui-même la sentence de mort portée contre lui.

PYTHAGORE. Les autres peuples devraient obliger leurs nouveaux rois, avant de s'asseoir sur le trône, de venir prendre une leçon dans les écoles de Méroë.

Le GYMNOSOPHISTE. Au-dessus de Méroë, est un peuple pasteur qui habite les deux rives du Nil. Un jour, peu d'accord sur le choix d'un chef, il nous demande un avis. Nous lui répondîmes : « Hommes simples ! placez à votre tête le berger d'entre vous qui sait le mieux conduire un troupeau. Les peuples ne sont que des troupeaux (1).

Une autre peuplade plus opulente, plus industrieuse, au trépas de son monarque héréditaire, privé d'enfants, envoya pour nous consulter, en nous prévenant qu'elle voulait essayer d'un sénat : dans quelle classe de citoyens choisira-t-on les sénateurs?

Nous répondîmes sans hésiter ; « Parmi les chefs de famille, propriétaires, de préférence à ceux qui n'ayant point d'enfants, ni de biens, n'ont rien à conserver, rien à perdre.

Ces deux nations, chaque année, depuis ces époques, députent pour nous remercier de nos bons avis, dont ils recueillent les plus heureux fruits.

PYTHAGORE. Vous devez faire trembler tous les rois de l'Afrique.

LE GYMNOSOPHISTE. Nous avons du moins la confiance de presque tous les peuples de ce continent.

Le Soleil est celui de tous les objets qui frappe le plus l'œil de l'homme. Nous en avons établi le culte, et nous lui réservons pour offrande la plus précieuse des productions de notre sol, le *cinnamomum* (2). Avant cette institution religieuse, le peuple ne connaissait pas toute la valeur de ce végétal, ou bien il en faisait excès.

Nous ordonnons d'en déposer toute la récolte dans nos temples du Soleil. Au lever de cet astre, nous la divisons en trois parts, la pre-

---

(1) Diodore. Hérodote, etc. Voy. l'*hist. univ.* trad. de l'angl. tom. XII. *in-*4°.

(2) Plin. *hist. nat.* Solin. Théophraste.

mière pour la Divinité, la seconde pour ses prêtres, la troisième pour le peuple.

PYTHAGORE. C'est donc encore une calomnie, ce que j'ai oui dire en Egypte, que la nation éthiopique, et spécialement le peuple de Méroë, offre des sacrifices (1) humains au Soleil.

Le GYMNOSOPHISTE. Je voudrais en vain te le dissimuler, quoique la main du Gymnosophiste reste pure de ces horribles offrandes. Hélas! nous n'avons jamais pu rien obtenir de la multitude, à cet égard. Cet exécrable usage s'est maintenu malgré nous, et résiste à tout. Notre voix, si puissante pour tout le reste, perd toute sa force sur l'esprit du peuple, quand nous essayons de le dissuader de ces monstrueux excès. « C'est l'usage, nous répondent les féroces habitans de Méroë, que la civilisation n'a pas su amener à des mœurs plus douces. Sages pontifes, nous dit-on, rentrez dans vos saintes retraites; votre ministère est fini. Le reste nous regarde seuls; et si nous commettons un crime, ce n'est pas vous que les Dieux en puniront ».

PYTHAGORE. Est-il bien vrai?

LE GYMNOSOPHISTE. En prolongeant ici ton séjour, tu pourrais être le témoin de cet horrible spectacle. Des nouvelles viennent d'arriver au palais de Méroë, annonçant le retour du roi d'une expédition contre un ennemi puissant de l'intérieur de l'Afrique. Il revient vainqueur, traînant à sa suite des prisonniers de l'un et de l'autre sexe; ils

---

(1) Le récit suivant est tiré d'Héliodore, dans son *histoire éthiopique*.

seront peut-être tous immolés. Déjà l'on s'occupe des préparatifs du sacrifice. Des lettres du prince, adressées au collége de Méroë, nous invitent à présider la solennité. Elle commencera par l'encens des Gymnosophistes; le peuple la terminera avec du sang.

Pythagore. Et vous souffrez de telles abominations!

Le Gymnosophiste. Je te l'ai déjà dit, nous n'y pouvons rien.

Pythagore. Vous pourriez du moins fuir loin d'une ville infame, où le meurtre est un acte religieux, au lieu d'en devenir les complices par votre présence.

Le Gymnosophiste. Avant de nous juger, sois témoin de l'événement.

Pythagore. J'y consens, quoiqu'il en doive coûter à mon cœur.

§. LXXXV.

Fête et Sacrifices humains.

Devant la principale porte de Méroë (1), qui regarde l'orient, hors des murs, est une vaste plaine, lieu consacré par un temple de Jupiter (2) Ammon, aux Divinités protectrices de l'Ethiopie, le Soleil et la Lune. Là, tous les habitans s'assemblèrent par ordre des magistrats, dès l'aube du jour, pour y recevoir le prince. Il se fit précéder de plusieurs courriers, portant à la main une branche de

---

(1) Non pas Béroë, ville imaginaire. Voy. Nonnus, *Dionysiaques.* ch. 41.
(2) Plin. *hist. nat.* VI. 24.

palmier,

palmier, et sur leur coiffure la fleur du lotus (1). La tête de leurs chevaux était ombragée du même ornement, symbole de la victoire. Je vis arriver aussi, à pas lents, des troupeaux de bœufs, de vaches, de moutons, et dans de grandes volières des cailles, et autres oiseaux. Tous ces quadrupèdes et volatiles sont destinés pour des hécatombes, et pour un grand festin qui termine toujours les grands sacrifices; tous les Méroëtes, indistinctement, y sont admis.

A ces mets consacrés était jointe de la chair d'éléphant (2), comestible fort recherché à Méroë et chez les nations voisines. Il est des peuplades entières qui passent toute leur vie à la chasse (3) périlleuse de ce puissant quadrupède.

La reine, épouse du vainqueur, se rendit elle-même au temple du dieu Pan, pour inviter une seconde fois, et de bouche, les Gymnosophistes à honorer cette fête de leur présence sacrée. Enfin, les hérauts précurseurs parurent sur la place, se présentèrent à la porte de la ville, et là, sans y entrer, annoncèrent la vue du roi, en avertissant toutes les femmes de se livrer à la joie, et d'exécuter des danses dans l'intérieur de Méroë, mais de n'en point sortir. Il leur est défendu de se montrer, et d'assister aux sacri-

---

(1) Les courriers mirent dessus leur tête des chapeaux faits d'une certaine herbe et fleur particulière au fleuve du Nil, semblable au lis, qui s'appelle *lotus*.
Héliodore, *loyales et pudiques amours de Théagènes...* trad. par Amyot. liv. X.
(2) Plin. *hist nat.* VI. 30.
(3) Herodot. III. Diod. sic. *bibl.* III.

fices faits au soleil, dans la crainte de souiller secrétement (1) la pureté de ses rayons. Les reines même sont comprises dans cette défense, à moins qu'elles ne soient investies de la dignité de prêtresses de la Lune. Le roi est toujours le sacrificateur, par une prérogative du trône, dont les Gymnosophistes ne se montrèrent jamais jaloux; c'est un hommage à leur rendre.

La ville de Méroë, assise sur le rivage d'une presqu'île (2), de figure triangulaire, n'est pas seulement baignée des eaux du Nil; deux autres rivières se réunissent à ce fleuve, et le grossissent assez pour former deux canaux dont il embrasse la capitale de toute l'Ethiopie. Cette affluence de différentes eaux rend le sol d'une fécondité qui tient du prodige. Les palmiers y sont beaucoup plus élevés, et poussent des branches beaucoup plus fortes que partout ailleurs. Les épis de froment, et même ceux d'orge, y croissent à une telle hauteur, qu'un cavalier pourrait s'y cacher, sans descendre de sa monture. On a vu des tiges s'élever au niveau de la tête d'un chameau et de celle de son conducteur assis dessus. Un seul grain de blé en produit pour l'ordinaire trois cents.

Le territoire de Méroë (3) nourrit une plante qu'ils appellent l'*aethiopolis* (4). Sa feuille ressemble à celle de la laitue; le suc qu'elle

---

(1) De peur que d'aventure, il n'entrevienne bon gré mal gré les assistans, quelque pollution durant le sacrifice.
Héliodore. Amyot.
(2) Davyti. Voy. Priezac. *dissert sur le Nil.*
(3) Strabo. *geogr.* XVII.
(4) Plin. *hist. nat.* XXIV. 17.

rend, mêlé dans du vin et du miel, guérit les hydropiques. Les environs de la ville d'Axume, résidence ordinaire du roi, ne sont pas, à beaucoup près, aussi fertiles, ni aussi agréables. Mais que lui importe ; il est presque toujours en guerre. Il paraît que le système de la cour est de parvenir un jour à rompre les lisières auxquelles les Gymnosophistes la tiennent assujettie, en établissant un régime guerrier, amené par les circonstances qu'on prend soin de multiplier.

Les roseaux (1) qui donnent, en les broyant sous la dent, une substance aussi douce, aussi balsamique que le miel, paraissent se plaire à Méroë plus qu'en aucun autre endroit de la terre ; et cette forte végétation est l'ouvrage de la salubrité et de l'abondance des eaux des trois fleuves.

A Syené, le soleil projette et dirige ses rayons sur la tête des habitans, en sorte qu'au jour solsticial, il n'y a point d'ombre ; pareil phénomène a lieu dans l'île de Méroë (2), que cinq mille stades (3) séparent de Syené. L'ombre s'y absorbe de même deux fois l'année, lors du passage du soleil au quatorzième degré du lion, et au vingt-deuxième du taureau.

A Syené, le plus long jour (4) a treize heures. Il n'a que douze heures et demie à Méroë.

Les trois fleuves de Méroë, autant que ma vue pouvait s'étendre, dès avant le lever du soleil, furent couverts de petites nacelles lé-

---

(1) Les cannes à sucre.
(2) Plin. *hist. nat.* II. 73.
(3) Six cent vingt-cinq mille pas.
(4) Plin. *hist. nat.* VI. 34.

gères, faites de roseaux fendus en deux. Elles ne peuvent porter que trois hommes au plus. Jugez de leur nombre ; presque tous les insulaires voulant assister à ce grand jour, ainsi que les habitans voisins. Les Gymnosophistes attendirent le roi pour entrer dans le champ consacré. Le prince alla vers eux, et les introduisit lui-même, en mettant sa main dans la leur.

Au milieu, s'élevaient deux pavillons carrés, tissus de feuillages. Les quatre angles étaient soutenus par des roseaux récemment coupés, et servant de colonnes ; ils se courbent, pour dessiner un berceau garni de palmes.

L'un de ces pavillons qui se regardent, recouvre deux grandes statues représentant le soleil et la lune ; le premier de ces deux astres s'appelle, en Ethiopie, *Assabinus* (1). A leur base, est un rang de siéges pour les Gymnosophistes. L'autre pavillon est destiné au roi, à sa compagne, à leur cour.

On me fit remarquer une singularité : tous ceux qui composaient cette cour du roi d'Ethiopie, avaient un œil fermé. On m'ajouta : « Ne cherche pas la raison de cette maladie, qui n'est rien moins qu'un accident. Tous ces courtisans sont des singes : or leur maître est monocle. Un javelot l'atteignit à l'œil (2), il y a quelques années. Depuis ce temps, tout le monde, dans son palais, semble avoir été frappé du même coup.

Ce prince était un très-bel homme. Les Ethiopiens (3) sont dans l'usage de choisir pour chef le plus beau d'entre eux.

(1) Theophr. Solin.
(2) Diod. sic. III. *bibl.*
(3) Aristot. *polit.* IV. 3.

Une foule de guerriers appuyés sur leurs boucliers, et debout l'un contre l'autre, forment une espèce de muraille ou de rempart autour du trône qui est d'or (1). Ce riche métal est si commun en Ethiopie, qu'il remplace le fer jusque dans les plus vils usages.

Un autre cercle de soldats sert à contenir la foule, et à décrire un vaste emplacement vide.

Plusieurs groupes de ces hommes de guerre étaient coiffés d'une couronne de flèches (2). C'est ainsi que les Ethiopiens s'arment pour le combat ; la tête leur sert de carquois.

Devant deux autels qui occupent le milieu ou le centre de la scène, le roi harangua le peuple, et daigna lui faire part de ses succès. On lui répondit par des battemens de mains multipliés.

Un monarque heureux est toujours persuasif et applaudi. On ne s'informe pas quelle part il a prise personnellement au combat ; tous les honneurs de la victoire lui sont exclusivement prodigués.

On procéda tout de suite après au sacrifice des animaux ordinaires. La terre était déjà imbibée de leur sang. On amena devant l'autel du Soleil, quatre coursiers d'une blancheur sans tache, destinés par la nature à un usage plus utile, plus raisonnable. Ils furent égorgés sans autres préliminaires ; quatre superbes bœufs, blancs aussi, et dont on avait argenté le croissant de leurs cornes, vinrent d'un

---

(1) Heliod. *Theag. et Char.*
(2) Lucianus, *de saltatione.*

pas lent, subir la même destinée sur les marches de l'autel consacré à la lune.

A-peine ces animaux paisibles furent-ils tombés sous le couteau du victimaire, que tout le collége des Gymnosophistes se leva en même-temps, et descendit les gradins pour retourner à Meroë. Le roi paraissait se disposer à vouloir les suivre, mais il y mettait plus de lenteur. Les instrumens sacrés avaient cessé de se faire entendre. Un plein silence les remplaçait. Ce ne fut pas pour long-temps. Tout-à-coup une grande clameur éclate. Le peuple s'agite ; les gestes deviennent plus animés, plus expressifs. Les sages de Meroë paraissant n'y faire aucune attention, doublant le pas, étaient déjà descendu de leur pavillon. Je les suivais fort inquiet, fort agité. J'avais obtenu une place auprès d'eux, en ma qualité d'initié. Le tumulte redouble. Enfin, mille cris s'élancent dans les airs ; je pus à-peine y distinguer ces paroles : « Que l'on procède selon l'usage, au sacrifice pour le salut de la patrie ! Qu'on immole aux Dieux du pays les prémices de la guerre, les gages de la victoire ! où sont les prisonniers ? où sont les victimes ? qu'on les amène ! le bonheur de l'empire veut leur sang ; et les Dieux le reclament ».

Ces cris me déchiraient l'ame. Ne voyant pas les infortunés qu'on demandait, je me rassurai un peu. Je crus que le vainqueur avait dérobé leur sang à la soif d'un peuple d'antropophages ; et déjà je me proposais d'aller le jour même, remercier, au nom de la tendre pitié, un prince humain, qui sans doute avait donné la liberté à ses captifs pour leur sauver la vie. Vain espoir ! Les prisonniers, qui pendant tout le sacrifice des animaux avaient attendu leur tour, liés par des chaînes (1) d'or derrière le pavillon royal, furent amenés au pied du trône. Tous n'étaient point réservés au trépas. Suivant le rit abominable en usage à Meroë, les victimes humaines offertes au soleil et à la lune, devaient être aussi pures, aussi intactes que les rayons de ces deux astres. Le fer sacré ne devait frapper qu'un jeune homme et une jeune fille dans toute leur innocence native. Les autres captifs sont condamnés aux travaux publics, en attendant leur rançon ou leur échange. Mais ils devaient accompagner jusqu'au supplice leurs compagnons d'infortunes. La main seule du roi avait le droit de frapper la victime de son sexe, et la main de la reine celle du sien. Déjà, on rompait leurs liens; car c'est une loi des sacrifices en Ethiopie, comme dans la Grèce, de n'immoler que des êtres libres; l'offrande, en paraissant volontaire, devient plus agréable aux divinités. Ainsi raisonnent les prêtres mangeurs d'hommes.

A ce spectacle, je ne pus m'empêcher de dire avec véhémence au prêtre auquel je m'étais attaché depuis ma sortie d'Egypte : « Sage Gymnosophiste, obtiens-moi de parler au chef de votre collége sacré ». Il me présenta à lui : « Pontife, avant l'affreux sacrifice qui reste à faire, pourquoi ne donnerait-on pas au peuple le spectacle des jeux de la lutte; peut-être parviendrait-on à le distraire ou à l'appaiser ».

« Je connais le peuple, me répondit Sysimethrés. Une fois qu'il a vu du sang, il prend

_____
(1) Herodot. *thal.* III.

plaisir à en répandre, ou à le voir couler. Essayons pourtant de ton avis, sage initié ».

Alors, élevant la voix, qu'il adressa au monarque : « Roi des Ethiopiens, une foule d'ambassadeurs des peuples alliés ou vaincus, attendent le moment de deposer à tes pieds leurs riches présens. Tu nous dois encore le spectacle des jeux et des combats ordonnés par le culte ».

Le peuple par des applaudissemens, témoigna sa satisfaction : Oui! oui! réservons nos plus belles victimes pour la fin.

Le roi remonta sur son trône, donnant ordre d'introduire successivement les envoyés des nations. Le premier des hérauts, Harmonias obéit. L'ambassadeur des Syriens parut d'abord; son présent, plus précieux peut-être que toute une mine d'or, consistait en deux robes, l'une du plus beau pourpre, l'autre aussi blanche que les neiges de la froide Scythie. Mais la matière de ce tissu en faisait la principale valeur. La trame était toute composée de ces fils précieux d'un insecte ami du murier, artiste ingénieux et modeste, qui s'enveloppe et se cache dans son propre ouvrage. Ce présent plut tant à l'épouse du prince, qu'elle obtint la liberté de plusieurs prisonniers redemandés par leur nation.

Les envoyés de l'Arabie chargés de parfums, en remplirent la tente de verdure où était la cour, et tout le champ sacré.

Le représentant des Troglodytes succéda à celui des Arabes, et déposa aux pieds du prince et de sa compagne, deux aigles mâle et femelle, liés ensemble par une chaîne d'or.

Les ambassadeurs Blemmiens offrirent pour

leurs tributs, plusieurs arcs, et beaucoup de flèches artistement fabriquées avec des os, et les dents d'un serpent ailé.

L'envoyé des Axiomites ferma la marche; les Axiomites ne sont ni sujets ni tributaires du royaume éthiopique; ce sont des alliés fidelles; pour marque de leur bienveillance, ils offrirent au prince un quadrupède inconnu à Meroë. Grand comme un chameau, la peau mouchetée comme celle d'un léopard, il tient du lion dans la partie postérieure du corps; son col grêle et allongé, ressemble tout-à-la-fois à celui du cygne et à celui de l'autruche lybique(1).

Un parent du roi voulut aussi faire son offrande; il s'avança, accompagné d'un homme d'une si haute stature, qu'en se baissant pour approcher respectueusement ses lèvres des genoux du monarque, il était aussi grand que lui, quoique celui-ci fût assis sur une chaise d'or très-élevée.

A un signal de son maître, il déposa tous ses habits à ses pieds, et demanda un adversaire à la lutte. La reine et ses femmes se retirèrent derrière une draperie du pavillon; et le roi, pour donner aux ambassadeurs une idée de la force et de la bravoure du peuple d'Ethiopie, proposa le plus grand de ses éléphans à celui qui se présenterait pour combattre.

Personne ne fit un pas sur l'arène. La cour était confuse. L'une des deux victimes, le jeune homme, qui était agenouillé devant l'autel du Soleil, se releva pour accepter le défi, en demandant de convertir la lutte en un combat à l'épée. Il fut refusé : on lui ré-

---

(1) La girafe. *camelopardalis*.

pondit qu'il ne devait y avoir sur cette arène consacrée d'autre sang de répandu que celui des victimes. Le lutteur assaillant, à la vue d'un adversaire d'un âge si tendre, daigna à-peine se disposer soit à l'attaque, soit à la défense. Mais, le jeune homme, né en Thessalie, avait un maintien qui n'annonçait en lui ni témérité ni timidité. Il ramasse à pleines mains du sable du Nil (1) pour rafraîchir ses épaules, humides de sueur. Puis, secouant ses bras, il cherche son à-plomb, assure sa marche, roidit son pied, essaye la force de son jarret en le ployant, se courbe et se retourne en tous sens. Enfin, il est prêt à soutenir les premiers coups qui vont lui être portés; il les attend avec confiance et se promet de les repousser avec succès.

Son rival dédaigneux le regarde, sourit des lèvres, et en se tournant devant le peuple, semble se plaindre par gestes du peu de gloire qu'il a à recueillir dans un combat aussi inégal. Il se détermine enfin, et sans plus long délai, tombe comme une masse, et appesantit son bras sur le col du jeune athléte. Le coup était si rude, qu'il fut entendu de tous les spectateurs. Le Thessalien, familiarisé depuis son enfance avec ces sortes d'exercices, cède d'abord sans être abattu. Il lui suffisait de connaître le poids de la masse à laquelle il

---

(1) Pline, Suétone, Plutarque, Rhodiginus, Alexander ab Alexandro, tous les écrivains sur l'antiquité vantent l'usage de ce sable, dont les athlétes, à Rome, faisaient un grand usage pour se rafraîchir, et doubler leurs forces. Le nitre que contient le sable du Nil, est la cause de sa vertu rafraîchissante.

Voy. un *discours sur le Nil*, par Lachambre. *in-*4°.

devait résister, et d'apprendre qu'il ne fallait pas prétendre le combattre à force ouverte. Il appella donc l'adresse et même la ruse à son aide. Il feint d'avoir été atteint beaucoup plus grièvement qu'il ne l'est en effet, et présente à son ennemi la partie déjà frappée. Celui-ci retombe de nouveau sur lui, espérant bien abattre tout-à-fait du deuxième coup celui qui chancelle dès la première attaque. Le Thessalien paraît succomber et hors d'état de faire plus longue résistance. Son adversaire se prépare à un troisième et dernier coup, pour terminer tout de suite le combat; il étend le bras pour frapper de nouveau. Le Thessalien qui a tout prévu, se jette sous lui, évite le coup en se détournant, de son bras droit lui soulève le gauche, de son poing fermé le frappe à la joue au moment qu'il se penchait sur lui, et le voit ployer faute d'appui, ayant perdu l'équilibre. Ce premier pas fait vers la victoire, il se coule légèrement sous l'aisselle de son ennemi, et le saisit étroitement au corps par derrière; mais jamais il ne put l'embrasser avec ses deux mains, à cause du volume de ce corps chargé d'embonpoint. Une fois qu'il le tient serré dans ses bras, il l'agite avec tant d'ardeur, il le maltraite, il le froisse de telle manière, il le presse entre ses cuisses si vivement, comme un cavalier sur sa monture chancelante, qu'à la fin, ébranlant les deux mains de son fier antagoniste, il l'oblige à s'affaisser nez contre terre. Alors, profitant de cette position, il lui tire les bras, vient à bout de les amener derrière son dos, comme s'il eût voulu les lier. De ce moment, le corps de son ennemi toucha le sol dans tous les points, immobile sous le genou du vainqueur.

A ce spectacle nouveau pour les Ethyopiens, ils jetèrent un cri universel de joie et d'approbation. Le roi lui-même, descendit sur l'arène, et posa une couronne d'or sur la tête du jeune Thessalien.

Je m'applaudissais tous bas, en serrant la main du Gymnosophiste mon guide. Et déjà ses collègues s'acheminaient vers le cordon de troupes pour se frayer un passage et rentrer chez eux. La multitude à ce mouvement en oppose un contraire, et s'écrie : « Les Dieux ne sont pas satisfaits ; il leur manque encore deux victimes, celles précisément qui doivent leur plaire davantage. Roi d'Ethiopie, ne sois pas ingrat envers eux ; fais ton devoir ; achève tes actions de grâces. Arme toi du couteau sacré ; sacrificateur du soleil qui te voit et qui t'a fait vaincre, ne lui dérobe pas le sang pur qu'il te demande et qu'il attend ». Déjà les soldats s'ébranlaient pour laisser pénétrer la foule vers le trône. Le prince intimidé ne crut pas devoir résister plus long-temps aux instances impérieuses de tout un peuple fanatisé. Il marche vers l'autel où sa victime soumise avait pris l'attitude qu'elle gardait avant le combat. La jeune vierge de son côté était évanouie et mourante aux approches seules de la mort. On lui rendit les sens, en aspergeant son visage décoloré d'eau froide qu'un prêtre avait été puiser dans le creux de ses mains (1) à une fontaine voisine consacrée....

Le roi s'est armé déjà du glaive sanctifié ;

---

(1) Heliodor. *aethiop.* XI. 69.

déjà son bras allait frapper... Mes chers disciples ! Il est des instans où l'homme se sent élevé au-dessus de lui-même ; il est des circonstances dans la vie où la nature lui prête des forces, et partage avec lui sa toute puissance. Je l'éprouvai en ce moment. Un enthousiasme que je ne puis caractériser, s'empara de moi à la vue d'un jeune homme plein d'innocence et de bravoure tendant la gorge à un sacrificateur de sang froid : je m'élance et d'un trait, je me trouve entre la victime et le victimaire : d'une main, je saisis le glaive déjà levé ; j'étends l'autre vers le peuple, en criant d'une voix que je ne me connaissais pas encore : « Peuple ! au nom d'un initié, suspends cette exécution ». Ma hardiesse révoltait. Le caractère auguste dont je me disais revêtu, imposa à tous les spectateurs. J'en profitai pour dire : « Oui ! je suis initié aux grands mystères du soleil : les Gymnosophistes vous l'attesteront : parlez, mortels sages ! N'est-il pas vrai, je suis initié ? Dites-le au peuple étonné de ma sainte audace ». Sysimethrès sortit du rang des Gymnosophistes pour déclarer : « L'étranger qui vous parle est un initié ; sans doute, ce sont les Dieux qui vous l'envoient. Ecoutez-le ».

Il se fit un grand silence. C'est tout ce que je désirais : Je reprends :

« Peuple ! Ces deux derniers meurtres ne se commettront point ; il s'en est fait assez d'autres sur des animaux utiles et paisibles. L'arme meurtrière n'approchera point de ce couple innocent et pur, avant qu'elle m'ait ôté la vie. Peuple ? si tu persistes dans ta résolution atroce, je me poignarde moi-même le premier sur cet autel. Oseras-tu être la cause du trépas d'un initié » ?

Un nuage officieux de poussière agitée par un tourbillon, en ce moment, interposa son voile sur les rayons du soleil. Je reprends : « Déjà le soleil qui m'entend et vous voit, s'indigne de cette scène impure et vous retire sa lumière. Ethyopiens! Songez-y. Renoncez à vos sacrifices humains ; abolissez-en la sacrilége institution ; sinon le sang de ces victimes mêlé au mien, retombera sur vous. Ne vous rendez pas complice du meurtre d'un initié ».

Je ne négligeai aucune des circonstances : J'appellai à moi le jeune Thessalien, et sa compagne d'infortune. Ils se groupèrent à mes côtés et offrirent le tableau le plus pathétique. Moi-même, debout au milieu d'eux, la physionomie inspirée, je sentis tout l'ascendant que je pouvais prendre. Je repris la parole, en m'adressant au couple malheureux sur le front duquel brillait un rayon d'espérance : « Ne craignez-rien ! Vous êtes sous la sauve garde d'un initié. Où est le profane, le sacrilége assez téméraire pour venir vous arracher à mes embrassemens ? L'univers entier voudrait votre mort ; seul, je serai assez fort pour vous conserver la vie. L'homme que les Dieux ont initié à leurs mystères, devient leur égal ».

« Citoyens de Meroë ! Soldats de l'Ethyopie ! Les Dieux sont contens ; votre reconnaissance a égalé leur bienfait. Rentrez dans vos foyers ».

Le peuple, loin d'insister, s'écoula lentement, sans faire échapper un seul murmure, honteux, sans doute, de sa conduite. La cour ne dit mot, et suivit le peuple. L'armée s'ébranla la dernière ; mais chaque phalange faisait retentir l'air du bruit des boucliers frappés par les lances ; témoignage honorable des sentimens de pitié que j'avais réveillés en eux. Je me trouvai en un instant entouré des seuls Gymnosophistes qui me conduisirent comme en triomphe avec mes deux intéressantes victimes, dans le temple de Meroë, dédié, comme en Libye, à Jupiter-Ammon. Là, se trouve un sanctuaire d'or (1).

§. LXXXVI.

Pythagore chez les Gymnosophistes de Méroë.

Après nous être reposés, tous, pendant quelques jours, de la secousse d'un aussi grand événement, je n'eus pas de peine à gagner la confiance du chef des Gymnosophistes et d'en obtenir, non pas le secret des initiations éthyopiques, (on ne célèbre point de mystères à Meroë) mais la participation de leur double doctrine ; car, ainsi que tous les amis prudens de la vérité, ces prêtres de la nature sont obligés de reserver pour eux et le petit nombre des leurs, ce qu'ils ont pû découvrir, après bien des recherches ; on ne doit pas leur en faire un reproche ; l'intérêt ou la vanité n'entre pour rien dans cette réserve commandée par les circonstances.

Je pris donc à part Sysimethrès, et lui dis : « Votre ame sera-t'elle aussi nue pour moi

---

(1) Diod. sic. *bibl.* III.

que l'annonce le titre qui vous est donné, sage prince des Gymnosophistes (1).

Sysimethrés. Oui ! Pythagore ! tu sauras tout ce que nous savons; ne m'en demande pas plus. Et le livre de ce que l'homme sait est aussi court que la mesure de son existence, aussi léger que nos vêtemens ».

Ce vieillard respectable, d'une stature plus haute que la mienne, me fit passer, en s'appuyant de la main sur mon épaule, dans la partie la plus retirée des prêtres ; ils n'y admettent personne, pas même le monarque. C'est une petite colline, dont le pied est rafraîchi par le Nil. Il n'est pas de point sur la terre où la température soit plus douce, plus égale ; aussi, cette société savante n'y souffre aucune construction d'architecture. Un bois d'ormes les abrite pendant les ardeurs du jour ; la nuit, une mousse tendre et sèche leur sert de couche, et le ciel même de tenture. Leur vêtement est analogue : c'est une pièce blanche de toile, assujettie sur les reins, et fermée par une ceinture de même étoffe. Ils marchent pieds nus, et n'usent pas même de sandales. Ils estiment qu'il n'est rien de plus salubre que de toucher la terre. Jamais le tranchant de l'acier n'approche de leur chevelure et de leur barbe. Ils ne prennent pour alimens que ce qui n'exige point d'apprêt, et ne font par jour qu'un seul repas (2). N'étant les serviteurs de personne, ils n'ont personne à leur service. Eux-mêmes ils épurent

---

(3) C'est-à-dire, *sages qui vont nus. sages-nus.* trad. par Amyot.
(2) Diod. sic. II. 2. *bibl.*

l'eau

l'eau du Nil dans des vases percés et remplis de gravier. C'est ce qui fait dire qu'ils adorent le Nil et le dieu Canope. Le plus souvent l'eau qui tombe du ciel, et du lait, voilà leurs boissons. Des fruits, du miel et une pâte légère de fleur de farine suffisent à leurs besoins journaliers. Leur âge, celui qui succède immédiatement à la saison du mariage, les délivre des soins de l'économie domestique des familles. Différens des prêtres d'Egypte, ils n'ont autour d'eux ni volumes, ni papyrus, ni instrumens d'astronomie. Ils sont savans, sans l'attirail qu'entraîne après lui l'art des expériences compliquées. Ils étudient la voûte du ciel, les productions de la terre, et l'ame humaine, sans autres secours que les yeux, les mains et leur entendement. Tout ce qu'ils savent ne leur appartient pas, ni même à leurs prédécesseurs. Et ils ignorent l'époque à laquelle la science a commencé. Cependant ils possèdent quelques livres sacrés (1), très-antiques, et qu'ils n'ouvrent jamais.

Le collége de Meroë est comme l'aréopage de l'Ethiopie et de presque toutes les contrées de l'Afrique. Quand un criminel se croit mal jugé par les tribunaux de sa nation, on est obligé de surseoir l'exécution de la sentence, s'il en appelle aux Gymnosophistes. Le coupable se retire sur une montagne voisine, tandis que renfermés dans leur bois sacré, ces sages revoient et pèsent de nouveau les délits imputés au prévenu, et ses intentions. Rarement l'homicide trouve grâce devant

---

(1) Démocrite, Diogènes Laërce. IX. 49.

eux. Le monarque n'a pas le droit de faire exécuter un jugement de mort, s'il ne l'ont confirmé.

On a raconté qu'ils ont la vertu, ou l'art de faire parler les arbres (1); cette tradition a pris sa source de l'usage où ils sont de donner quelquefois leurs decisions du haut d'un arbre, quand la trop grande fraîcheur du sol les oblige à prendre leur sommeil au milieu des branches d'un orme, qu'ils entrelacent comme un berceau.

Les Gymnosophistes de Meroë et les Druides, ont plus d'un point de contact, comme vous le verrez par la suite, mes chers disciples.

Le respectable Sysimethrés, après m'avoir donné le temps de parcourir cette retraite délicieuse, me parla affectueusement en ces termes :

« Quoiqu'un peu plus près de la lumière que les prêtres de Thèbes, nous sommes peut-être moins instruits qu'eux dans ce qu'ils appellent les hautes sciences; peut-être les surpassons-nous dans une partie trop négligée sans doute, je veux te parler de la sagesse pratique. On nous accorde gratuitement l'honneur d'avoir appris aux Egyptiens l'art de faire une statue (2) ; ils tiennent de nous, sans le dire, une science plus importante, celle d'être des hommes.

Le véritable but de nos institutions est de montrer et de prouver dans la personne de

---

(1) C'est du moins le sens le plus naturel que l'on peut donner aux rêveries de Philostrate, mal disposé sur les Gymnosophistes, pour relever son héros à leurs dépens. Liv. VI de la *vie d'Apollonius*.

(2) Diod. sic. III. *bibl.*

chacun de nous, combien peu suffit pour vivre heureux et bon. Notre principale étude est de réduire nos besoins à la plus grande simplicité possible, d'économiser le temps, et de ne point user trop vîte nos moyens d'existence. Chaque jour, nous cherchons à nous rapprocher d'un pas vers la nature.

Ce systême de conduite, qui n'exige point un grand concours d'hommes, ne nous a pas menés vîte à la renommée. Bien long-temps avant qu'on parlât de nous, nous existions, errans loin les uns des autres, et nous n'en étions que plus tranquilles. On nous apercevait à peine. Depuis que nous avons cédé aux instances du peuple, au milieu duquel jadis nous vivions épars, notre crédit s'est accru, mais aux dépens de la paix profonde dont nous jouissions auparavant. Peut-être même payerons-nous cher un jour l'ascendant que nous avons sur toute une nation. Les rois qui sont, pour ainsi dire, sous notre tutelle (1), tôt ou tard, imagineront les moyens de s'y soustraire, puis de venger (2) une bonne fois les longs outrages qu'ils croient avoir été faits par nous au trône ; et ils auront d'autant moins de peine, que beaucoup de charlatans se sont déguisés sous notre robe de lin.

A Thèbes et ailleurs, on nous a éclipsés en faisant briller les éclairs et gronder la foudre. A travers tout ce fracas, il faut toujours en revenir au point dont nous sommes tous partis. On n'a besoin ni de mystères, ni de prodiges,

---

(1) Conseillers et collatéraux du roy, quand il est question de grands affaires, dit Héliodore, trad. d'Amyot. X.

(2) C'est ce qui est arrivé depuis Pythagore.

ni d'hiéroglyphes, pour être sage ; et on peut le devenir sans attendre des siècles.

Pythagore. Quoi ! vous renoncez à ces ressources qui ont tant de prix aux yeux de vos voisins, et que les Grecs s'empressent d'adopter. Vous êtes donc bien certains de la force de vos principes, pour les produire ainsi dans toute leur nudité ?

Le Gymnosophiste. C'est que nous ne voulons point faire secte. D'ailleurs le peuple ressemble à la fortune. Il se presse autour de ceux qui ne vont point à lui ; il évite ceux qui le recherchent, et se mettent en frais pour le capter.

Pythagore. Quoi ! vous n'avez pas de secrets ?

Le Gymnosophiste. Nous n'en avons pas besoin.

Pythagore. C'est pour former et donner des législateurs et des rois aux peuples, que l'Egypte et la Grèce ont institué les initiations. Vous vous mêlez du gouvernement, et votre politique n'a point de voiles tendus entre les gouvernans et les gouvernés !

Le Gymnosophiste. Ils nous suffit de deux choses : la justice et la fermeté.

Pythagore. La religion semble pourtant offrir un secours utile.

Le Gymnosophiste. Nous n'en avons que faire.

Pythagore. Cependant, vous avez aussi une langue sacrée. La nation éthiopique réclame l'origine des hiéroglyphes.

Le Gymnosophiste. Entre nous, mon cher Pythagore, qu'il soit permis de nous amuser de la pauvre espèce humaine ; ou plutôt, plaignons-là. Né avec un instinct un peu plus susceptible de perfection que celui des autres animaux, l'homme s'enorgueillit des ébauches qu'il a faites; et dans son orgueil il se flatte de rivaliser la nature, parce qu'il a su peindre sous des images phantastiques, les objets réels qui frappent ses sens. Pour soulager sa mémoire, il a imaginé ces figures bizarres dont l'Egypte est si vaine, et qu'elle tient de nous ; car à-peine a-t'elle quatre mille années d'existence (1); quoiqu'elle se vante d'avoir peuplé (2) tout le reste de la terre. Nous les tenons de nos frères aînés de l'Inde (3) ; et voilà que chaque peuple, en se passant de main en main ces rudimens grossiers, s'en dit l'inventeur, tandis qu'il n'en est que le plagiaire ; parce que l'Egypte a jugé à propos d'ajouter les lettres communes que tout le monde peut apprendre, aux lettres sacrées qu'elle nous a dérobées, et dont elle ne possède pas bien le sens ; voilà qu'elle se laisse proclamer la plus sage d'entre toutes les nations.

Pythagore. Chef des Gymnosophistes, en dernière analyse, que dois-je penser de ces lettres sacrées dont on m'a beaucoup entretenu ?

Sysimethrès. Nos hiéroglyphes sont à l'alphabet, ce que la pensée est aux paroles. Chez les autres nations, les enfans étudient des mots; les nôtres apprennent des choses.

Pythagore. Le caractère prononcé du peuple éthiopien ne m'étonne plus.

Sysimethrès. Ces ressemblances d'animaux,

---

(1) Telliamed. p. 172. tom. I.
(2) Herodot. Diodor. bibl. I.
(3) *Mém. de l'acad. des inscriptions et belles lettres.* Jourmont le jeune.

ou de parties d'animaux (1), ces peintures d'instrumens, principalement de ceux dont se servent les forgerons ont été imaginées pour exprimer ce qu'on ne peut rendre avec des sons, et pour peindre aux yeux ce qui se refuse à la composition des syllabes, et aux lettres d'un alphabet. On ne peut donner connaissance des sentimens qu'on éprouve, qu'en les revêtissant d'un corps nécessaire pour frapper la vue; afin que celle-ci les communique à l'ame qui saura bien les dépouiller et les réduire à une valeur réelle. Par exemple : Nous peignons un épervier pour marquer la vîtesse ; parce que cet oiseau vole avec plus de rapidité qu'aucun autre. Nous peignons un crocodile pour marquer le mal ; ce monstrueux amphibie cause, en effet, beaucoup de ravage. Ce n'est sans doute que la peur des dents énormes dont sa mâchoire est armée qui lui vaut un culte (2) de la part des Egyptiens.

Nous peignons dans le temple d'Eléphantine une figure d'homme assis, habillé de bleu, ayant des cornes de bouc à la tête, pour marquer la conjonction du soleil dans le bélier avec la lune (3). La couleur bleue indique que la lune dans ce signe a le pouvoir d'élever les eaux en nuages.

Un œil marque le conservateur de la justice; parce que, placé au haut de la tête, il veille

---

(1) St-Clément d'Alex. *Strom.*

(2) C'est une chose étrange, que des animaux si malfaisans ayent été le sujet des adorations d'une nation que les Solon, les *Pythagore* ont daigné visiter...
Dissert. sur le Nil, par Salomon Priezac. in-8°. p. 84.

(3) Euseb. *praepar. evang.* 116.

à tous les mouvemens de l'homme et voit tout ce qui se passe devant lui.

Chaque partie de notre corps, comme de la nature, a une signification qui lui est propre : la main droite avec ses doigts étendus, indique la libéralité. La gauche avec les doigts pliés, exprime l'épargne et l'avarice. L'index recourbé en anneau nous offre une image de l'enchaînement des parties de l'univers impérissable (1).

Ainsi du reste. Tous les peuples ont leurs hiéroglyphes : il y a plus, ils ne peuvent parler long-temps sans emprunter le langage figuré ; et les lettres courantes, les caractères communs n'en sont que des abréviations : Heureux les hommes s'ils avaient sçu simplifier leurs passions, leurs besoins, leurs lois et leurs cultes, autant que leurs idiomes et leurs alphabets !

Le peuple d'Ethiopie est peut-être de toutes les nations de la terre celle qui possède le mieux sa langue, parce que les élémens en sont tous peints sous des objets qui frappent les sens et qui rappellent le mécanisme de la parole. En voici un exemple : la lettre B chez nous est figurée par une *brebis*, à cause de l'analogie entre le bêlement de ce quadrupède et le son de cette lettre.

Après un moment de silence, Sysimethrès reprit : Il n'est pas bien étonnant qu'on ait tant de peine à nous rendre justice. Comment vos Grecs doués par la nature des plus belles formes, comment les habitans même de l'Egypte qui ne sont que basannés, reconnaîtraient-ils devoir quelque chose à des peuples qui, pour la plupart, ont les cheveux crépus, la peau

---

(1) Abulfarage, *hist. dyn.* p. 4.

noire et de grosses lèvres ! Ces préjugés nationaux, ces préventions locales durerent longtemps. Les hommes qui ne s'en tiennent pas à l'écorce, quand ils veulent apprécier un végétal, s'estiment entre eux d'après la peau qui les recouvre. La blanche prétendra toujours l'emporter sur la noire ; et cette diversité de couleur, la seule différence entre des êtres parfaitement égaux et semblables dans tout le reste, motivera les injustices les plus révoltantes. Le mélange des nations de teintes diverses se fera difficilement. Le sang coulera des deux parts ; sans que la vue des premières gouttes de ce sang soit capable d'éteindre le flambeau de la discorde allumé par des mains fraternelles. Un long esclavage pèsera sur cette région brûlée par le soleil, avant que les peuples aient pû s'entendre et se reconnaître. Pythagore, je prévois bien des maux, et je ne sais aucun moyen de les prévenir. Puisse-tu être plus heureux !

PYTHAGORE. Et le culte ?

SYSIMETHRÈS. Même parmi la multitude, il est des hommes ici qui n'en ont aucun (1).

Nous n'adorons avec le peuple, autre chose, que *la lumière du jour* (2) ; et par cette expression hiéroglyphique, nous entendons ce que le peuple est loin de comprendre, *la vérité*. Ne ressemble-t-elle pas, en effet, à l'éclat d'un beau jour ?

Nous sommes parvenus dans plusieurs de nos contrées à simplifier la théogonie. Le peuple

---

(1) Quelques Ethiopiens croyaient qu'il n'y avait point de Dieux. *Dictionn.* de Sabathier. *in-8°.*

(2) Lucien.

n'y reconnaît d'autres divinités que la récompense et le châtiment, ou si tu aimes mieux, l'espoir et la crainte. Ces deux mobiles, sanctifiés par un culte, nous suffisent pour contenir ou diriger la multitude.

L'Ethiopien s'est entendu quelquefois traiter d'*homme sans Dieux* (1), parce que dans l'une de nos provinces on ne consacre un rit qu'aux seuls bienfaiteurs de la nation. Assez souvent aussi, il arrive au peuple de murmurer contre le soleil, qui nous traite un peu sévérement, il faut l'avouer. Nous lui préférons le flambeau de la lune, plus propre à l'étude. C'est à sa douce clarté que nous nous rassemblons pour discuter paisiblement sur les moyens de prospérité dont notre patrie est susceptible. Le plus âgé d'entre nous préside nos discussions politiques, et en porte le résultat au roi qui est tenu d'y avoir égard.

PYTHAGORE. Votre demeure est consacrée par un temple au dieu *Pan*.

SYSIMETHRÈS. Courageux initié de Thèbes, tu sais que ce mot, qui exprime l'universalité des êtres, est en même-temps le nom de la divinité universelle des peuples. Des hommes irréfléchis trouvent absurde la diversité des cultes; tandis qu'ils ne diffèrent que par les formes. Le fond est le même; depuis les sources du Gange jusqu'aux embouchures du Nil, toutes les nations se sont accordées à rendre un culte d'admiration, qui ne dégénéra que trop vîte en fanatisme superstiticux, à ce grand ensemble, à ce Tout parfait dont nous sommes les parties imparfaites.

---

(1) Strabo. *geogr.* XVII. Diod. sic. *bibl.* III.

PYTHAGORE. C'est ce que m'a déjà dit l'hiérophante de Thèbes.

SYSIMETHRÈS. Eh! comment après avoir conversé avec un hiérophante, as-tu pris la peine de remonter jusqu'aux Gymnosophistes ? A Méroë, on ne se pique point comme à Thèbes, d'apprendre aux voyageurs des vérités nouvelles. Nous croyons ici que toutes les grandes vérités sont découvertes. Mais nous ne pensons pas qu'il soit nécessaire de les recouvrir de ténèbres, de les environner d'épines pour exciter à les apprendre. Pythagore! j'admire ton courage. Tu en as eu besoin pour parvenir à être initié, à contempler l'œuf et le double phallus. A présent que le premier enthousiasme doit être éteint, que te semble de tout ce qu'on t'a fait souffrir et du salaire que tu en as retiré?

PYTHAGORE. J'avais besoin de cette leçon. Il faut approcher des objets, pour les bien connaître; observés de loin, ils paraissent tout autre chose.

SYSIMETHRÈS. Nous ne faisons pas tant de bruit, mais peut-être plus de bien.

PYTHAGORE. Cependant, les pontifes de Thèbes ont obtenu la cessation des sacrifices humains.

LE GYMNOSOPHISTE. Mais à quel prix? On n'immole plus d'hommes en Egypte; je veux croire que cela est vrai. Mais on y sacrifie ce qu'une vierge estime plus que sa propre existence. A Thèbes, à Memphis, à Mendès et dans beaucoup d'autres villes, on ne verse plus le sang; mais les larmes de l'innocence coulent, sans attendrir l'ame d'un pontife lubrique. Le dernier attentat à la vertu d'une femme n'est-il donc pas aussi un grand crime que celui fait à la vie d'un homme ?

PYTHAGORE. Ah ! Sysimethrès ! Dans quelle affreuse alternative je me vois placé ? En Egypte comme dans l'Ethyopie, les désordres les plus révoltans se passent sous les yeux de la sagesse la plus profonde. Des deux parts, de grandes lumières et de grands forfaits ; et pour parler la langue de mes maîtres, le génie du mal constamment en équilibre avec celui du bien. Par tout où j'irai, pareil tableau m'attendrait-il ?

SYSIMETHRÈS. Je le crains.

PYTHAGORE. Me faudra-t-il donc en conclure que les hommes n'ont pas le droit d'être sévères les uns envers les autres. Ils sont également dignes de blâme......

SYSIMETHRÈS. De pitié.

PYTHAGORE. Mais, dis-le moi donc avant de nous quitter : à quoi la sagesse est-elle bonne ?

SYSIMETHRÈS. A empêcher les hommes de devenir plus méchans encore qu'ils ne sont.

§. LXXXVII.

Topographie éthiopienne.

J'AVAIS manifesté le desir de connaître l'intérieur de la contrée, de suivre le cours de ses fleuves et principalement de remonter vers les sources (1) du Nil ; le respectable vieillard s'empressa de me satifaire, en m'offrant pour

___

(1) Voy. le chap. II d'*une dissertation sur le Nil*, par Priezac. *in* 8°.

guide, un jeune Ethyopien rempli d'ardeur, idolâtre de sa patrie et des Gymnosophistes. Il était du très-petit nombre de leurs élèves destinés à leur être associés un jour. « Timasion ! lui dit Sysimethrès en ma présence : je te confie un dépôt sacré : je remets à ta garde la personne d'un initié ; accompagne-le aussi fidellement que son ombre. La gloire de ton pays est intéressée au jugement que Pythagore prononcera sur nous en retournant chez lui ». Le jeune Timasion s'inclina avec respect, et porta sur ses lèvres l'extrémité de ma ceinture ; puis pressant ma main droite dans les siennes, il dit : « prince des Gymnosophistes ; recevez mes actions de grâces ! Je serai digne de votre confiance et de son estime ».

Nous nous mîmes aussitôt en route, munis d'un hiéroglyphe vulgaire qui devait lever tous les obstacles devant nous. Mon guide étoit un jeune homme de vingt ans ; presque nu, sa peau était de la couleur de l'ébène ; une ceinture blanche faisait plusieurs tours sur ses reins et retombait devant lui avec autant de grâce que de simplicité. Il jeta sur son épaule la dépouille d'un léopard. Les formes de son corps étaient aussi régulières que les traits de sa physionomie étaient expressifs et beaux. Ses yeux semblaient deux volcans allumés sur une terre brune et vierge encore. Il avait le nez beaucoup moins aplati que ses compatriotes. Il balançait dans sa main un roseau du Nil dont l'une des extrémités, aigue comme la pointe d'un javelot, était armée d'une pierre. De son autre main, il portait un arc de côte de palmier, et long de quatre coudées. Une noble fierté respirait dans tout son maintien, à travers la candeur de son âge. Il marchait d'un pas ferme et mesuré.

« Après les grandes choses que t'a fait connaître l'initiation, (me dit-il), il ne te restait d'intéressant à voir que ma patrie : c'est celle des hommes libres, comme l'exprime son nom. Nos ancêtres l'étaient encore plus que nous, du temps qu'ils n'avaient d'autres maisons que leurs chariots ; voyageurs toute leur vie, ils remplissaient le vœu de la nature, qui n'a point fait l'homme pour être stationnaire sur un seul point du globe, à l'exemple du palmier. Nous sommes encore les véritables enfans de l'Inde et de la Chaldée.

Nous n'avons jamais passé sous un joug étranger (1). Sémiramis se mit en route pour nous imposer le sien : à peine eut-elle touché le sol éthiopique, qu'elle retourna sur ses pas. Avant elle, Hercule ne s'approcha de nous que pour rendre son tribut d'hommage à nos principes de justice. La justice et l'union furent toujours nos deux principaux remparts ; et ces remparts sont inexpugnables.

La voûte du ciel, la surface et les entrailles de la terre sont de feu pour nous. La poussière où nous imprimons nos pas dans la plaine, brûle le pied des étrangers qui nous visitent. Nous ne jouissons d'une température fraîche que sur la cime élevée de nos montagnes ; notre oreille est accoutumée aux éclats fréquens du tonnerre. Il est pourtant chez nous de vastes régions à l'abri de la foudre (2), comme en

---

(1) Diod. sic. *bibl.* III.
(2) Les Anciens avaient fait un proverbe de cette observation de physique locale.

Egypte. Notre sol en général est encore moins sulfureux que celui de nos voisins.

Les hivers sont courts (1), mais hideux. Nos pluies sont des torrens, et nos fleuves des mers qui ont un cours. L'eau et le feu se disputent sans cesse l'empire de nos contrées; et trop souvent nous payons les frais du combat.

Quand l'aquilon souffle en Ethiopie, c'est avec tant de violence qu'il détache des blocs entiers de roches vives (2), et agite ces lourdes masses dans l'espace, comme on voit les zéphyrs agiter une feuille d'arbre. La fertilité merveilleuse de nos terres nous dédommage, au-delà de nos besoins; nous sommes les nourriciers de l'Egypte. Le seul cumin (3) d'Ethiopie, mêlé au miel, guérit une infinité de maux. Cette plante, ici, a bien plus de vertus que sur les rives du Nil.

Outre ce grand fleuve, nous avons d'autres rivières dont les eaux sont si légères que le bois ne peut y surnager (4), et si pures que ceux d'entre nous qui s'y désaltèrent habituellement vivent bien au-delà d'un siècle.

Nous touchons les cieux, au moyen de nos montagnes; où s'en trouve-t'il de plus hautes? Ce n'est pas même dans la Lusitanie. S'il nous en coûte beaucoup de fatigues pour atteindre à leur faîte, arrivés-là, nous en recueillons les fruits. Là, se trouve le printemps, les près verds, l'onde fraîche, des lacs, et des ombrages délicieux. Là, sont des cèdres

---

(1) Deux ou trois mois au plus, ainsi que les pluies. Voy. toutes les relations.
(2) Ludolf. *in-folio.*
(3) Plin. *hist nat.* XX. 15.
(4) Herodot. III.

sauvages et des arbrisseaux plus utiles. Là, se trouvent des abymes entr'ouverts, qui attendent le coupable poursuivi par le remords. Là, sont des retraites inaccessibles préparées aux amis de l'indépendance. Un homme seul s'y défend contre tous les peuples à-la-fois. Jaloux de sa liberté, il dort paisiblement dans son habitation, qui n'est jamais fermée; car elle n'a point de porte (1).

Nous avons de l'or, de l'argent, du plomb, des pierres précieuses. Notre pays abonde en choses plus précieuses encore que les plus riches métaux. Trois grands fleuves l'arrosent; l'Astape, l'Astaboras, et le Nil, qui se grossit de leurs pertes. Le Nil est le plus beau présent que le ciel fasse à la terre. C'est notre orgueil; c'est le Dieu de la contrée. Toutes les sources lui payent tribut; il ne porte le sien qu'à la grande mer. Le nom de ce grand fleuve excite la curiosité des nations. Toutes voudraient savoir qu'elle est la source des eaux bienfaictrices de tant de peuples. On la cherche dans les profondeurs de nos montagnes : ce n'est pas sur la terre qu'on la trouvera.

Mortels ! levez les yeux vers le ciel. Là, est l'origine du Nil. Il a pour père le soleil lui-même ; parvenu aux signes septentrionaux du zodiaque, il y signale son passage par des pluies assez abondantes pour donner naissance à un fleuve, et lui fournir ces crues d'eau, impatiemment attendues par la haute et la basse Egypte. Le Nil décrit d'abord un large cercle, comme pour ramasser dans un seul canal toutes les eaux qui lui sont destinées.

---

(1) Nicolaus, lib. *de moribus gentium.*

C'est l'Ethiopie qui se charge de toutes ses dépouilles. Fier de tant de richesses, il sort de notre patrie comme un triomphateur, pour aller inonder l'Egypte de notre superflu. Plus heureux ici que sur cette terre basse, dévorée, après l'inondation, d'animaux rongeurs (1), qui hachent les gerbes en fétus.

Eh! que pouvons-nous raisonnablement désirer au-delà de trois récoltes en une seule année. Dans la même année, on nous voit semer encore le même champ qui nous a donné déjà deux moissons. Tous les grains aiment à produire dans notre Ethiopie. On y rencontre par tout les plus gras pâturages. L'homme et les animaux ne s'y disputent pas les alimens. La nature y est également prodigue pour tous. Le tuf pierreux, qui sert de base à la substance végétative, ne lui dérobe aucun des sucs dont elle a besoin. L'abeille s'y plaît mieux qu'ailleurs; où trouverait-elle une plus grande quantité de fleurs, et des fleurs plus odorantes? Pouvant compter sur chaque saison, nous ne sacrifions pas le présent à l'avenir; nous ne construisons ni granges ni magasins. Nous pouvons nous passer de la prévoyance des fourmis. Si la couleuvre, cachée sous l'herbe épaisse de nos vallons, nous pique de sa langue à trois dards, des plantes croissent sous notre main pour arrêter le venin du reptile.

Nos vignes ployent sous le poids de la grappe; mais nous nous gardons de convertir en boisson cet aliment nourricier. La figue de l'Inde préfère notre sol à sa terre natale.

---

(1) Ce sont les rats d'Egypte, dont parle AElian et beaucoup d'autres.

Elle

Elle acquiert chez nous plus de parfum et plus de goût.

La force de nos herbages double le volume de nos quadrupèdes ruminans. Nos grands troupeaux surpassent ceux de l'Egypte ; les taureaux d'Ethiopie en ont deux fois la hauteur. Comparés aux bœufs étrangers, ce sont des éléphans (1).

Nos coursiers ont trop de feu pour être assujettis à des travaux paisibles. Nous les réservons pour la guerre, ou pour des courses rapides. Des mules au pas sûr, se chargent de nos fardeaux, et supportent la fatigue des voyages du plus long cours. Elles nous servent de monture pour franchir les passages les plus dangereux entre deux précipices.

Dans la plaine, nous leur préférons le chameau patient, que nos sables brûlans n'incommodent ni ne rebutent jamais.

Nos troupeaux à toison offrent un phénomène qui ne se répète pas ailleurs (2). Nos brebis traînent derrière elles un charriot pour soutenir le poids de leur laine.

Notre Ethiopie est le berceau du premier des quadrupèdes. L'éléphant, le second des animaux, puisque l'homme existe, multiplie au milieu de nous, et semble discerner que la place du plus sage des quadrupèdes doit être parmi le plus juste des peuples.

Le lion et le tigre, la panthère et le léopard, l'hiène et le loup infestent nos grandes forêts ; mais ils n'en sortent pas pour attaquer

---

(1) Ælian. XVIII. 45. *hist. anim.*
(2) L'amour du pays rend Timasion exclusif.

l'homme paisible qui ne croit point avoir seul le droit d'exister.

Le singe malin ne vit auprès de nous que pour avertir le père de famille de surveiller sa maison, et pour apprendre à ses enfans à se défier des parasites.

L'hippopotame et le crocodile rendent peu sûres les deux rives de nos fleuves ; sans doute pour exciter l'industrie des hommes et les tenir éveillés sur leurs plus chers intérêts. Les espèces de poissons ne le cèdent pour le nombre et l'utilité qu'aux volatiles. Parmi les oiseaux, plusieurs, par reconnaissance des fruits qu'ils partagent avec nous, font la chasse à nos ennemis. L'ibis nous délivre des serpens.

Une prédilection aussi marquée pour nous exigeait de notre part plus de vertus que chez tout autre peuple. Nous n'avons pas eu de peine à en montrer toujours beaucoup : nous naissons tous portés au bien ; la seule vue du sang est déjà pour nous un supplice, bien loin d'aimer à en répandre.

PYTHAGORE. Bon jeune homme ! repris-je en l'interrompant ; tu n'as donc point assisté à la fête triomphale et religieuse célébrée dernièrement à Meroë. Le plus pur sang humain...

TIMASION. Je sais, sage initié, que sans toi deux meurtres se seraient commis ; et le fer sacré de la religion en eût été l'instrument.... Je ne te parle pas des habitans des cités; ils sont les mêmes par tout. Je ne crayonne à tes yeux que les mœurs de nos bons Éthiopiens des hautes montagnes, des vallons éloignés de la métropole. Tu te plairais à vivre parmi eux. Leur caractère est en parfaite harmonie avec tous les objets qui les entourent.

Ni querelleurs, ni vindicatifs, quoiqu'impétueux et jaloux de leurs droits, leurs premiers mouvemens sont à redouter. Quelquefois leurs bras sont aussi prompts que la pensée ; leurs animosités passent aussi vîte que l'éclair, et sans laisser plus de traces. Nous avons peu inventé, et presque rien ajouté aux connaissances et aux découvertes de nos premiers pères de l'Inde et de la Chaldée ; peut-être même aurions-nous laissé rompre entre nos mains le fil précieux des traditions hiéroglyphiques, si nos Gymnosophistes de Meroë ne se fussent chargés de sa conservation. Satisfaits de ce que nous possédons sans efforts, nous n'en faisons aucuns pour acquérir davantage ; et nous sommes trop bien dans notre patrie pour concevoir l'idée d'en sortir et d'être mieux ailleurs. Nous ne voyageons presque jamais, moins encore que nos jeunes frères les Egyptiens.

Une forte organisation nous donne de longs jours, et la modération de nos désirs est la sauve-garde de notre santé. Il est des régions entières dont les habitans ne mourraient jamais, s'ils pouvaient se préserver des accidens journaliers qui menacent la vie. Gravir des roches, traverser des torrens, franchir des précipices, sont les meilleurs préservatifs contre la maladie ; elle n'a de prise que sur les faibles ou sur les lâches. Nos Ethiopiennes sont robustes comme leurs maris. L'enfantement ne coûte aux mères ni cris, ni larmes, ni douleurs ; elles se délivrent du fruit de leurs entrailles, sans le secours et la main d'une étrangère. Elles s'agenouillent un moment, se renversent en arrière, et l'enfant vient au jour, et rampe aussitôt sur le sein maternel. La population des villes n'est pas difficile à connaître; mais quel nombre peut-on assigner aux habitans d'un pays montagneux, où les hommes sont dispersés, comme les oiseaux dans une vaste forêt ?

Je t'ai dit le maintien habituel, l'attitude générale de notre nation. Je ne pourrais te peindre nos usages particuliers. Chacune des peuplades qui composent notre chère patrie a ses lois, ses Dieux. Il en est même qui n'en ont point.

PYTHAGORE. Comment y suppléent-elles ?

TIMASION. Par l'instinct naturel, un peu grossier sans doute; mais droit et franc. Une source vient-elle à jaillir du milieu de leurs sables enflammés, ils se mettent à genoux autour d'elle pour en approcher leurs lèvres desséchées. Un voyageur, qui n'était pas initié aux premiers mystères de la raison, prit cela pour un acte superstitieux, et alla dire parmi les siens, que l'Ethiopie a choisi l'eau pour sa divinité. Ainsi, l'on a cru long-temps, et l'on croit peut-être encore que les Troglodytes se nourrissent de serpens, que les Sphylles s'abreuvent impunément du venin de la couleuvre. Tout ce merveilleux se réduit à quelques découvertes médicinales faites par nos compatriotes, obligés de disputer leur existence contre des reptiles qui abondent sur leur territoire.

Les Garamantes sont ceux qui se distinguent le plus parmi tous les Ethiopiens : j'en excepte toujours la saine partie des habitans de Meroë et les Gymnosophistes qui leur servent de flambeaux pendant la nuit, de soleils pendant le jour. Si on leur demande : « Quel choix avez-vous fait parmi les Dieux du pays et ceux de l'étranger » ? Ils ne répondent rien ; ils montrent la voûte du ciel, dont l'immenssité renferme tout, la terre ainsi que la lune, le soleil ainsi que toutes les étoiles ; voulant dire qu'ils ne rendent leur hommage qu'à l'universalité harmonieuse des choses ; et ce que croira difficilement le mortel qui n'est point initié, ni l'élève des Gymnosophistes (1), c'est que les Garamantes, qui ont si peu de culte, sont précisément ceux-là même qui ont le plus de pitié pour le malheur.....»

Après un assez long silence, Timasion me serrant dans ses bras, m'adressa ces paroles avec l'accent de l'ame fortement émue : « Sage initié ! demeure avec nous. Où pourrais-tu mieux être ? Je serai ton fidelle compagnon. Je guiderai tes pas. Tu guideras mon ame. Reste ici. Nous sommes dignes de toi, et tu n'auras jamais à te plaindre de nous ».

PYTHAGORE. Bon jeune homme ! je le voudrais. Ici, n'est pas le terme de la carrière que j'ai à parcourir. Par tout où je porterai mes pas, ton nom sera présent à ma mémoire, et ton souvenir cher à mon cœur.

Ces belles mœurs que tu viens de me tracer sont à mes yeux une merveille bien au-dessus de celles dont tu ne m'as point parlé. On m'avait dit que je trouverais en Ethiopie une fontaine qui frappe de folie le cerveau des buveurs.

---

(1) Tout ce récit est tiré d'une lecture raisonnée de l'*histoire éthiopique*, de J. Ladolphe. tom. I. 1681 ; que l'auteur des *lettres persannes*, Montesquieu, a consulté sans doute aussi, avant de peindre les Troglodites.

Son onde, de la couleur du cinabre (1), fait que ceux qui en usent n'ont plus de secrets.

Où se trouve aussi cette autre source dont les eaux pourraient tenir lieu d'huile (2)?

Timasion. Je ne t'en ai point parlé, pensant bien que tu préfères les beautés de la nature à ses écarts. On raconte sur notre pays bien d'autres monstruosités.

On n'a pas craint, on a eu la mal-adresse de nous reprocher notre couleur d'ébène; sans réfléchir que c'était faire notre éloge. De tous les peuples, nous approchons le plus du soleil.

L'Ethiopien, disent les autres nations jalouses, a les jambes grêles et sèches (3).

Mais sont-elles pesantes quand il s'agit de fuir la servitude, ou de poursuivre le despotisme?

Il est, disent-elles encore, des Ethiopiens qui n'ont ni bouche ni langue.

Il faut apprendre aux crédules que les Ethiopiens muets sont peut-être les plus éloquens des hommes. Nos hiéroglyphes, originaux sublimes, qui ont fait tant de copies, forment un langage silencieux, plus expressif que les paroles.

D'autres répètent, d'après des voyageurs peu clair-voyans ou mal-intentionnés : « Il est des peuplades entières dans l'Ethiopie, si sauvages, qu'elles n'ont jamais vu de flamme, et ne savent point se procurer du feu ».

---

(1) Pline l'appelle la *fontaine rouge*. hist. nat. XXXI. 2. Ctesias, cité par Sotion, *in excerptis*.
Senec. *quaest. nat.* III. 2.
(2) Théophraste, cité par Pline, *hist. nat.* XXXI. 2.
(3) Plin. *hist. nat. initio*.

Eh ! n'avons-nous pas le soleil ? Quelle flamme vaut ses rayons ?

Des topographes mal-habiles ont publié avoir vu des Ethiopiens hauts d'une coudée seulement, et d'autres qui en avaient bien huit.

Exagérateurs dans tous les sens, que n'êtes-vous muets ! nous serions délivrés des préventions fausses que vous propagez sur notre compte.

D'autres *Sapes* (1), tout aussi bien instruits, ou tout aussi crédules, s'en vont disant que dans l'une de nos contrées, celle des Sambriens, tous les animaux quadrupèdes naissent sans oreilles.

Ils mériteraient d'avoir des auditeurs organisés ainsi. Mais nous sommes fiers quand des hommes, bons observateurs, portent leurs pas sur notre sol, et leurs regards sur nos mœurs. Nous n'avons point à rougir en la présence du voyageur sage.

PYTHAGORE. Mon cher Timasion ! place-moi au nombre des étrangers qui se plaisent à rendre justice à l'Ethiopie, mère de plusieurs peuples qui ne la surpasseront jamais en vertu.

Timasion me fit parcourir une assez grande étendue de pays, sans trop m'apercevoir de la longueur de cette course. Une conversation animée charme le voyageur et le soulage.

---

(1) Ce mot signifiait *étranger*, dans la langue éthiopienne.

§. LXXXVIII.

Voyage aux sources du Nil.

Depuis plusieurs journées nous avions dans notre voisinage un grand fleuve, le plus considérable après le Nil. C'est le seul de l'intérieur de l'Afrique, me dit mon jeune guide. Il court d'orient en occident, et se prolonge jusqu'à l'océan Atlantique. On le nomme *Nigir*, et on le croit une émanation du Nil; il se déborde aussi régulièrement, et à la même époque.

PYTHAGORE. Cette ressemblance ne suffit pas pour prouver la filiation du Nigir; quand le soleil passe de l'équateur au tropique du cancer, il est vertical pour le climat; ainsi, la saison des pluies offre une cause commune aux fleuves qui coulent dans toute l'étendue de ce climat.

Après des recherches assez pénibles et infructueuses, nous reconnûmes enfin trois fleuves pour un seul (1). Le premier que les habitans désignent sous le nom de *Gir*, et qu'ils croient encore dérivé du Nil, parce qu'il surgit dans son voisinage; il conduit ses eaux d'orient en occident, plus reculé vers le couchant que le Nigir (2). Ces deux grandes rivières ont leur commencement et leur fin dans le même continent.

_____

(1) Danville. *acad. des inscript. et belles lettres.*
Ptolemée. *geog.* IV. 6.
Claudianus.
(2) *Hypotyposis geogr.* II. 10.

Le Gir étend son cours dans l'intervalle d'une montagne qui forme la vallée Garamantique, et d'une autre grande élévation connue dans le pays sous le nom d'*Usargala*. Il ne va guères plus loin que la capitale de cette contrée, qui porte son nom, *Gira*. Nous ne pûmes déterminer avec précison le point où il cesse d'être un grand fleuve. Les habitans de l'Afrique intérieure saignent leurs rivières presqu'à chaque pas, afin d'en dériver les eaux sur les terres qui n'ont que ce moyen pour être arrosées. Il s'en suit que les fleuves, loin de grossir leurs cours à mesure qu'ils le prolongent, perdent au lieu d'acquérir, diminuent insensiblement, et finissent par disparaître tout à fait à l'œil du voyageur.

Le *Gir* souffre de grandes dérivations; nous en distinguâmes deux principales, qui regardent le levant. L'une est dirigée vers les marais Chélonides ou des Tortues (1); là, se trouve la ville Lynxama.

L'autre dérivation, après s'être dérobée sous terre, reparaît pour aller former au levant un lac, que les Africains nomment le marais Nube, espèce de canal qui aboutit au Nil, à l'époque du débordement.

Le deuxième fleuve, que nous mesurâmes comme nous pûmes, coule entre les deux montagnes nommées Mandron et Thala, d'orient en occident, et s'abyme dans les eaux Atlantiques, que les naturels appellent la *mer ténébreuse*; et ils ont raison.

Rien de plus obscur par son antiquité,

---

(1) Ptolem. *Clim.* I. 3.

que l'histoire des insulaires qui ont donné ou emprunté leur nom à cet océan (1).

Sur le rivage de ce fleuve, et parmi les déserts sablonneux nous fîmes la rencontre bien inopinée de cinq jeunes hommes, traînant avec eux de grandes provisions. Le chef de cette petite troupe nous parla ainsi, après nous avoir forcé de partager leurs vivres; les nôtres étaient déjà très-avancés.

« Nous sommes de la nation des Lybiens-Nasamones (2), établie sur le bord de la grande Syrte; nés dans l'opulence et vivant dans l'oisiveté, nous nous trouvâmes un jour fatigués d'une telle existence: j'ouvris le projet à mes compagnons, d'aller visiter les déserts de l'Afrique et d'acquérir du moins la gloire de pénétrer plus avant que tous les voyageurs nos devanciers. Nous venons de parcourir toute la côte septentrionale de la Lybie, à commencer de l'Égypte jusqu'au Promontoire de Siloïs, borne naturelle de notre patrie. Toute cette région est habitée par diverses peuplades du même sang que le nôtre, excepté les établissemens qu'elles ont permis aux Phéniciens et aux Grecs. Au-dessus de cette côte maritime, la contrée est sauvage, déserte, pleine de sables inféconds, et d'animaux féroces.

Pythagore. Ce qui manifeste les ressources de la Nature, fertile en expédiens. Quand un pays est tout-à-fait inculte, il n'est pas pour cela dégarni d'êtres animés. Elle les y fait vivre les uns des autres. Les bêtes carnacières qui habitent ces grandes plages sablonneuses,

---
(1) Voy. *l'histoire du monde primitif, ou des Atlantes.* 2 vol. *in*-8°. 1780. par Delile de Sales.
(2) Herodote. II. *Euterpe.*

y existent ainsi, aux dépens de leur propre espèce : elles ont des imitateurs parmi les hommes; mais ceux-ci n'y sont pas toujours contraints par la nécessité!

Le chef des Nasamones. Enfin, après plusieurs journées de marches fatigantes, nous aperçûmes de grandes plaines, parsemées d'arbres dont nous cueillîmes les fruits. C'est là que nous commençâmes à revoir des hommes, mais plus petits que nous, et différens de langage comme de couleur. Ils nous firent accueil, et nous conduisirent à travers de grands marécages jusqu'à leur ville principale. Ce grand fleuve la traverse. Après quelque séjour, nous continuâmes nos recherches, et nous espérons pousser jusqu'aux véritables sources du Nil, dont les crocodiles semblent nous indiquer le chemin. On les dit cachées dans les montagnes Biblyennes (1) ou bien encore dans les monts de la Lune (2) ».

Je les détrompai, en leur démontrant que la direction de ce fleuve en indiquait un autre que le Nil. C'est le Nigir, leur dis-je. La ville métropole que vous venez de voir sur la rive septentrionale de ce fleuve doit être *Nigira*.

« Outre le Nigir, nous fîmes la découverte d'une autre rivière que les gens du pays appellent *Duradus* ou *Daratis*. Deux promontoires signalent cette contrée; ce troisième fleuve est redevable de son origine au mont Caphus.

Nous revînmes tous sur nos pas de l'extrémité occidentale de l'Afrique, où le cours de ces trois rivières reconnues nous avait portés.

---

(1) *Prometh.* AEschyl.
(2) Jovius, *hist.* XVIII.

Vers l'orient nous en reconnûmes une autre sortant du fond des terres et d'un canton aussi reculé que celui des Garamantes. On la nomme *Bagradas*. L'embouchure de ce grand ruisseau est dans la mer, près de Carthage, et sa source au pied de la montagne Dusargala. A quelques journées est Thabadis; et au levant de cette ville, Garama, chef-lieu du peuple de ce nom : on trouve aussi *Sabae*; au couchant de la première, on entre dans le *Bedirum* près du lit de la rivière Cinyphus, qui doit son existence à un lac. Elle est grossie des eaux d'un petit fleuve qui coule assez rapidement de la montagne Girgiris, riche, nous a-t-on assuré, en pierres précieuses, demi-transparentes, de la couleur du lait (1).

Un torrent, qu'on estime être un écoulement du Cinyphus, va se rendre à la mer au levant de la grande Leptis. On lui attribue pourtant une source à part dans une colline riante. Tout le pays qu'arrose ce courant est d'une aménité parfaite. Non loin de là est *Gerisa*, située au couchant de la grande Syrte, derrière des montagnes. Sur le rapport de plusieurs pâtres, cette ville est ornée de sculptures merveilleuses, faites en pierres.

Les sources du Nil étaient le principal objet de nos courses. Nous interrogeâmes tout le monde, nous réservant de fixer notre opinion, après avoir tout entendu, et vu tout ce que nous pourrions.

On rapporte l'origine du Nil à la partie de l'Afrique la plus reculée vers le couchant; ce fleuve sort d'une montagne peu éloignée de

---

(1) L'agathe calcédoine.

l'Océan et forme d'abord un lac. Caché ensuite sous les sables, il reparaît sur la frontière de la Mauritanie pour remplir un autre lac plus étendu que le premier. Il disparaît encore une fois, pour se montrer ensuite sous le nom de Nigir, puis sous celui d'Astape, dans sa traversée de la haute Ethyopie. Ainsi les Africains occidentaux possèdent sa source, et la laissent aller à l'orient. On ajoute que la montagne mère du Nil, appartient au mont Atlas, est très-élevée et se désigne sous le nom de Macennitide. Mais plusieurs rivières tombent à la fois de cette même excroissance de terre : à laquelle rapporter le grand fleuve?

Ce qu'il y a de plus certain, c'est qu'en remontant le Nil, entre le septentrion et le midi, on rencontre deux gros fleuves sur la gauche, ou dans la partie gissante vers l'orient. Il est certain encore que le Nil, pour arriver à la petite cataracte de Syené, dirige son cours entre le septentrion et le levant, après avoir couru vers le midi, avant de tourner ainsi vers le septentrion pour arriver aux frontières de l'Egypte (1).

Après que le Nil a parcouru un grand espace vers le septentrion depuis Meroë, il reprend vers le midi, au couchant d'hiver, et retourne presqu'à la hauteur où il a laissé la capitale des Ethyopiens. Delà, il revient encore au septentrion avec une déclinaison vers l'orient, jusqu'à ce qu'il ait franchi la grande et la petite Cataracte.

Le sommet du coude que fait le Nil en changeant sa première direction, est le siége de

---

(1) Strabon. XVI,

Napata, ville éloignée du golphe Arabique de trois journées de chemin.

La position astronomique de Meroë est connue, par la suppression de l'ombre dans les puits de cette cité ; ce qui indique un lieu placé sous le passage du soleil aux signes du taureau et du lion. Le défaut d'ombre au solstice d'été, dans les citernes d'une ville, range nécessairement cette ville sous le tropique, et ne lui donne que treize heures pour son plus long jour.

En remontant de la frontière d'Egypte dans l'Ethiopie, la distance terrestre viendra encore à l'appui de la détermination astronomique. Il faut appliquer les mêmes observations à la cité royale d'Auxume.

L'Astapus, qui arrive au Nil du même côté que l'Astaboras, lui est comparable en grandeur ; ils sort aussi d'un lac.

Quant au Nil lui-même, d'après plusieurs conjectures vraisemblables (1), on le fait naître de plusieurs sources au pied des montagnes de la Lune (2) ; l'écoulement de ces sources forme deux lacs collatéraux : de chacun d'eux sort un ruisseau ; l'un va rejoindre l'autre, après avoir fourni séparément une assez longue course ; la réunion de ces deux courants d'eau est enfin le Nil, composé de l'Astape et de l'Astaboras. Il ne faut pas croire à tout cet espace qu'on lui fait parcourir dans le vaste

---

(1) Il existe une statue antique représentant le Nil personnifié. La tête de cette figure allégorique est cachée par des nuages ; ingénieuse allusion à l'obscurité de la source de ce grand fleuve.

(2) Jovius. *hist.* 18.

champ de l'Afrique intérieure, ni trop étendre le passage de ce grand fleuve dans la bande australe de la zone torride; car la saison pluvieuse qui suit le soleil en cette zone, succédant dans la partie du midi de la ligne à une pareille saison dans la partie du septentrion, entretiendrait le débordement du fleuve, dont cette époque est la seule et véritable cause au-delà du temps qui lui est propre. Il en est pourtant qui placent son origine en Asie.

D'après ces données qui ne se vérifièrent pas toutes, nous rectifiâmes nos recherches sur nos propres erreurs.

Nous consumâmes dix jours pleins à parcourir la distance des monts de la Lune, au lac qui reçoit les deux premières branches du Nil.

Voyant nos six nouveaux compagnons de voyage, moins rompus que Timasion et moi aux fatigues d'une aussi longue route, plongés dans un lourd sommeil, au pied de l'un de ces monts de la Lune, que l'on croit le premier berceau du Nil, nous les quittâmes, pour faire une incursion dans le voisinage, après les en avoir prévenus par plusieurs caractères communs que nous traçâmes sur le sable, devant eux. Ils purent y lire, en s'éveillant, que nous les dispensions de nous attendre, si nous ne pouvions être assez tôt de retour; et c'est ce qu'ils firent.

Nous montâmes pendant un tiers de jour, sans trop savoir où cette course nous mènerait. Le ravin que nous suivîmes, aboutit à une ceinture de roches très-élevées, et serrées l'une contre l'autre; nous y cherchâmes long-temps une issue : enfin nous nous hasardâmes de ramper à travers une fente qui doit servir de passage à un torrent, dans la saison pluvieuse. Ce défilé étroit, heureusement franchi, nous trouvâmes un champ presque circulaire, de deux à trois mille pas de tour.

Arrivés au milieu, nous nous aperçûmes que nous étions comme emprisonnés dans une vaste tour qui aurait été construite avec des quartiers de cailloux monstrueux, posés les uns dessus et à côté des autres. En faisant nos perquisitions, nous vîmes sur le côté une fontaine aussi de forme ronde, et dont le diamètre nous parut être de cinq palmes. Nous mouillâmes nos lèvres sèches de son eau qui nous sembla fort agréable et très-légère. Nous lui cherchâmes, sans la trouver, une issue hors de ce lieu. Je voulus en vain en sonder la profondeur avec mon roseau; Timasion ne réussit pas mieux, en ne faisant qu'une seule mesure de nos deux cannes du Nil, liées ensemble l'une au bout de l'autre.

A trois jets de pierre de l'endroit où nous étions, s'élevait un très-petit bois; nous nous y portâmes aussitôt : il nous fallut rompre plusieurs branchages pour y entrer. Le bruit que nous fîmes n'éveilla pas un homme que nous aperçûmes étendu sur le bord d'une seconde fontaine aussi semblable à celle que nous quittions, que deux sœurs jumelles. Nous eumes tout le loisir d'examiner ce lieu, et la personne de celui qui l'habitait. Il était à peine vêtu; après un assez long sommeil, encore plus calme que profond, enfin il ouvrit les yeux, et se leva. Nous nous attendions à beaucoup de surprise de sa part à notre première vue; il n'en donna aucun signe, et vint à nous d'un

pas

pas ni lent ni précipité; ses premières paroles, en langage égyptien vulgaire, furent : « Choisissez l'eau de cette source, ou le lait de cette vache », en nous montrant un toit de verdure sous lequel ruminait le quadrupède, symbole de la déesse Isis. Un superbe figuier chargé de fruits, en ombrageait l'entrée. « Homme bienfaisant, lui dis-je, qui t'a donc confiné dans ce désert ? »

LE SOLITAIRE. Personne.
PYTHAGORE. Es-tu né sur ce plateau de montagne ?
LE SOLITAIRE. Non.
PYTHAGORE. D'où es-tu ?
LE SOLITAIRE. De l'Egypte.
PYTHAGORE. Qu'y faisais-tu ?
LE SOLITAIRE. Du bien.
PYTHAGORE. Qui t'a donc expatrié ?
LE SOLITAIRE. Le mal.
PYTHAGORE. Depuis combien d'années es-tu ici ?
LE SOLITAIRE. Quatre.
PYTHAGORE. Qui t'a fait choisir ce lieu de retraite ?
LE SOLITAIRE. Le hazard.
PYTHAGORE. Qui t'y retient ?
LE SOLITAIRE. La paix.
Timasion lui demanda : « Ces deux fontaines ne seraient-elles pas les deux sources du Nil, tant et si vainement cherchées ? »
LE SOLITAIRE. Je n'en sais rien.
TIMASION. Raconte-nous tes malheurs.
LE SOLITAIRE. J'ai perdu la mémoire.
TIMASION. Quel est ton nom ?
LE SOLITAIRE. Je l'ai oublié.
Viens avec nous à Méroë, reprit Timasion ;

Tome II. X

les sages Gymnosophistes sauront peut-être te rendre une partie du trésor que tu as perdu.

Le solitaire. Je vis bien sans cela.

Timasion. Qu'est-ce qu'une existence isolée ? Comment peux-tu te plaire ainsi seul, et loin de tes semblables ?

Le solitaire. L'univers existe bien sans compagnon.

Quoi, tu ne peux rien nous apprendre de la véritable origine du Nil, reprit encore Timasion ; nous qui venons tout exprès, et de si loin ?

Le solitaire. Me suis-je donc placé ici pour repaître la curiosité des oisifs ?

Timasion. Accueille un peu mieux un initié de Thèbes.

Le solitaire. Il serait l'hiérophante ; je ne reçois pas autrement ceux qui emploient si mal l'instant si court de la vie.

Timasion. A quoi donc passe-tu le temps, si tu reste insensible aux phénomènes de la nature ?

Le solitaire. Je n'en ai pas trop pour jouir de ses bienfaits.

Timasion. Est-il un lieu plus propre aux sublimes études des merveilles du ciel et de la terre ? Comment se plaire dans l'apathie, au milieu du plus bel atelier des sciences ?

Le solitaire. Jeune homme ! il en est une que tu devrais apprendre avant toutes les autres.

Timasion. Laquelle ? je te prie, parle ; explique-toi : que dois-je savoir d'abord, et avant toutes choses ?

Le solitaire. Te connaître, et connaître ceux à qui tu parles. Ce conseil vaut bien la découverte des sources du Nil. Allez en paix.

Nous redescendîmes dans le plus grand silence ; Timasion n'osait plus ouvrir la bouche. Nous fûmes un moment distraits par une phalange de grues qui vinrent s'abattre sur le mont que nous venions de quitter (1) ; elles arrivaient de la Thrace ou de la Scythie.

Nos compagnons de voyage s'étaient remis en route sans nous ; nous les rencontrâmes quelques heures après. Ce pays de montagnes forme une espèce de labyrinthe où l'on revient plusieurs fois sur ses pas, et où l'on se retrouve au moment qu'on s'y attend le moins. Nous nous réunîmes pour achever tous ensemble cette entreprise, l'une des plus difficiles à exécuter par de simples mortels. Il faudrait avoir l'aile de l'aigle, pour planer au-dessus de toutes ces élévations, et pour embrasser d'un coup-d'œil ce grand ensemble de la nature, sans lequel on reste toujours étranger à ses secrets.

Mes chers disciples ! c'est tout ce que nous pûmes savoir dans l'espace de cent cinquante journées ; et le grand Sésostris, avec tous ses moyens, en sut encore moins que nous sur cet objet. Il est plus facile de faire des conquêtes que des découvertes. Nous apprîmes seulement que le Nil, dans le pays de son origine, s'appelle *Abanuvi* ; et que tous les ans, entre ses deux sources, les habitans des hameaux voisins se rassemblent pour aviser à leurs intérêts communs. C'est dans cette réunion que toutes ces peuplades resserrent

---

(1) Aristotel. *hist. anim.* VIII. 12. IX. 10.

leurs liens fédératifs. Les Ethiopiens s'acquittent en même temps d'une sorte de cérémonial religieux (1). Les deux plus âgés d'entre eux jettent dans les deux sources, au nom de tous, une mesure d'encens et une couronne; puis remplissant une large coupe de l'eau du fleuve, ils la font passer sur les lèvres des principaux assistans.

Timasion me fit part de ses réflexions à ce sujet. « Les hommes, me dit-il, qui s'acquittent si paisiblement de cet acte de reconnaissance, sont loin de soupçonner les grands effets produits par une aussi petite cause. La pente d'un ruisseau, dirigée d'un côté plutôt que d'un autre, détermine les destinées de cinquante millions d'hommes. Un peu d'eau enfante des nations entières (2). Les deux premiers peuples du monde doivent leur existence aux pluies amassées dans les deux petits bassins d'un monticule (3) ».

PYTHAGORE. Mon cher Timasion, le rapprochement que tu fais, peu glorieux aux hommes, leur prouve du moins combien ils ont tort de

---

(1) Si jamais la bienfaisance a engagé les hommes à l'adoration, le Nil a du inspirer ce sentiment plus vivement peut-être que le soleil dans les autres pays.
Caylus. *antiquités égypt.* tom. VII. *in*-4°.

(2) Ceci donne à soupçonner que ces animaux engendrés de la vase du Nil (pris à la lettre par quelques-uns), n'étaient qu'un hiéroglyphe pour exprimer que la présence de ce fleuve est la principale cause de la population de l'Egypte, en attirant sur ses bords les peuples et les autres animaux.

(3) *Nulla potest ratio assignari quam pluvias ceu à sole, ceu à certo sidere.*
Scaliger. *exercitat.* 47.

s'enorgueillir de l'éclat éphémère qu'ils jettent autour d'eux. A quoi tenait-il qu'on ne parlât jamais de l'Ethiopie et de l'Egypte? Les vertus des peuples, ainsi que celles des individus, ne seraient-elles que des localités? Cent mille bras dressent les pyramides, construisent Thèbes et Méroë. Qu'une haleine de vent cesse tout-à-coup de souffler quelques nuages (1) ou des neiges sur la haute Éthiopie (2)! En peu d'années, tout l'espace, depuis les sources du Nil, jusqu'à ses embouchures, n'offre plus que des ruines, des ossemens, et un désert.

Nous quittâmes nos cinq Nasamones, bien avant de rentrer dans la ville sainte des Gymnosophistes de l'Ethiopie. Timasion voulut me remettre lui-même dans les bras du respectable Sysimethrès. Après tout un mois de nouvelles études sous ses yeux, ne me ressentant plus des fatigues de mon voyage aux sources du Nil, je rendis mes actions de grâces aux sages de Meroë, et repris ma route pour rentrer dans l'Egypte.

Pendant mon séjour en Ethiopie, je vécus principalement de dattes (3).

Ce fruit rond mûrit pendant trois ans, suspendu à des rameaux longs d'une coudée.

Que l'homme serait heureux et indépendant, s'il pouvait se convaincre une fois combien il lui est facile de pourvoir à l'entretien de la vie! Un seul arbre, en beaucoup de lieux, suffirait aux besoins de toute une famille.

---

(1) Herodote. *Euterp.*
(2) Plutarch. *plac. philosoph.*
(3) Plin. *hist nat.* XIII. 4.

§. LXXXIX.

Maladie, Mort et Jugement du roi Amasis. Inauguration de son successeur.

Je m'arrêtai peu de jours à Thèbes, y ayant appris qu'Amasis était malade. Cet événement concourait à un phénomène qu'on ne se rappelait pas avoir vu dans cette cité antique. Il y tomba un peu de pluie (1) : ce qui frappa le peuple ; il se crut menacé de quelque grande catastrophe. Je me rendis aussitôt à Memphis, dans l'intention de mettre à profit l'état du prince, en faveur des malheureuses victimes enfermées dans les pyramides du labyrinthe.

La capitale des Egyptiens était dans le trouble ; les plus grands mouvemens avaient lieu à la cour ; je m'y rendis, après avoir embrassé Gaphiphe ; toutes les avenues du palais étaient obstruées par la foule des citoyens agités de sentimens divers. Je lus sur le visage du plus grand nombre une sérénité maligne, qui ne faisait pas l'éloge du prince mourant.

Comme il respirait encore, on n'osoit trop se livrer à l'espoir de se trouver mieux sous le règne qui allait succéder au sien.

Dans ces conjonctures délicates, les médecins du palais, qui étaient des prêtres du collége de Memphis, avaient eu recours à un antique usage (2), que je retrouvai chez plusieurs autres nations ; c'est de placer le malade sur le seuil de sa maison, exposé à la vue des passans,

---

(1) Herodot. III. *Thal.*
(2) Voy. ci-après, le voyage à Babylone.

invités à dire leur avis et à proposer des moyens de guérison sur les maux qu'il souffre (1).

Amasis ne fut point descendu sous le portique de son palais ; mais on donna connaissance sur de grandes tablettes de l'espèce de maladie dont il était atteint. Elles portaient en substance :

« Habitans de Memphis et de l'Egypte ! vous êtes menacés de perdre votre roi ; il est prêt à succomber sous le poids de ses grands travaux ; sa tendre sollicitude pour ses peuples depuis long-temps lui enlève le sommeil : de grandes chaleurs d'entrailles, une violente fermentation dans son sang, et d'autres symptômes non moins effrayans, nous font craindre pour ses jours. Nous avons interrogé les six cahiers qu'Hermès trismégiste, nous a laissés touchant la médecine des corps ; ils sont muets sur la triste situation du monarque ; les prêtres médecins croient devoir recourir à l'assistance et aux consultations de tous les bons Egyptiens, et même de tous les étrangers résidens et connus à Memphis ».

A côté de cette proclamation, étaient suspendues plusieurs autres tablettes, préparées à recevoir les conseils et les lumières de quiconque voulait en donner ; on n'en était pas responsable, ni obligé de les souscrire de son nom.

Cette latitude offrait carrière aux mécontens ; il y eut même des citoyens assez courageux pour avouer ce qu'ils tracèrent sur ces tablettes ouvertes à tous venans. J'y lus des choses bien

---

(1) C'est ce qui fait que Homère, Platon et Plutarque disent que les Egyptiens étaient tous médecins.

extraordinaires et d'une franchise qui, en dernier analyse, n'était que de la lâcheté; j'en fis l'observation à un Memphien, qui écrivit sa pensée sous mes yeux, et en ces termes :

La meilleure consultation à donner aux médecins d'Amasis, c'est de le laisser mourir, il n'a que trop vécu.

Je ne pus m'empêcher de dire à l'auteur caustique de ces trois lignes (1): « Pourquoi attendre la mort prochaine du roi ? il n'est plus temps de l'éclairer sur sa conduite ; c'est de son vivant, qu'il fallait lui parler ainsi. Tu as craint la toute-puissance du monarque en santé, et tu t'attaques à un moribond. On n'amende point les morts. Laisse Amasis descendre en paix dans la tombe, puisque tu l'as laissé tyranniser en paix sur le trône. Il est glorieux de risquer sa vie pour faire entendre la vérité aux rois ; il est honteux de n'oser s'expliquer sur leur compte, en toute liberté, que quand on n'en a plus rien à craindre ».

Un autre citoyen dessina une momie couronnée, dans la couche d'Altazaïde, avec ces mots en bas :

Que celle qui a fait le mal, le répare !

Un autre peignit le roi et l'Egypte gissans tous deux sur la même civière ; et au-dessous, un vers égyptien, dont voici le sens :

Le plus malade, hélas ! n'est pas celui qu'on pense.

---

(1) *Ægyptii, viri... injuriosi... epigrammatarii...* Vopiscus, *in saturnino.* VII.

Un autre écrivit :

J'ai bien une recette pour abréger un mauvais règne; je n'en connais pas pour allonger la vie d'un mauvais roi.

et il signa.

Un autre :

Quand un crocodile est malade, on ne va pas chercher de médecins.

Un autre, ce fut le seul, indiqua en effet quelques plantes peu connues, dont il promettait les plus heureux effets ; mais sa consultation était terminée par ces paroles :

Sauvons le tyran, dans la crainte d'en avoir un pire.

Les prêtres de la classe de ceux qui n'étaient pas médecins en même-temps, multipliaient jour et nuit les sacrifices dans tous les temples de Memphis et des environs, afin d'entretenir le peuple dans l'idée qu'il doit avoir de son chef ; il importe que la multitude croye les jours des rois dans la main des dieux ; telle est la politique égyptienne. Tous les sanctuaires exhalaient l'encens ; ceux de Sérapis et d'Osiris, d'Hermès et de Saturne, et principalement celui de Vulcain, dont la fondation remonte aux premiers temps de l'empire. On y chantait des hymnes que le peuple répétait volontiers, se doutant bien qu'ils seraient sans effet.

Je me présentai aux portes de l'appartement du prince : Altazaïde avait donné l'ordre de ne laisser entrer personne à son insçu. Cette étrangère jouissait d'un crédit que le fils même du monarque n'osait heurter. On me conduisit vers elle, pour en obtenir l'accès auprès d'Amasis.

« Pythagore ! me dit-elle, en me répétant avec affectation le geste d'Harpocrate dont elle avait déja scellé sa confiance envers moi ; Pythagore ! tu ne peux entrer en ce moment. Le roi repose.

Pythagore. En attendant que je puisse lui parler, je m'entretiendrai avec le prince son fils ; il est auprès de son père.

Altazaïde. Oui, mais tout le poids de la couronne retombant sur sa tête, il n'a point de loisirs à donner aux savans, aux voyageurs, ni aux étrangers.

Pythagore. Je reviens à la cour d'Amasis avec un titre plus sacré encore que ces trois-là ; toutes les portes doivent s'ouvrir en la présence d'un Initié.

Altazaïde. Pythagore ! vous êtes initié.

Pythagore. De Thèbes... en voici l'hiéroglyphe saint.

Altazaïde. Pardonnez-moi les mesures de prudence que j'ai cru devoir prendre envers ceux qui approchent du monarque ; il est mal et souffre beaucoup... permettez que je le dispose à vous recevoir convenablement.

Pythagore. Il n'est pas nécessaire ; je verrai d'abord Psammétis.

Altazaïde. Pythagore ! de la discrétion... un initié doit en avoir plus qu'un autre ; et vous y êtes au moins aussi intéressé que moi.

Pythagore. Altazaïde ! je connais mes devoirs ; sachez le vôtre, en ne me retenant pas plus long-temps ici. Ma place n'est pas auprès de vous ; je veux entrer chez le roi.

Altazaïde terrassée par ces dernières paroles, n'osa insister, et les officiers de l'intérieur du palais m'ouvrirent tous les passages.

« C'est vous, Pythagore, me dit l'héritier du trône d'Egypte, en me tendant la main ; vous venez à propos ; cette cour est bien changée depuis votre départ : vous auriez peine à reconnaître mon père ; ce n'est plus ce prince ami de tous les plaisirs, et se mettant au-dessus des préjugés, même les plus saints. Vous allez le voir entouré de concubines et de prêtres, ne pouvant se détacher des premières, et se faisant assister des autres, pour franchir le dernier pas de la vie. Agité d'une double inquiétude, il craint de vivre et de mourir. En voici peut-être les causes secrètes : Amasis, tributaire de Cyrus, eut honte de l'être de son successeur. Celui-ci, jaloux d'ailleurs de l'éclat de cet empire, nous menace d'une guerre qui sera terrible, si rien n'arrête ou ne balance son ressentiment. Les préparatifs semblent annoncer qu'il ne se propose rien moins que notre ruine totale ; déjà, nous mandent nos observateurs, l'ordre de marche est donné, et Cambyse se met à la tête de son armée. Elle est innombrable. Cet événement commença par inquiéter beaucoup le roi mon père, instruit du peu de dispositions favorables de ses peuples envers lui ; mais ce qui le frappe d'un coup dont il aura peine à se relever, c'est l'avis certain qu'il avait en Egypte, dans son palais, tout près de lui, un ennemi bien plus perfide, dans la personne de cette femme étrangère, qui depuis longues années préside aux plaisirs d'Amasis. Nous ne pouvons plus en douter ; cette Altazaïde a fait passer au roi des Perses le secret de nos forces, de nos ressources, de nos espérances; tous nos moyens lui sont connus comme à nous : je fais en ce moment circonvenir la coupable ; elle n'évitera point sa destinée, la nôtre n'en est pas moins affreuse, et il est bien tard pour détourner cet orage. Le peuple ne s'en doute pas encore ; mais la tempête ne peut tarder à se manifester dans toute son horreur ; et ce moment terrible, qui n'est pas loin, fait une telle impression sur l'esprit de mon père, que tous ses sens en sont bouleversés ; je crains qu'il n'y succombe, passons auprès de lui.

PYTHAGORE. Prince ! il n'est point nécessaire. Peut-être ne me reconnaîtrait-il même pas. Recevez en son nom mes actions de grâces, et donnez-moi sujet de vous en rendre de nouvelles, en m'accordant ce qu'il m'a fait espérer, la délivrance d'une famille entière ensevelie vivante dans l'intérieur de la pyramide du labyrinthe.

LE FILS D'AMASIS. Pythagore, vous réitérerez votre demande à mon père lui-même. Que la dernière action de sa vie soit un acte de vertu ! Venez ».

Psammétis ordonna aux officiers du roi de m'annoncer sous le titre saint dont j'étais revêtu. Ils obéirent.

« Grand roi Amasis, s'écrièrent-ils à trois reprises, un initié de Thèbes demande à être présenté devant vous.

Un initié de Thèbes ! dit le prince mourant, avec beaucoup d'efforts. Ah ! sans doute, ce sont les Dieux qui me l'envoient, pour me prononcer leur jugement. Femmes ! sortez d'ici. Qu'il ne reste devant ses yeux rien que de pur ! »

Amasis n'eut pas le temps d'en dire davantage, ni de me reconnaître; il expira dans une convulsion, en fixant ses yeux sur ma longue robe blanche.

On se hâta de procéder à l'embaumement d'usage, le corps du prince n'étant pas assez sain pour être porté à découvert au lieu de la sépulture, dans la ville de Saïs. Car on ne pouvait raisonnablement espérer de lui faire accorder les honneurs du labyrinthe. : on ne les obtient qu'après une épreuve rigoureuse. Un jugement solennel doit intervenir (1), en présence de toute la nation représentée par un député de chaque nome (2). Les envoyés firent diligence; le grand jour du jugement des rois vint à luire. On dressa le tribunal sur l'un des côtés de la place publique avoisinant la porte de Memphis qui mène à Saïs. Les prêtres-magistrats prirent leurs rangs sur de hauts gradins demi-circulaires(3). A la partie opposée on avait construit un immense amphithéâtre propre à recevoir une multitude très-considérable, présidée par les représentans des nômes.

Ce grand acte de justice commence à l'entrée de la nuit : les rayons du soleil ne doivent pas éclairer cette scène lugubre et redoutable. Le pâle flambeau de la lune, la seule lumière admise à cet auguste cérémonial, frappe directement l'imposant hiéroglyphe de la vérité, qui domine toute l'enceinte.

---

(1) Diod. sic. I. 6. *bibl.*
Essais de Montaigne. I. 3.
(2) Ou province, ou département.
(3) Au nombre de quarante, selon Diod. sic.

Le char funèbre vint s'arrêter au milieu de la place. Le corps d'Amasis y fut exposé à tous les regards, mais renfermé dans le cercueil de la momie. Le fils du mort, ou son successeur présumé au trône, se voit contraint d'assister à cette grande leçon, dont il est le principal objet; mais il doit en être le témoin muet: il lui est défendu d'intervenir dans cette procédure toute nationale.

Ce moment procure une jouissance bien vive au peuple. Son ame oppressée par plusieurs années d'un silence pénible sur ses propres maux, se soulage en assistant à ce simulacre de justice tardive. Il faut si peu de chose pour le satisfaire ! Il se console, comme il se décourage, avec la légèreté de l'enfance.

Amasis était déjà jugé dans l'opinion ; néanmoins, les lois constitutionnelles de l'empire veulent que l'expression du vœu général soit formelle et fortement prononcée (1). Un héraut commanda le silence, au nom des Dieux juges suprêmes des rois.

Le chef du tribunal se leva et dit : « Peuples, Amasis a cessé d'être votre roi. Lui devez-vous des actions de grâces ; lui devez-vous des malédictions ? Mérite-t-il une demeure éternelle dans la région des ames vertueuses ? où devez-vous abandonner sa dépouille, pour être déposée sans gloire dans le sépulcre de sa famille ? Vous tous qui avez à parler pour ou contre Amasis, approchez, et rangez-vous les uns à sa droite, les autres à sa gauche ».

La foule devint immense de ce dernier côté. Le chef du tribunal montra aux yeux de

---

(1) L. gr. Gyraldi, *de sepulchris*, 1533.

l'assemblée l'image de la justice, peinte sur un grand médaillon suspendu à son col. A cette vue, il se fit un recueillement de plusieurs minutes. Un Egyptien du petit nombre de ceux qui s'étaient placés à la droite du cercueil, demanda à parler en faveur d'Amasis. Je remarquai que cet homme, ainsi que la plupart des panégyristes du prince défunt, étaient des officiers de sa maison, voulant conserver leur place, et ayant remarqué beaucoup de piété filiale dans le caractère de Psammétis.

Ils espéraient que le fils leur saurait gré et leur ferait un mérite d'avoir défendu la mémoire de son père, et tâché de la préserver d'un décret infamant.

« Amasis, dit l'un d'eux, ne dut qu'à son mérite personnel, le rang suprême qu'il occupa avec tant de gloire. Amasis.... »

Il allait continuer, malgré un murmure sourd qui s'élevait déjà. Le chef du tribunal l'interrompit, pour dire :

« Vous tous, disposés à parler, n'entassez point de suite éloges sur éloges, griefs sur griefs. Que les louanges et le blâme se succèdent avec ordre, et s'il se peut avec impartialité, et dans le calme de la raison. Vous qui vous portez contre Amasis, quelle est votre réponse à ce qui vient d'être dit en sa faveur ? »

UNE VOIX CONTRE. Amasis s'éleva jusqu'au trône en rampant comme un reptile, et s'y maintint avec plus de bonheur et d'adresse que de vertus et de talents.

POUR AMASIS. Il fut le protecteur éclairé des arts et des artistes. Il a laissé plusieurs beaux ouvrages.

Contre. C'est-à-dire, il perdit le temps à deviner les énigmes que lui envoyait le roi d'Ethiopie (1); et insultait aux Dieux, en fabriquant leurs saintes images avec les meubles d'or de son palais, consacrés auparavant aux plus vils usages (2).

Pour. Il orna les temples de monumens durables.

Contre. Pour immortaliser son nom, en se plaçant à la suite des Dieux.

Pour. Il fut l'ami des hommes.

Contre. Surtout des Grecs, qu'il appelait à tous les postes de confiance, au préjudice des Egyptiens.

Pour. Sa brillante cour fut la gloire de l'Egypte.

Contre. ....Et le fléau des mœurs.

Pour. S'il paya tribut au bonheur des armes de Cyrus, il le refusa à son successeur....

Contre. Ensorte qu'après nous avoir avilis pendant son règne, il nous lègue après son trépas une guerre affreuse à soutenir.

Pour. Sans doute, il fut sage ce monarque, puisque les Sages de la Grèce vinrent tout exprès jusqu'ici pour le voir.

Contre. Ce n'est pas ce que Solon et Thalès firent de mieux et de plus utile.

Pour. L'Egypte est redevable au roi Amasis de plusieurs bonnes lois.

Contre. Quand il aurait mis à ces lois quelque chose de plus que le sceau royal,

---

(1) *Æthiopum rex mecum certamen quoddam instituit. Epistola* Amasis ad Biantem.
(2) Allusion à la cuvette. Voy. ci-dessus, page 332. tom. I. §. XLI de cet ouvrage.

lui avons-nous des obligations pour avoir rempli les siennes?

Pour. Jamais roi laissa-t-il en mourant son peuple plus nombreux, plus florissant?

Contre. Amasis l'avait trouvé tel, en s'emparant de la couronne par surprise.

Pour. Il eut des faiblesses, et se livra à quelques excès. Mais.....

Contre. Pourquoi pallier ses fautes? Amasis ne fut rien moins que sobre (1). Un prince qui ne l'est pas règne toujours mal.

Pour. Il était populaire....

Contre. Comme le sont tous les despotes hypocrites et lâches qui caressent le peuple, qu'ils méprisent et qu'ils craignent.

Pour. Amasis était considéré de tous les rois voisins....

Contre. Comme lui, tyrans (2) et libertins.

Pour. Son fils fait l'éloge de l'éducation qu'il lui donna.

Contre. Si ce fils a des vertus, c'est qu'il sut résister aux exemples de son père.

Les débats ne se prolongèrent point longtemps. Les défenseurs d'Amasis osèrent à peine insister. Un ris moqueur et presqu'universel, accueillait chaque éloge sorti de leurs lèvres tremblantes. Ils abandonnèrent une aussi mauvaise cause, et se turent, en rentrant dans la foule, honteux de leurs tentatives infructueuses.

Le tribunal attendit encore quelques instans: personne ne se présentant pour défendre le mort, le chef des prêtres-juges ouvrit une

---

(1) Ælian. *Var. hist.* II. 41.
(2) Allusion à Polycrate, roi de Samos.

Tome II.

urne où les représentans des nomes allèrent tout-à-tour déposer leurs suffrages pour ou contre le monarque défunt. L'hiérogrammatiste (1), après l'examen, déclara aux magistrats qu'il n'y avait pas une seule voix pour accorder les honneurs du labyrinthe au corps d'Amasis. Alors, le jugement fut prononcé dans cette forme : le premier des magistrats se recueillit un moment pour contempler le médaillon qui retombe sur sa poitrine, puis proféra lentement et avec gravité, un décret attendu dans le silence le plus parfait, et conçu en ces termes :

« Les Dieux et le peuple d'Egypte déclarent le roi Amasis indigne, après son trépas, du séjour réservé aux mortels vertueux. *Il ne jouira pas d'une vie éternelle parmi les gens de bien* (2) ».

Habitans de Memphis, et de toute l'Egypte, ajouta le chef du tribunal, après avoir réclamé de nouveau le plus profond recueillement :

Vous avez fait justice des morts; rendez-la de suite aux vivans. Les fils de famille ne sont point responsables des fautes de leur père. Le collége des prêtres et le tribunal des magistrats proposent au peuple d'Egypte de maintenir à Psammétis la succession au trône ».

Une acclamation générale se fit entendre. Une foule empressée arracha Psammétis au corps de son père, et le conduisit au temple pour le faire recevoir parmi les pontifes.

En Egypte, la couronne était élective (3)

---

(1) *Le scribe*, comme qui dirait aujourd'hui : le *secrétaire*, ou *greffier*, ou *scrutateur*.
(2) Fragment du texte même de la formule égyptienne.
(3) Diod. sic. *bibl.* L.

dès les premiers temps; et elle l'est bien encore; car le fils ne succède à son père sur le trône, qu'autant que le peuple du Nil, quand il veut avoir une volonté, y consent. Mais là, comme presque par tout; ce n'est jamais son propre vœu que le peuple émet. Il est des gens officieux qui ont l'art de diriger secrétement les suffrages. Quand cela ne serait pas, toute une multitude peut elle jamais être assez éclairée pour exercer ses droits avec discernement?

Quant à ce jugement dernier des rois d'Egypte; ou plutôt à ce procès fait à leur cadavre; cette institution a plus d'appareil que de fondement, est plus imposante que profitable. Ce n'est plus qu'un vain cérémonial; et cela ne pouvait manquer d'arriver. Un examen public de la conduite du monarque à la fin de chaque année, eût peut-être rempli mieux l'attente du peuple et l'intention du législateur qui fonda cette pompe politique. Obliger le magistrat suprême à rendre raison tous les ans de son administration, serait un véritable frein pour les rois, une garantie certaine pour leurs sujets.

Je m'étonne qu'une mesure aussi naturelle, aussi sage ne soit pas venue à la pensée de la nation égyptienne. Mais il se peut qu'on l'ait fait avorter dans son germe, ainsi que le plan d'un gouvernement fédératif. Tout ce qui est juste a dû frapper le cerveau de l'homme, mais n'a pas toujours été produit au dehors. Il y a loin du concept à l'exécution. D'ailleurs, on aurait surement indiqué aux rois quelque secret pour éluder ou rendre illusoire cet examen annuel de leur conduite. Quel peuple a pu jamais contraindre ses magistrats suprêmes à lui donner raison de leur administration?

La loi atteint tout le monde, excepté ceux qui la font ou qui la gardent.

Les choses, du moins, se sont toujours passées ainsi jusqu'à ce moment, surtout chez les grandes nations.

La pompe funèbre ou plutôt le char et les conducteurs prirent la route de Saïs pour y déposer leur fardeau dans le silence et comme furtivement. Selon l'usage, on peignit sur l'enveloppe de la momie l'hiéroglyphe du mort: la malignité y traça une outre pleine de vin, liée avec un bandeau royal, et au-dessous le nom d'Amasis en écriture alphabétique.

Un autre artiste, aussi fidèle interprète de l'opinion générale, exposa en public sur le passage du cortége funèbre et clandestin d'Amasis cet hiéroglyphe satyrique:

Sur une pierre (1) *hematite*, je distinguai, debout, un corps humain à tête canine, étendant les bras devant un lion qui marchait à petits pas, la tête baissée sous le poids d'une momie (2).

L'auteur de cette censure pittoresque m'en donna lui-même l'explication.

« D'abord, me dit-il, remarque le choix de la pierre; elle a la couleur du sang, quand il est sec et caillé; elle convenait donc parfaitement à un tyran.

Anubis n'aboie point. Au contraire, de ses deux bras étendus à droite et à gauche, il commande le silence et semble dire aux habitans du Nil:

« Peuples d'Egypte! ne faites point de bruit;

---

(1) *AEmatites*, du grec Αἷμα, *sanguis*, pierre sanguine.
(2) Caylus, *antiq. égypt.* tom. IV.

laissez passer en paix la momie royale. Amasis n'est peut-être qu'endormi. Ah! craignez le réveil d'un despote ». Le lion est le type qu'il aimait à prendre pour désigner un monarque. Le puissant quadrupède paraît affaissé sous le fardeau cadavereux. En effet, il n'y a rien de plus lourd à supporter qu'un mauvais prince.

Après plusieurs jours de retraite dans les souterrains des prêtres de Memphis qui l'initièrent à tous leurs secrets, Psammétis fut inauguré roi d'Egypte. J'assistai à son couronnement. On lui posa sur la tête un diadême d'or, fabriqué sous la forme de plusieurs serpens enlacés l'un dans l'autre. On lui passa un collier du même métal; on arma sa main d'un sceptre d'or aussi, figurant un fléau de batteur en grange ou le soc d'une charrue; je ne pus bien distinguer cet objet: on lui fit porter sur les épaules le joug d'or du taureau Apis. Revêtu d'une tunique fort modeste, on lui ordonna de lire sur les saintes écritures du Trismégiste les sermens accoutumés, garans des droits du peuple:

« Je promets, prononça-t-il tout haut, de maintenir les formes constitutives et fondamentales de la monarchie égyptienne, de reconnaître l'ordre héréditaire, de ne point franchir les bornes posées à l'autorité royale, de conserver dans l'exercice libre de la justice un corps particulier de prêtres-magistrats, à qui les lois donnent une force assez grande pour servir de contre-poids à mon pouvoir, si j'avais le malheur d'être tenté d'en abuser. Je promets de ne jamais exercer moi-même le droit de juger, ni de me permettre de prononcer dans une cause purement civile ».

A cette occasion, mes chers disciples, j'admirai les peuples qui, tous, s'endorment sur la foi de leur monarque, aussitôt qu'il la leur a donnée.

J'admirai aussi la puissance des mots : ce sont eux qui font les rois et les magistrats. Le peuple des villes se laisse prendre aux paroles bien plus vîte que celui des eaux à l'hameçon.

On déroula un calendrier égyptien peint sur plusieurs feuilles de papyrus réunies, et on fit encore jurer le nouveau roi de ne point ordonner ni permettre qu'on intercallât un seul jour dans l'année vague pour la rendre fixe ; ni un mois, pour la rendre lunaire.

Les Trente, ce sont des prêtres, magistrats suprêmes chargés de tenir la balance d'une main ferme entre le peuple et le monarque, les Trente s'avancèrent ; et le plus âgé prononça avec force et fierté, ces paroles solennelles :

« Et nous, pontifes-magistrats du peuple ! nous jurons et prenons pour garant de notre serment toutes les puissances de la terre, du ciel et des enfers (1), nous jurons de ne point obéir au roi, s'il nous ordonnait de prononcer un jugement contre les lois du pays ».

Tout le peuple applaudit, en levant les bras, et en se frappant dans les mains. Les guerriers heurtèrent leurs boucliers contre leurs genoux (2), selon un ancien usage.

Cette inauguration causa une sorte d'ivresse. Il n'y a rien qui flatte davantage la multitude

---

(1) Plutarque, *Dits notables des anciens rois. initio.*
(2) Pitiscus. *lexic. verbo : adsentiebantur.*

qu'un nouveau roi ; elle aimerait à en changer tous les jours.

§. X C.

Invasion de l'Egypte par Cambyse.

PSAMMÉTIS était à peine inauguré roi d'Egypte, qu'un courrier, expédié par le gouverneur de Peluse, vint à toute bride lui porter une missive. Le nouveau monarque crut devoir la communiquer aussitôt à tout le peuple assemblé et favorablement disposé.

« Cambyse, roi des Perses, assisté par celui des Arabes, et sur les pas du traître Phanès, traverse le désert, près les aqueducs de peaux de bœuf du fleuve Corys (1), et doit, sous peu, commencer l'invasion qu'il médite de longue-main, par la prise de Peluse. Il se propose de pénétrer jusqu'à la capitale de l'empire. Son ressentiment est tel, qu'il a fait le serment à ses Dieux de laisser si peu de monde en Egypte, que les hommes se féliciteront en se rencontrant (2). Ne lui donnons pas cette horrible satisfaction ».

A cette lecture, un cri universel éclate, et se propage dans tout le territoire de Memphis. Aux armes ! aux armes ! Tous les Egyptiens, dans le plus grand enthousiasme dont ce peuple est susceptible, suspendirent la pointe de leurs glaives sur leur gorge, en jurant de repousser l'ennemi (2), ou de périr.

---

(1) Hérodot. Larcher.
(2) Plat.. *de legib*. lib. I.
(3) Massieu, *sur les sermens*. acad. *des inscript*. Les Grecs prirent cet usage.

Psammétis quitta tout de suite son diadême, pour se charger la tête d'un casque, et sa tunique d'initié, pour se revêtir de la fameuse cuirasse de lin (1), d'Amasis son père. Chaque fil du tissu est composé d'autant d'autres fils qu'il y a de jours dans l'année (2); elle était magnifiquement brodée. Une toute semblable fut envoyée en offrande au temple de Minerve, à Samos. Tout prend l'aspect formidable de la guerre; en un moment, cette ville qui ne respirait que le plaisir, est changée en un arsenal. On prépare les lances, les arcs; on arme de faulx les chars destinés aux divertissemens des riches : on se flattait de tourner contre les Perses eux-mêmes la plus meurtrière de leurs inventions (3); on en fait honneur à Cyrus lui-même. Les prêtres sacrifient à Vulcain; les vieillards se traînent aux oratoires des pyramides les plus prochaines. Les femmes préparent des vêtemens à leurs époux, à leurs frères, à leurs enfans, sans oublier de les munir du scarabée saint (4), amulette hiéroglyphique, et protecteur dans les combats. L'Égyptien croit que cet animal n'a point de femelle, et se fait un devoir de l'imiter dans les dangers de l'état; il ne reconnaî... plus d'autre femme que la patrie. C'est pour cela que les guerriers de profession sont tous célibataires. Horus est leur Dieu particulier; et ce Dieu n'a point de compagne.

L'amulette préservateur, et la Divinité tu-

---

(1) Herodote. Vertot, *hist. de l'acad. des inscript.* p. 440. à 445. tom. II. *in*-12.
(2) Plin. *hist. nat.* XIX. 1.
(3) Xenophon, *cyropédie*. VI.
(4) Caylus. *antiq. égypt.* tom. VI.

télaire, ne font point négliger de prendre le bouclier de bois (1), assez grand pour couvrir un homme tout entier. L'habitant du Nil a pour armes principales la courte épée, espèce de poignard, et la longue pique.

Déjà plusieurs bataillons de dix mille guerriers, cent de front sur autant de profondeur (2), sont réunis et prêts à marcher. On n'attendait plus que l'ordre du nouveau roi pour sortir de Memphis, et se ranger en bataille. Déjà les portes s'ouvrent pour aller au devant de l'ennemi. On voit s'élever un nuage de poussière; on croit voir les Perses. Le spectacle qui s'offrit bientôt était moins redoutable, mais plus douloureux. Une foule d'Egyptiens, à moitié désarmés, et dans un désordre complet, vient se réfugier dans les murs de Memphis : c'est le reste d'une armée levée à la hâte, et qui n'a pas osé combattre les troupes de Cambyse; ce monarque ayant placé à leur tête pour leur servir de remparts, tous les animaux divinisés par le peuple du Nil.

Altazaïde qui entretenait des espions jusque parmi les prêtres de Memphis, avait révélé l'idée de cette ruse de guerre, dont on lui fit part, d'après l'hypothèse hazardée par moi au pontife d'Isis (3). Ainsi une parole produite innocemment, causa l'invasion de l'antique Egypte, et un changement de dynastie. L'histoire secrète des nations est remplie de pareils événemens.

---

(1) Xenophon. *cyrop.*
(2) Xenophon. *eod. loco.*
(3) Voy. §. LIX. p. 30. ci-dessus.

La nouvelle de l'entrée de Cambyse sur le territoire égyptien, et surtout le sacrilége qu'il s'était permis pour réussir, accrurent la rage des Memphiens; elle est à son comble : rien ne peut les contenir. Vengeance ! vengeance ! allons venger nos frères. On partait en tumulte ; un vaisseau mitylénien paraît sur le Nil ; il s'avance au port : il amène un héraut du roi de Perse. Ce nouvel objet aveugle tout-à-fait le peuple ; il se porte au rivage, et à l'insçu du roi, des généraux, des magistrats, il se précipite sur le bâtiment avec des torches incendiaires ; tout l'équipage est consumé par les flammes, excepté le héraut de Cambyse : on le réserve à un plus long supplice. Il est traîné par les carrefours de la ville, mis en pièces, et ses membres palpitans attachés aux principales portes. La fureur du peuple n'est point assouvie ; il demande Altazaïde à grands cris. Il a conçu contre cette étrangère des soupçons trop bien fondés. Psammétis la faisait garder étroitement depuis le trépas d'Amasis. Tandis que sur les degrés de son palais, il tâche d'appaiser la foule, en lui promettant prompte et sévère justice de cette femme, déjà elle avait été découverte, saisie et déchirée en lambeaux.

Les deux sexes voulurent avoir part à cette vindicte publique ; et le plus faible des deux, celui qui devrait être le plus doux, surpassa l'autre en barbarie et en turpitudes.

Pendant ces exécutions populaires, j'étais dans le palais de Memphis ; le monarque m'y retenait auprès de lui : mais Gaphiphe, à qui j'avais confié dans le temps ma découverte d'une famille sacerdotale toute entière renfermée dans la pyramide du labyrinthe, profita des circonstances orageuses, pour remplir mon vœu. Il n'eut pas de peine à se faire suivre d'un groupe de jeunes citoyens, aussi ardens que lui. Les victimes de l'insouciance d'Amasis, furent ramenées dans le collége des prêtres. Gaphiphe après cette heuteuse expédition, vint aussi t m'en faire part. Je le chargeai, au nom du roi, de quelques autres entreprises qu'il n'eut pas le temps de mettre à fin. Hélas ! je n'entendis plus parler de lui depuis ce moment. Sans doute il aura grossi le nombre des infortunés frappés par le glaive de l'ennemi, lors de la conquête de Memphis.

Cependant, Cambyse arrivait à grandes journées ; du haut du palais nous vîmes flotter ses étendarts. On ne le croyait pas déjà si près. Memphis, assiégée de toutes parts, se rendit après quelques heures seulement de résistance, et se remit à la discrétion du vainqueur.

Cambyse se présente enfin lui-même, demande qu'on lui livre Psammetis, et l'oblige à se déclarer son captif, ainsi que ceux qui accompagnaient l'infortuné. J'étais du nombre. Un serviteur du prince, par attachement pour son maître, osa proférer quelques mots ; il fut mis à mort par un soldat du conquérant. Le barbare ordonna le même traitement pour les deux légions, de mille hommes chacune, qui, sous les noms de *Calasires* (1) et d'*Hermotybies*, formaient la garde du roi, et qui ne voulurent poser les armes, que quand ils virent

---

(1) Hérodote. *Euterp.* II.

leur prince dans les fers. Cambyse ajoute à cet ordre ceux-ci : « Je veux en outre que ces deux mille captifs aillent au supplice un mors dans la bouche. Psammétis, ton fils sera à leur tête, et subira son sort le premier; c'est une grâce que j'accorde volontiers à son jeune âge. Le sang de mon héraut veut le sien, et la vie de dix Égyptiens n'est pas de trop pour payer la mort de chacun des deux cents Perses indignement sacrifiés dans le vaisseau de Mytilène. Qu'on m'obéisse ! Quant à toi et aux tiens, roi d'Egypte, vas attendre dans un des faubourgs de Memphis, mes volontés ultérieures ».

Psammétis demanda au vainqueur la permission de lui adresser une supplique.

CAMBYSE. Je te l'accorde. Parle !

PSAMMÉTIS. Cambyse, ce n'est pas pour moi, ni pour ma famille, que j'ose élever en ce moment la voix; nous subissons les dures lois de la guerre. Mais il est dans ce palais plusieurs étrangers qui ne doivent point être enveloppés dans ma malheureuse destinée. Ton intention est de te venger seulement de l'Egypte, non de la Grèce, ou de l'Asie mineure, et des autres contrées dont il se trouve ici plusieurs voyageurs, tel que Pythagore (1), que l'amour seul de la sagesse a conduit loin de ses foyers, sur la garantie du droit des gens.

CAMBYSE. Je devrais peut-être traiter tous

---

(1) Dans le temps que Cambyse faisait la guerre en Egypte, Pythagore y fut pris par ses soldats, et emmené à Babylone, où il apprit les sciences des Caldéens...
Méthode d'étudier les historiens, par Thomassin.

ces étrangers comme mes ennemis, puisque je les rencontre parmi eux ; je veux bien leur pardonner. Toi, Pythagore, qu'on dit homme sage, je te retiens auprès de ma personne, pour te consulter quelquefois ».

Je voulus lui représenter que je n'avais ni le talent, ni les dispositions nécessaires pour servir de conseil à un conquérant.

« Pythagore, me fut-il répondu, je le veux, tu me suivras jusqu'à Babylone. Je veux te mettre aux prises avec nos mages; ils vallent bien ceux d'Egypte ».

Psammétie, et toute la famille royale furent conduits dans le faubourg de Memphis qui regarde le septentrion, et qu'il faut traverser pour aller à Saïs dans le Delta. Cambyse s'y rendit quelques jours après, et voulut que je fusse le témoin du spectacle qu'il avait ordonné de lui préparer. La fille du roi (1), ainsi que ses compagnes, issues des premières maisons d'Egypte, parurent revêtues d'habits d'esclaves, et chargées chacune d'un vase de terre servant aux plus vils usages. Le vainqueur obligea ces infortunées d'aller sous cet accoutrement, puiser de l'eau du Nil pour laver les pieds de ses chevaux.

Cambyse commanda en même-temps de remplir de cette eau, puisée à l'endroit le plus pur du fleuve, une urne d'or, pour être déposée dans les archives des rois de Perse : ce qui attestera leur souveraineté (2) absolue sur l'Egypte.

---

(1) Herodot. III.
Essais de Montaigne. I. 2.
(2) *Dissertation sur le Nil*, par Priezac. p. 15. *in*-8°.

Après avoir ainsi rassassié Psammétis d'outrages et de douleurs, il le fit étouffer dans un bain de sang de taureau, sans doute pour lui infliger le double supplice de perdre la vie et de profaner les choses saintes de sa religion.

En Perse (1), le malheureux eut été jeté dans un monceau de cendre brûlante; ou bien, on l'eût condamné au supplice des *auges* (2).

Pénétré d'une conduite aussi lâche et aussi cruelle, je dis à Cambyse : « Prince ! vous ne m'avez point consulté pour donner de tels ordres ».

CAMBYSE. Homme sage, il n'est pas temps encore. Il faut que la justice ait son cours.

PYTHAGORE. Prince, quelle justice !

CAMBYSE. C'est celle des rois qu'on a provoqués.

PYTHAGORE. Que ne vous en prenez-vous à Amasis ! lui seul fut coupable.

CAMBYSE. Je suivrai ton conseil. Viens avec moi à Saïs » (3).

Il me fallut encore accompagner Cambyse, qui avait toujours à ses côtés un mauvais génie, sous le nom d'*Artasyran* (4), Bircanien de naissance, et courtisan perfide par caractère.

Arrivé devant la sépulture du roi défunt, il en fit sortir le cadavre (5) dont on arracha les cheveux, les sourcils, la barbe, et tous

---

(1) Photius, *biblioth.* Ovidius, *Ibis.*
(2) Plutarque, *vie d'Artaxerxe.*
(3) Aujourd'hui *Sahid.*
(4) *Diction.* de Sabathier. *in-*8°.
(5) *Pyramidum tumulis avulsus Amasis.*
Lucan. *phars.* IX, 155.

les autres poils; puis on fouetta cette momie; on voulut la déchiqueter, la mettre en lambeaux à coups d'aiguilles (1). On ne put y réussir, parce que le sel dont elle était imprégnée, l'avait déjà beaucoup durcie.

Cambyse, présent à cette exécution, et qui en savourait tous les détails puériles et révoltans, ordonna d'en consumer les restes dans un grand feu (2), afin de ne laisser aucun vestige de son ennemi, sans réfléchir qu'il commettait un sacrilége aux yeux de sa nation même. Les Persans, dont le feu est la grande divinité (3), se font scrupule d'alimenter la flamme avec des matières impures, telles qu'un corps privé de la vie. Mais la religion, loin d'être un frein pour les rois, n'est trop souvent entre leurs mains, qu'un instrument de plus de dommage et de tyrannie.

Le conquérant de l'Egypte avait entendu vanter l'éclat de la fête des lampes (4), principalement à Saïs. Il voulut s'en donner le spectacle, et en motiva la célébration sur le succès de ses armes en ce pays. Les habitans de la ville furent obligés de solenniser leur propre esclavage. On n'osa faire résistance à des ordres sans réplique. A l'entrée de la nuit on alluma dans chaque rue, et sur le devant de chaque édifice, plusieurs cordons de lampes (5), tellement remplies d'huile, que la mèche y surnage. Un peu de sel rend la

---

(1) Hérodote. III.
(2) *Mythologie* de Dupuys. tom. II. p. 233. *in-12*.
(3) Hérodote. III.
(4) Hérodote. II.
(5) *Luchnakhaïa, accensio lucernarum.*

flamme plus active et plus nette. Jamais nuit ne fut plus brillante et plus triste.

Un taureau est le Dieu de Memphis, une brebis est la divinité de Saïs; et ceux qui l'adorent se ressentent de leur culte. Ils sont aussi benins que les animaux à toison.

Je ne sais par quelle autre analogie les Saïtites brûlent de l'encens à la chouette, qu'ils appellent *Neith* (1).

Ce nom est en même-temps celui de la plus grande de leurs divinités. C'est sur le frontispice du temple de Neith, que je crois en Egypte la même qu'Isis, (2) et dont Athènes, colonie de Saïs, a fait sa Minerve (3), que je lus cette fameuse inscription dont on m'avait tant parlé, et qui véritablement est sublime. Jamais les Egyptiens n'ont fait preuve d'une plus haute sagesse, que dans ce peu de mots :

Je suis ce qui a été, ce qui est, ce qui sera (4).

pour exprimer la nature elle-même, ou si l'on veut l'ame universelle (5). En conséquence de ce mot, qui renferme toutes choses,

_____

(1) Philostr. *vita Apoll. Thy.*
(2) L'Isis des Egyptiens n'était dans le fond que la nature universelle, principe de toutes choses, et que l'on a fait infinie aussi bien qu'éternelle; ce qui revient à l'erreur de nos Spinosistes et des autres athées... Les Egyptiens, dans le fond de leurs mystères, ne connaissaient autre Dieu que le monde et la nature universelle. C'est cela même que les Mendésiens d'Egypte adoraient sous le nom de Pan, qui signifie l'univers...

Histoire des cultes, par Jurieu. p. 527. in-4°.
(3) Platon.
(4) *Sum qui sum.*
(5) Proclus.

DE PYTHAGORE. 353

Isis, ou Neith, est représentée assise, comme doit être le *Grand-tout*, au sein duquel se passent toutes les révolutions, sans y être sujet.

Au commencement de la fête des lampes, on amena à ses pieds le simulacre de Typhon, lequel subit une flagellation de la main des prêtres (1).

Cambyse ne me laissa pas le loisir de consulter les annales de la ville de Saïs, qui remontent à plus de huit mille années (2).

J'aurais bien désiré aussi assister aux mystères nocturnes du supplice et de la mort d'un Dieu qu'on rend à la vie le lendemain (3).

On m'offrit une ceinture de laine tissue avec la toison des brebis (4) consacrées, qu'on entretient dans le temple d'Isis.

Je jetai les yeux en passant sur le sépulcre de la fille d'un roi d'Egypte; son père, pour le rendre plus inviolable, lui donna la forme d'une vache (5); monument sans goût, mais qui ne porte point scandale comme les statues des épouses et des concubines de rois d'Egypte, confondues dans le même palais, à Saïs, et offertes sans voiles aux spectateurs.

Le territoire de Saïs porte le nom de la grande fête qui donnait tant d'éclat à cette ville; il s'appelle *le Pays des Lampes* (6).

« Je me suis enfin satisfait, me dit le roi de Perse, en revenant sur ses pas à Memphis.

---

(1) Hérodote. II.
(2) Platon, *Timée*.
(3) Hérodote. II. ch. 171.
(4) *Monde primitif* de Gebelin. *in-*4°.
(5) Hérodote. II. 126.
Les *fétiches* du présid. Desbrosses. p. 103.
(6) *Bibl.* Apollod. liv. II. ch. 5. sect. 4.

Tome II.   Z

Prince ! osai-je lui répliquer, que ne faisiez-vous servir sur votre table les chairs d'Amasis conservées dans le sel !

Homme sage ! me répondit-il avec un dépit concentré, je te passe cette saillie. Mais je veux bien te prévenir que je suis incorrigible. En ce moment même, je roule dans ma pensée un vaste projet de vengeance. Il faut qu'elle soit complète. Les Ammonéens sont des enfans de l'Egypte ; l'habitant de l'Ethiopie s'en dit le père. Il faut que tout ce qui appartient au Nil soit châtié par mes armes. En conséquence, je divise mes troupes en trois corps : je destine mes forces navales contre Carthage ; mon armée de terre dirigera sa marche sur Ammon, et contre l'Ethiopien, qu'on dit fier, et qui se vante d'être indomptable.

PYTHAGORE. Prince ! n'en doutez pas. J'arrive de cette région ; elle est fort aguerrie.

CAMBYSE. C'est ce que je veux savoir par moi-même. Auparavant, je sonderai ses dispositions. Des Ictyophages d'Eléphantine qui connaissent la langue du pays, sont chargés de mes présens et d'une missive auprès de cette nation. La réponse qu'ils vont m'en rapporter décidera de son destin ».

Cambyse ne l'attendit pas long-temps. Les sages de Meroë la dictèrent au monarque de l'Ethyopie.

« Grand prince, dirent à leur retour les envoyés de Cambyse, voici ce qu'on nous enjoint de vous répéter, sans nous avoir permis de séjourner plus long-temps dans ce pays inhospitalier. La nation éthyopienne ne veut pas plus de l'amitié du roi de Perse que de ses riches et magnifiques présens. Elle refuse alliance avec un prince qui n'est pas juste. S'il l'était, content de sa couronne, il ne serait point sorti de son palais pour aller subjuguer des peuples qui ne lui ont pas fait de mal ni d'injure. Envoyés de Cambyse, portez-lui cet arc de notre part, avec le conseil de ne conduire son armée sur nous que quand ses soldats auront le bras assez robuste pour bander sans efforts un arc de cette grandeur. Envoyés du grand roi de Perse, dites-lui encore d'adresser aux Dieux ses actions de grâces, de ce qu'ils n'ont pas donné aux Ethyopiens le désir de posséder d'autres contrées que leur pays natal. Dites-lui que nous n'acceptons ni ses colliers, ni ses bracelets, ni ses parfums, parce que nous ne sommes point des femmes. Quant à l'or qu'il nous offre aussi, descendez dans nos prisons, vous y verrez l'usage qu'on fait ici de ce métal; nous le façonnons en chaînes réservées aux insensés furieux, et aux ambitieux barbares ».

Cambyse m'avait fait appeler pour assister au retour de ses ambassadeurs. Je ne vis jamais mortel plus humilié. « Horde insolente! tu périras! s'écria-t-il dans un transport de colère. Marchons à Thèbes: cinquante mille combattans suffiront pour réduire les Ammonéens et brûler l'oracle de Jupiter dans son temple. J'irai avec un autre corps de mon armée punir, moi-même, cette orgueilleuse Ethyopie. Pythagore, accompagne-moi. Tu as entendu comme ils me bravent; je veux que tu assistes au terrible châtiment que je leur prépare ».

On se mit en marche, sans se donner le temps d'approvisionner tant de troupes. Parvenus à peine à la cinquième partie de ce voyage difficile, les soldats, manquant de vivres, commencèrent à massacrer les animaux chargés des bagages, pour se repaître de leur chair et se désaltérer de leur sang. Cette ressource fut bientôt tarie. Il fallut brouter l'herbe des campagnes. On n'en trouva pas long-temps. Une fois entrés dans les sables (1), la famine aux joues creuses, aux yeux caves, se présenta dans toute son horreur aux Perses moins en état d'en supporter les tourmens que le chameau du désert. Je vis cet immense troupeau d'hommes armés se décimer lui-même et charger le sort d'indiquer la victime qui devait tomber sous le couteau de la nécessité pour nourrir ses compagnons. Je vis des milliers de soldats se diviser par pelotons de dix têtes, e.. frapper une, se la partager d'un regard sec et d'une dent vorace, en déchirer chacun sa portion palpitante encore et dégoûtant le sang. Je vis le frère et l'ami, se rassasier de la chair de son ami, de son frère. J'entendis l'infortuné en tombant sous la hache de ses compagnons d'armes, leur dire : « Frappez, sans hésiter, vous êtes plus à plaindre que moi (2). Mon trépas n'est point un tourment comparable à votre existence que vous ne pouvez conserver qu'à ce prix. Malheur à ceux qui survivent ! »

Je dis à Cambyse, qui n'osait sortir de sa tente ou de sa litière et qui m'avait chargé de vérifier les récits chaque jour plus affligeans

---

(1) Tertul. *de pallio*. II.
(2) ... *Qui ejusmodi aleretur cibo, longè eo qui decimatus, infelicior....*

B. Fulgosus. *memorab*. VII.

qu'on venait lui faire : « Prince ! Hâtez-vous de donner le signal du départ ; revenez tout de suite sur vos pas, à moins que vous ne vouliez voir tous vos soldats jusqu'aux deux derniers se dévorer les uns les autres (1). Craignez pour vous même les suites du désespoir Ils savent que le luxe de votre table ne se ressent point de la calamité publique ».

Nous retournâmes donc à Thèbes (2). Des nouvelles, non moins attristantes, nous y attendaient. Toute cette armée de cinquante mille hommes, qui en était partie pour l'expédition contre les Ammonéens (3), ne put aller guère plus loin que la ville d'OAsis, à sept journées de l'ancienne capitale d'Egypte. Ayant fait à peine quelques pas pour pénétrer plus avant, au milieu des plaines sablonneuses, et s'approcher de la résidence de l'oracle, un tourbillon de vent du midi s'éleva tout-à-coup. Des montagnes de sable vinrent fondre sur cette malheureuse armée et l'ensevelirent si complétement qu'il n'en resta pas un seul guerrier pour annoncer ce sinistre événement. Tous périrent jusqu'au dernier. Cinquante mille hommes furent effacés du livre de la vie en moins de temps qu'il n'en faut pour effacer avec de la poussière quelques lettres mal-à-

---

(1) L'on gardait cependant pour Cambize le gibier délicieux, et son équipage de cuisine estoit porté sur des chameaux, pendant que les soldats se tiroient au sort, pour veoir qui mourroit pauvrement, et qui vivroit encores plus misérablement.
Senèque, *de la colère*. III. 20. trad. par Ange Cappel, sr. du Luat. 1582.
(2) Aujourd'hui *Longsor*, suivant Volney.
(3) Ou Ammonites.

propos tracés sur du papyrus à l'aide d'un roseau du Nil, trempé dans une liqueur colorante.

Ceux qui firent ce récit à Cambyse ne purent s'empêcher de laisser entrevoir la protection divine visiblement accordée aux prêtres de Meroë et d'Ammon.

Il n'en fallait pas davantage pour aigrir un prince tel que Cambyse, qui se croyait tout-puissant à l'égal des Dieux.

« Passons à Memphis, me dit le roi ; si je restais plus long-temps à Thèbes, les prêtres-magistrats de cette ville pourraient payer cher les réflexions pieuses dont ils ont soin d'assaisonner les récits des contre-temps que ma gloire éprouve ».

Mais il ne sortit point de cette ville qu'il ne l'eût dépouillée de tout ce qu'il pouvait emporter ; il fit dégrader ou détruire le reste. On pilla, on incendia les plus beaux, les plus riches monumens. La couronne astronomique du tombeau d'Ozymandias ne fut point oubliée; Cambyse l'ajouta aux vases sacrés (1) et aux immenses trésors dont il s'enrichit en partant (2).

Le conquérant fit aussi mutiler sous ses yeux la statue colossale de Memnon ; les instrumens de la destruction répondaient mal à son impatience, et trompèrent son attente.

Cambyse voulait réduire la pierre parlante à un silence absolu ; il ne put se satisfaire entièrement. Avant sa mutilation, ce granit articulait nettement les sept voyelles correspondantes aux planètes et aux sept embouchures du Nil. J'allai le lendemain, au lever du soleil,

---

(1) St Jérome.
(2) Diod. I. *bibl.*

déplorer la ruine de ce monument astronomique; il ne restait que la partie inférieure de la statue jusqu'au nombril (1). Je m'apperçus, avec un sentiment de joie maligne, que malgré la toute-puissance du despote, Memnon n'avait pas perdu tout-à-fait la voix; il salua encore les premiers rayons de l'astre du jour, en rendant un son qui n'était plus modulé, il est vrai; mais du moins rappelait-il ce qu'il avait été; on croyait entendre la corde d'une lyre, quand on la rompt. Je n'eus garde d'en instruire Cambyse.

Ses ordres destructeurs éprouvèrent la même résistance de la part des obélisques d'Héliopolis; il fut moins difficile de les renverser que de les réduire en morceaux. Peut-être seront-ils relevés un jour par des princes amis des arts (2).

Cambyse avait ordonné l'embrâsement des principaux édifices de Thèbes; déjà plusieurs étaient la proie des flammes; les soldats portaient les brandons au plus important des obélisques et de toute l'Egypte.

« Prince! lui dis-je, vous faites la guerre aux violateurs du droit des gens, à un peuple qui a massacré vos ambassadeurs, mais non pas sans doute aux sciences et aux monumens du génie; épargnez donc cet obélisque, consacré au Soleil, votre dieu et le mien (3). Ce rayon de pierre de cent coudées d'élévation, sur huit de base, est couvert d'hiéroglyphes, inter-

---

(1) *Dimidium Memnona*. Juvenal. *satyr*. XV.
(2) Pline et Strabon nous apprennent que ces obélisques renversés furent ceux qu'on transporta depuis à Rome.
(3) Herodot. II. Plin. *hist nat.* XXXVI. 9 et 11.

prêtes muets de la nature, d'après les principes de la sagesse égyptienne et persanne ».

Cambyse ne m'en laissa pas dire plus ; l'ordre fut donné d'arrêter l'incendie.

Mais tout ce qu'il put enlever le fut. Ce prince justifia Homère et les mythologues, qui font du dieu Mars (1) une divinité commune aux gens de guerre et aux voleurs de grands chemins.

Précisément, le jour de notre entrée à Memphis, on y célébrait une fête en l'honneur du dieu Apis : « Une fête ! me dit Cambyse, quand tout devrait porter le deuil des deux mauvais succès qui me sont survenus. Ah ! sans doute on se réjouit ici de ce qui me cause du chagrin ; qu'on fasse venir les magistrats devant moi ! »

Ils comparurent, et dirent : « Prince ! le peuple de Memphis ignorait les nouvelles fâcheuses de votre armée ; il célébrait un jour consacré par le culte.

CAMBYSE. Vous m'en imposez.... Qu'ils meurent !

Je veux savoir la vérité de la bouche même des pontifes de Memphis. Ceux-ci se présentent à leur tour, et répètent ce que leurs malheureux prédécesseurs ont déjà déclaré au conquérant de l'Egypte.

« Vous m'en imposez de même, et je vais vous en convaincre, répondit Cambyse, en leur ordonnant de lui amener leur dieu Apis, qu'on appelle aussi *Epaphus* (2) ». C'était un

---

(1) *Hymn. Mart.*
(2) Selon Rocoles, dans son *faux Smerdis.* Voy. *impostures insignes.* 1679. *in* 12.

jeune taureau noir, avec une belle tache blanche quadrangulaire sur le front. Ils obéirent, Apis arrive d'un pas lent. Cambyse impatient et furieux, va au-devant, armé d'un poignard, dont il le frappe à la cuisse. «Imposteurs! leur dit le roi, avec un rire perfide, je savais bien que cette fête n'est pas consacrée à un Dieu : les Dieux sont-ils sensibles aux coups ? sont-ils composés de chair et de sang ? Vous m'avez donc cru bien crédule ? je vais vous forcer de prendre de moi une idée plus avantageuse». En même-temps il fit un geste ; des exécuteurs, armés de longues verges, et les bras nuds, accourent et flagellent cruellement les pontifes du bœuf Apis. Ils s'en retournèrent, comme ils purent, dans leur temple, menant avec eux leur Divinité, blessée plus grièvement encore ; car on la trouva le lendemain mourante sur sa litière teinte de son sang.

Cet événement fit une impression plus fâcheuse sur l'esprit des Egyptiens, que l'invasion et la servitude de leur patrie ; j'entendis des Memphiennes prononcer d'une voix étouffée cette imprécation : « Puisses-tu, conquérant sacrilége, éprouver un jour la destinée de notre dieu Apis ! »

Cambyse, qui n'était pas encore revenu de son impolitique délire, envoya des bouchers (1), avec l'ordre de mettre en pièces le quadrupède ruminant, et de disperser ses membres par la ville. Ce spectacle, qui mit le comble à la douleur des Memphiens, donna lieu à un autre sacrilége, mais celui-ci fut involontaire. Un chien osa se repaître de la chair du dieu Apis ;

---

(1) Plutarch. *Is. et Osir.*

il paya cher cette profanation; de ce moment il perdit ses droits à la divinité, et le privilége de passer pour le plus sacré des animaux (1); les autres conservèrent leurs honneurs, parce qu'ils s'abstinrent de sa voracité impie.

Cambyse n'en resta pas là; un ordre émana de lui, pour passer au fil de l'épée tout égyptien surpris dans l'attitude de rendre hommage au dieu Apis, ou de pleurer sa mort. Cette persécution ne fit que doubler la ferveur de quantité de Memphiens. Le massacre fut horrible.

Malgré cette affreuse proscription, toute la ville, et bientôt toute l'Egypte fut dans le deuil; mais les habitans n'osèrent le manifester ouvertement. Ils se rassemblèrent en petits groupes, dans l'intérieur de quelques maisons, pour se déchirer les épaules à coups de fouets, composés de trois cordes pleines de nœuds attachées à un manche fort court. Ce violent exercice fut commun aux deux sexes; les femmes, de plus, se meurtrirent le sein, et le couvrirent de poussière et de boue (2).

Quelques hommes se rasèrent les sourcils (3); il fut en outre tacitement convenu de ne plus appeler Cambyse par son nom; et depuis ce moment, on lui donna un poignard pour hiéroglyphe. D'autres, faisant allusion à Cyrus, qui fut allaité par une chienne (4), représentèrent son successeur nourri par la femelle d'un crocodile, pour exprimer la férocité de caractère du conquérant de l'Egypte.

---

(1) Cuperi *Harpocrates*. *in-*4°.
(2) Herodot. II. 39. 61 Dom. Martin, *monumens singuliers*. 153. *in-*4°.
(3) Les *fétiches* du présid. Desbrosses.
(4) Porphyr. *abstin. de la chair*. III. 17.

« Homme sage! me dit le roi de Perse, toujours en exigeant ma présence, tu vois que je ne suis pas superstitieux ». Et sans me donner le temps de lui répliquer, il m'entraîna sur ses pas, dans le quartier des Tyriens (1) et des Carthaginois, au temple de Vulcain (2), pour être le témoin des outrages qu'il prodigua à ce Dieu, en disant : « c'est mal honorer les Divinités que d'en faire des pygmées ou des singes (3) ».

À Memphis, on représente Vulcain sous les traits de ces *pataïques* (4), que les Phéniciens placent à leur table, ou sur la proue de leurs galères pour protéger la navigation.

L'architecture du lieu est en parfait contraste avec les Divinités naines qu'on y révère. Le vestibule (5) méridional du temple de Vulcain est soutenu par des colosses de douze coudées (6), au lieu de colonnes.

Les tablettes de la guérison des malades (7), suspendues à ces pilastres, auraient bien dû servir de sauve-garde contre les attentats du vainqueur ; mais la santé des hommes touche peu un forcené, faisant profession d'en tuer des milliers d'hécatombes.

Le même prétexte servit à Cambyse pour

---

(1) Herodot. II. 12.
(2) Herodot. III. ch. 37.
(3) Morin, *les pataeques*, mém. de l'acad. des inscr. tome. I.
(4) Ou *Epitrapesiens*. Voy. *prolégomènes sabéïques*, p. 47. *in-4°*.
(5) Herodot.
(6) Sur la coudée égyptienne, voy. le P. Lamy, *de tabernaculo*.
(7) Galenus *de gener*. V. 2.

jeter au feu l'image des Cabires, dont il profana le temple, en pénétrant par tout jusques dans le sanctuaire interdit à tout autre qu'au souverain pontife.

Il dit à celui-ci en sortant : « Prêtre ? prépare une place pour ma statue, à côté de celle de Sésostris; il fut le vainqueur de l'Inde, je le suis de l'Egypte ; il y a parité de gloire entre nous deux ».

On lui répondit avec courage : « Prince ! de tels honneurs sont un peu précoces ; vous êtes encore bien jeune... »

Cambyse répliqua par un arrêt de mort.

Chaque pas qu'il fit dans Memphis était un sacrilége. Il viola les anciennes sépultures, et ne m'écouta point, quand, à ce sujet, je lui dis avec force :

« Prince ! malheur aux conquérans qui portent scandale chez les nations subjuguées par eux ! Les peuples pardonnent les maux de la guerre; mais non les injures faites aux objets de leur culte, et aux tombeaux de leurs familles ».

Son goût pour la destruction bien plus que son zèle pour le magisme, ne fut pas encore satisfait. Il envoya l'ordre de brûler ce beau temple du Soleil à Héliopolis, où j'avais été le témoin du plus sublime de tous les cultes (1).

J'eus la douleur de ne pouvoir rien obtenir en faveur de l'hiérophante de Thèbes, député de cette ville sainte auprès de Cambyse, pour demander quelque délai à l'imposition dont ce conquérant l'avait surchargée. «Eh bien ! lui dis-je à voix basse dans un réduit écarté

---

(1) Strabon. XVII. p. 553.

du palais de Memphis ! Respectable et cher Sysimethrès ! ce premier des empires du monde qui avait pour base la plus sage politique, le voilà donc tombé dans la fange. Il n'a fallu que peu de jours pour détruire l'ouvrage pénible de plusieurs siècles; et ce qui hâte sa chute est précisément ce que vous lui donniez pour appui. La superstition du peuple à Peluse, ouvre les portes de l'Egypte aux armes d'un ennemi, devenu redoutable par la pieuse lâcheté des vaincus.

SYSIMETHRÈS. Cela ne prouve autre chose, sinon que les meilleurs gouvernemens ont leur époque de dissolution comme tout le reste. Cite-m'en beaucoup qui ayent duré davantage, posés sur des principes de pure vérité. Toutes les grandes masses portent en elles la cause de leur dégradation. Nos pyramides, plus solidement bâties que nos institutions, ne seront point exemptes de la loi commune.

PYTHAGORE. Elles survivront au peuple qui les a élevées.

SYSIMETHRÈS. Nous laisserons du moins des traces un peu plus profondes que celles de beaucoup d'autres nations. La gloire de l'immortalité n'appartient qu'à la nature. Celle des hommes consiste à faire du bruit un peu plus long-temps les uns que les autres.

PYTHAGORE. Etait-ce donc la peine de prendre tant de soins?

SYSIMETHRÈS. Oui, sans doute ! rendre le peuple meilleur pour plusieurs siècles, n'est pas chose indifférente à un ami des hommes.

PYTHAGORE. Malgré votre exemple, la corruption commençait à s'étendre aux environs de la cour d'Amasis : dans peu elle devenait générale.

Sysimethrès. Crois que les mauvaises mœurs n'ont pas nui à l'événement qui nous accable.

Pythagore. Quoi, Sysimethrès! parmi les profondes découvertes accumulées dans les souterrains du collége de l'antique Thèbes, il ne s'en trouve pas pour empêcher la ruine de plusieurs millions d'hommes par un seul. Quand il lui plaira, un jeune prince, petit fils d'un prolétaire qui mendiait sa vie (1), ne sachant que faire de son temps, pour éviter l'ennui, et sous le plus léger prétexte, pourra porter la désolation chez un peuple nombreux et paisible; et toute la sagesse des anciens d'entre ce peuple sera sans force pour le préserver de ce fléau. Vous avez des secrets pour vous garantir de la foudre, vous n'en avez pas pour écarter ou repousser un conquérant.

Sysimethrès. Non, Pythagore! tant que le peuple sera ce qu'il est; et sache qu'il n'a jamais été, et ne sera jamais autrement.

Pythagore. Sysimethrès! réponds du passé, et permets-moi d'être surpris du ton d'assurance avec lequel tu enveloppes l'avenir dans la proscription. Si cette assertion pouvait se prouver, elle serait par trop affligeante.

Sysimethrès. J'en suis aussi affligé que toi; mais cela est ainsi. Quand tu auras vu les monts de sable de la lybie résister au souffle des vents, viens me le dire; alors, je croirai à la stabilité des établissemens politiques.

Pythagore. J'aime à croire, j'aime du moins à me flatter qu'il est des combinaisons sociales propres à rendre les peuples moins dépendans

---

(1) Cambyse, père du grand Cyrus, et aïeul de Cambyse II, était fils d'un mendiant.

de la fortune des choses et du caprice des personnes.

SYSIMETHRÈS. Pythagore, essaye ! Il est beau de tenter la solution d'un aussi grand problême. Sois plus heureux que nous. Profite si tu peux de cette dernière expérience. Tu crois que la superstition est l'une des principales causes des malheurs qui fondent en ce moment sur l'Egypte hébétée par le respect que nous lui avons inspiré pour ses Dieux. La terre est grande ; cherches-y un peuple neuf, qui n'ait besoin pour être gouverné, que du sceptre de la raison. Quand tu l'auras découvert, viens nous en faire part ; viens nous initier à ton tour. Si j'existe assez pour contempler ce phénomène social, je te promets une docilité égale à celle que tu nous a montrée. En attendant, souviens-toi que le peuple ne change pas plus de nature que la poussière qu'il foule à ses pieds. Adieu, Pythagore ! Puissions-nous nous revoir dans des circonstances moins impérieuses ! Consolons-nous pourtant, en nous rappelant que le sage, qui n'est pas le peuple, est au-dessus des événemens ; si les hommes en masse sont le jouet de l'erreur et du crime, il est doux de penser que l'individualité échappe aux maux de la politique. Le sage porte en lui un monde meilleur dans lequel il peut se réfugier, et braver toutes les misères de celui-ci.

PYTHAGORE. Les rois envahisseurs et les despotes seront volontiers de ton avis ; ils embrasseront volontiers ton systême, qui ne les absout pas, mais qui, en les laissant impunis, conseille la résignation à leurs innombrables victimes. C'est tout ce qu'ils peuvent désirer de mieux : faire tout ce qu'il leur plaît, sans éprouver de résistance !...

Je voudrais, je cherche un autre ordre de choses; lequel, je te le répète, ne donne plus l'affreux scandale de plusieurs millions d'hommes à la merci d'un seul.

SYSIMETHRÈS. Je ne sais pas de moyens pour prévenir ou empêcher ce qui me révolte autant que toi.

PYTHAGORE. Il doit y en avoir.

SYSIMETHRÈS. Indique-les.

PYTHAGORE. Si j'ignore le remède, je me flatte de connaître du moins la cause de cette plaie profonde et générale du genre humain.

SYSIMETHRÈS. Eh bien ! dis.

PYTHAGORE. L'ignorance.

SYSIMETHRÈS. Nous en avons déjà parlé...

PYTHAGORE. Suppose l'armée de Cambyse composée d'hommes instruits et pénétrés de leurs premiers devoirs ; certes ! honteux du rôle d'agresseurs, ils laisseraient leur chef aller tout seul à la conquête de l'Egypte paisible et casanière. Suppose le soldat égyptien mieux instruit, il marche sans scrupule sur le ventre de ses Dieux, pour parvenir à l'ennemi, et le repousser par-delà les frontières.

SYSIMETHRÈS. J'en conviens : l'instruction serait un remède à tous les maux politiques.

PYTHAGORE. Malheureusement trop de gens se croient intéressés à n'administrer ce remède puissant qu'avec réserve. Le poison est beaucoup plus actif que l'antidote.

SYSIMETHRÈS. On nous observe.

PYTHAGORE. Ah, cher Sysimethrès ! que de choses nous aurions à nous dire !

SYSIMETHRÈS. Séparons-nous.

PYTHAGORE.

DE PYTHAGORE. 369

PYTHAGORE. Convenons du moins ensemble, d'après l'affreux événement qui bouleverse ta patrie, que l'ignorance est la mère de tous les maux. Qu'une fois l'instruction soit également distribuée sur la terre, dès-lors, plus de soldats, plus de conquérans, plus de peuples; les hommes y sont enfin ce qu'ils doivent être; je veux dire des hommes.

SYSIMETHRÈS. En attendant ce siècle des lumières, que nous ne verrons pas, répétons ce que nos livres sacrés font dire à Hermès en expirant (1) : « *Cette vie n'est qu'une mort* ».

Tandis que Cambyse, aussi impolitique que féroce et hautain, déclarait la guerre à tout ce que les nations révèrent et chérissent le plus, le culte, les usages et les arts; tandis que cinquante mille Egyptiens passés au fil de son glaive (2), périssaient au milieu des ruines de leur patrie; une conspiration, habilement ourdie pendant son absence de la ville de Suze, était mûrie au point de lui ravir la couronne. Son retour au sein de sa famille devenait indispensable. En quittant l'Egypte, il nomma pour la gouverner, Aryandès, l'un de ses plus vils courtisans.... Malheureuse terre du Nil, es-tu assez humiliée?

Il prit en hâte le chemin de la Syrie, et s'arrêta dans la ville d'Ecbatane; j'étais constamment de sa suite. Comme il remontait à cheval pour passer à Suze, il se blessa profondément la cuisse avec son épée.

A cette nouvelle, toute l'Egypte crie au

---

(1) Chalcidius, *in Timæum.*
(2) *Biblioth.* Photius.

Tome II. A a

prodige, en exaltant le pouvoir du taureau Apis : « les Dieux, se dit-on, ne laissent point impunis les outrages qui leur sont faits. Tôt ou tard ils se vengent, ajoutèrent les prêtres, toujours prêts à profiter des circonstances.

Je répliquai à l'un d'eux : « Prends garde ! tu blasphêmes. Car il est bien plus beau, bien plus sage, quand on le peut, de prévénir le crime, que de s'en venger.

LE PRÊTRE. Nous le savons comme toi ; mais nous ne sommes en ce moment que les échos du peuple.

PYTHAGORE. Pourquoi ne pas l'être plutôt de la raison ? »

L'ivresse de la joie fut au comble, quand on apprit la mort de Cambyse, la gangrène s'étant emparé de sa plaie. Il me recommanda au plus considérable d'entre les seigneurs persans qui l'accompagnaient, si je voulais continuer le voyage de Babylone : Achemenidès me fit quelques instances qui me déterminèrent d'autant mieux que le sujet de ma répugnance n'existait plus pour moi. La vue seule de Cambyse m'était devenue un supplice. Sa mort me rappela le dernier entretien que j'avais eu avec le respectable Sysimethrès. Quels avantages elle me donnait sur lui ! Une chute de cheval arrivée quelques mois plutôt aurait préservé l'Egypte d'une invasion que toute la prudence de ses pontifes ne sçut prévoir et ne put empêcher.

Mes chers disciples, je vous ai trop long-temps entretenus de ce monstre couronné dont l'histoire aurait dû faire tout-à-fait justice, en condamnant son nom et sa mémoire au plus parfait oubli. Laissons à ses flatteurs, à ses soldats et aux habitans de la ville où il avait terminé le cours de ses crimes, le soin de lui rendre les derniers devoirs, ou plutôt d'observer les usages de l'étiquette des cours; car on ne lui devait rien.

Si j'eusse été contraint à faire son éloge, ma tâche se fut borné à dire : « ce prince naquit épileptique (1) ».

Cette seule considération suffit pour désarmer la censure. Que de grands crimes n'ont eu pour cause première qu'un vice de naissance, ou le plus léger dérangement dans la machine humaine! Mais alors, il est de la prudence de ceux qui peuvent en être les victimes, de guérir le malade, ou de lui ôter tout pouvoir, si la maladie est incurable.

§. XCI.

Pythagore sur le Carmel.

Pendant les funérailles qui consumèrent plusieurs journées, il me fut loisible de visiter Ecbatane et ses environs (2). Cette ville, peu considérable, est bâtie à mi-côte d'une montagne (3) élevée de mille pas d'homme et connue sous le nom de Carmel; on m'en avait déjà parlé de manière à exciter ma curiosité. Ce que je trouvai sur la cime méritait un sentiment plus noble. Chemin faisant, je rencon-

---

(1) Cælius Rhod. IX. 20.
(2) Il y a audit pays du Mont-Carmel une ville nommée *Carmelus*, dicte anciennement *Ecbatana*.
Pline. trad. de Dupinet. *hist. nat.* V. 19.
(3) Hadr. Relond. *palest.* 2 vol. *in-4°*.

trai une fontaine bitumineuse dans laquelle on pourrait rallumer un flambeau éteint (1). Je remontai un petit ruisseau qui commence par un torrent au milieu de beaucoup de vignes. Les raisins en sont délicieux (2). Ce qui donna naissance à une tradition du pays. Les premiers ceps, dit-elle, furent plantés de la main même de Bacchus qui voyagea par toute la terre.

En effet, si Bacchus dans la première origine n'est que le soleil d'automne, la tradition populaire est juste. L'astre du jour et de la chaleur visitent successivement toutes les contrées du globe; en son absence, point de bons vignobles! Parvenu au sommet, je fus surpris du peu d'étendue de l'horizon. C'est que le Carmel est un long amas, une suite de montagnes qui se bornent elles-mêmes la vue. Cette chaîne court du septentrion au midi et au couchant. De beaux pâturages s'offrirent d'abord à moi. En avançant, le paysage change de tableaux, et prend un aspect plus sec, moins riant. Je vis une grande quantité de gros cailloux dont la forme dessine exactement un melon de la plus forte espèce. La plupart sont si réguliers qu'on pourrait les croire de ces fruits pétrifiés dans la profondeur des grottes voisines creusées en fort grand nombre dans cette partie de la montagne. Ces jeux de la nature ne sont point rares. Ces cailloux brisés offrent dans l'intérieur une parfaite image du dedans de ce même végétal qu'ils imitent si bien en dehors. En continuant mes recherches, je descendis dans un vallon pleinement exposé

---

(1) Plin. *hist. nat.* XXXI. 2.
(2) Joseph. 19. *ant. jud.*

aux ardeurs du midi ; j'y reconnus de véritables melons dont la culture et l'arrangement étaient combinés de manière à ce qu'on pût s'en procurer de mûrs dans tout le cours de l'année. Je ressentis d'autant plus de plaisir à les voir, qu'ils m'annonçaient une habitation d'hommes et d'agriculteurs.

Je ne marchai pas long-temps, sans rencontrer plusieurs habitans de ces hauts lieux ; ils sont vêtus singulièrement : leur robe longue et blanche est bordée de noir ; une large pièce d'étoffe retombe sur les épaules ; ils s'enveloppent la tête d'une autre draperie blanche aussi, mais attachée à leur manteau. Sans doute la température de l'air qu'ils respirent a dirigé la coupe de leurs habits (1).

Leur idiome est un mélange assez harmonieux du phénicien et du grec. Je les félicitai sur la beauté d'un fruit que la nature n'accorde qu'à la continuité du travail et à l'intelligence. Ils me répondirent avec une sorte de réserve et beaucoup de laconisme ; je crus les pénétrer et leur dis : « le désœuvrement n'est pas ce qui m'amène ; et l'hiéroglyphique que je porte peut servir de garant à ma discrétion ».

L'un d'eux reprit, en me saluant une deuxième fois : « il nous est aussi doux qu'honorable de posséder parmi nous un initié. Accepte l'hospitalité ; et viens te reposer sous l'un de ces palmiers ».

On nous y servit un repas frugal ; c'était plu-

_____
(1) L'ordre monastique des Carmelites, en succédant à nos philosophes du Carmel, n'a pas fait difficulté de dérober leur costume, à l'imitation de son fondateur Elisée qui s'appliqua le manteau d'Elie.

sieurs sortes de fruits rafraîchissans groupés en pyramides dans des corbeilles parmi des fleurs. Ce premier besoin satisfait, ils me conduisirent sur un tertre, non loin du champ des melons, et recouvert d'une herbe épaisse et haute. Une espèce d'autel, ou plutôt un assemblage de pierres brutes et garnies de la plus belle mousse, s'élève au milieu. Un rouleau de papyrus est dessus, à moitié développé. Je leur dis avec un sourire : « c'est ici le trépied où vous rendez les oracles dont le peuple d'Ecbatane est si fier. « Lis ! me répliquèrent-ils pour toute réponse.

Je lus plusieurs belles maximes, souscrites de différens noms.

« Nous sommes dans l'usage, m'ajoutèrent-ils, de mettre à prix l'hospitalité que nous donnons, en demandant en échange aux voyageurs inspirés par ce site heureux, un bon conseil ou une vérité; ce sont là nos oracles. Il en est un (1) établi derrière nous, sur le flanc opposé de la montagne ; et il nous arrive d'être quelquefois confondus avec lui. Là, on immole des animaux; ici, nous ne consommons que des fruits. Là, on découvre l'avenir; ici, nous ne nous en occupons pas plus que du passé. Le peuple mêle tout cela; il nous fait honneur du talent des aruspices nos voisins, et leur attribue la modération dont

---

(1) Cet oracle existait encore du temps de Vespasien. « Ainsi qu'il consultoit l'oracle du dieu Carmel (dit Suétone traduit par Baudouin) les sorts lui promirent assurément que tous les souhaits qu'il se proposeroit en l'entendement, si grands fussent-ils, réussiroient infailliblement ». Liv. X. 5.

nous nous sommes fait une loi. Du reste, nous vivons en paix et sans rivalité. Ils nous délivrent des importuns; car la foule est chez eux; et sans doute leur règne durera plus que le nôtre, quoiqu'ils aient commencé avant nous.

Cet oracle, ne s'est pas toujours contenté du sang des animaux: il y a trois siècles, une nombreuse marche sacrée de prêtres phéniciens passa dans ces environs. Chaque peuplade voisine se rendit sur leur chemin, pour les voir. L'oracle, craignant d'être délaissé, les invita, comme sans dessein, à se reposer dans ses grottes; ainsi qu'il était alors d'usage, on proposa de mettre aux prises les Dieux de chaque pays. Le défi est accepté. La multitude accourt pour être témoin de cette lutte. L'aruspice, sans doute, avait tout prévu pour le succès. Les pontifes de Phénicie, un peu de meilleure foi, ne purent jamais venir à bout de faire consumer les victimes sur leurs autels. En vain y joignirent-ils quelques goutes de leur propre sang, par des incisions au bras; tout fut inutile. Le Dieu du Carmel fut aussi heureux que celui de Canope; il l'emporta: son prêtre ne se contenta point de cette victoire stérile; il demanda vengeance. Le peuple n'attendit pas une seconde invitation. Il se jeta sur les pontifes phéniciens qui payèrent de leur vie leur trop de confiance. On assure qu'ils étaient au nombre de huit cents. Tous furent traînés sur les bords du torrent de Cisson (1), et impitoyablement égorgés sur un autel composé de douze pierres qui subsistent encore pour servir de monument.

---

(1) *Voyage* du P. Naud. XXI.

Pythagore. On vante votre culte sans autel à une seule Divinité sans image (1).

Un sage du Carmel. Notre temple, le voici; c'est l'horizon même du Carmel (2); et le Dieu unique que nous servons remplit en effet tout l'espace et ne souffre point de rivaux. Mais le véritable but de notre séparation du reste des hommes et de notre réunion sur ce plateau désert, est de nous rapprocher un peu plus de la nature et de vivre parfaitement étrangers à tout ce qui n'est plus elle. Nous formons ici une peuplade isolée, une petite nation qui se reproduit sans cesse sans admettre de femmes (3). Nous nous passerons de leur société tant qu'elles ne cesseront de partager tous les vices politiques dont nous nous sommes affranchis.

Pythagore. Des femmes m'ont dit, à Ecbatane: « ce n'est pas en nous fuyant qu'on pourra parvenir à nous rendre parfaites ».

Un sage du Carmel. Nous ne nous sommes jamais proposé cette tâche; elle est au-dessus de nos forces.

Pythagore. Si pourtant les deux sexes sentent le besoin de devenir meilleurs, ils n'y réussiront que l'un par l'autre.

Un sage du Carmel. Les mortels fatigués de la vie civile, poursuivis par le malheur,

---

(1) Tacite. *hist.* II. 78.
(2) *Montis Carmeli incolae nullum dei sui templum, aras tantum modo in monte habuerunt.*
Stuckius, *sacrific.* p. 88. *in-fol.*
(3) Pline. V. 17. *hist. nat.*
« Ceste nation a duré plus de mille ans, encores qu'elle ne ne se perpétue par génération; chose incroyable et néanmoins véritable ».
Dupinet.

ou menacés du joug soit monarchique soit populaire, viennent se réfugier ici et y trouvent un asile, après avoir donné quelques sûrs indices de la constance de leurs déterminations. Nous ne recevons dans notre société que des hommes hors de l'atteinte des passions. Nous ignorons et ne voulons pas savoir ce qui se passe là-bas, à nos pieds.

Pythagore. Vous vous épargnez bien des regrets inutiles.

Le sage du Carmel. Depuis que notre institut subsiste, la province a peut-être déjà changé cent fois de gouvernement et de culte. Tant qu'on nous permettra de n'y prendre aucune part, nous nous proposons de vivre sur ces hauteurs, sans en descendre.

Pythagore. Et l'on vous y laisse en paix ?

Le sage du Carmel. C'est une justice qu'on ne peut nous refuser, ce semble. Quittes de nos devoirs envers la société des hommes, nous pensons avoir le droit de vivre aussi pour nous.

Pythagore. On pourrait être plus exigeant.

Le sage du Carmel. Le lieu que nous habitons ne se trouve pas sur le chemin des grandes conquêtes. Que viendrait-on faire ici ?

Pythagore. Du mal, comme ailleurs, pour le seul plaisir d'en avoir fait. Mais rassurez-vous, le féroce Cambyse semble ne s'être approché de vous que pour expirer au pied de votre montagne.

« Nous avons fixé invariablement le nombre des membres de notre association. Ceux qui se présentent vont attendre dans une enceinte voisine qu'il y ait une lacune parmi nous pour la remplir. Nous sommes peu. Il y a peu d'hommes du caractère qui nous convient ».

Pythagore. En effet, les passions, nées avec l'homme, meurent rarement avant lui.

Le sage du Carmel. On peut du moins, avec le temps, leur imposer silence. Ici, d'ailleurs, elles ont peu d'alimens.

Pythagore. Tout leur en sert.

Le sage du Carmel. Dans la grande société! Mais ici, où il n'y a ni politique, ni culte, ni commerce, ni rhéteurs.

Pythagore. Que de lourdes chaînes, que d'importuns liens, vous avez sçu rompre! Que vous êtes heureux!

Le sage du Carmel. Du moins nous sommes tranquilles; et dans l'âge de la raison, le repos tient lieu de la félicité. Chacun de nous a sa grotte, son jardin, qu'il cultive lui-même, et dont ses deux plus proches voisins prennent soin, quand la maladie ou la grande vieillesse lui en ôtent les forces. Nous nous rassemblons trois ou quatre fois par jour, principalement au lever du soleil et à l'entrée de la nuit, sur cette esplanade qu'arrose une fontaine qui ne tarit jamais, et qu'ombragent des arbustes toujours verts. A l'ombre du chêne, des oliviers, du sapin, du figuier et de l'arbre aux pommes d'or, nous conversons librement sur les plus hautes vérités, livrées à l'exercice de la pensée de l'homme. Et c'est ainsi que nous passons la vie sur cette terre élevée, couverte de boccages, coupée de ruisseaux, et favorisée d'un ciel constamment serein.

Pythagore. Et vous ne laissez aucune trace de ces discussions paisibles qui doivent donner naissance à quelques théories lumineuses; car la vérité enfante la vérité.

Le sage du Carmel. Nous n'écrivons rien.

Si nos discussions devaient être transcrites, peut-être deviendraient-elles moins franches, moins naturelles.

PYTHAGORE. Que de choses utiles ne profitent à personne !

LE SAGE DU CARMEL. La science du bonheur est à la portée de tous. L'expérience des temps prouve que les hommes ont presque toujours été heureux en raison inverse de leurs lumières.

PYTHAGORE. Que dis-tu ?

LE SAGE DU CARMEL. Ce que je pense et ce qui est. La nature ne nous a pas faits davantage pour être savans que pour être riches.

PYTHAGORE. Ce principe bien reconnu, renverserait l'état social et ramenerait à une existence sauvage.

LE SAGE DU CARMEL. Non ! mais il procurerait plus d'imitateurs aux habitans du Carmel. Les hommes en viendraient à cette heureuse médiocrité, au-delà, en-deçà de laquelle la vie est un crime ou un supplice.

Une ceinture de hameaux peuplés d'hommes simples nous garde des incursions du sanglier, de l'hiène (1), du tigre, et des habitans de la ville, bien plus malfaisans encore. Nous dormons sur la foi de ces bons agriculteurs, et ils se conduisent d'après nos conseils. Ils nous honorent comme leurs pères ; et nous prenons soin de leurs enfans, comme s'ils étaient notre famille..... Nous aurons des successeurs qui feront davantage peut-être.... »

Pour mes adieux, j'écrivis sur l'*album* des sages du Carmel : « Puissent vos successeurs

---

(1) Volney, *voyage en Syrie*. I.

ne point confondre le goût de la paresse et l'amour du repos (1)! ».

§. XCII.

Pythagore sur le Liban. Mœurs syriennes.

Rentré dans Ecbatane, je crus qu'il était de la prudence de ne pas attendre le départ de la cour du roi défunt pour aller à Babylone et à Suze. Mon voyage au Carmel excitait en moi le vif désir de visiter l'intérieur de la Syrie, dont la côte seule m'était déjà connue. Cette contrée, d'abord soumise aux Caldéens de Babylone, venait de passer sous la domination de Cyrus. Avec une escorte persane que j'obtins d'Achemenidès, je pouvais satisfaire mon vœu, et pénétrer dans les montagnes les moins accessibles, sans craindre le ressentiment de cette nation, qu'on n'a jamais pu dompter ni asservir. Les derniers essais d'invasion, en aigrissant son caractère, l'ont rendue défiante et beaucoup moins hospitalière qu'auparavant.

Les conquérans font autant de mal aux mœurs qu'au territoire des peuples. Sans eux tous les hommes seraient encore des frères.

Sans m'arrêter dans les villes, je dirigeai ma route droit à la Cœle-Syrie, ou à la Grande-

---

(1) Le vœu de Pythagore n'a point été exaucé. Sa visite au mont Carmel lui valut dans la suite des siècles, un diplôme de religieux Carme. Il y eut même thèse soutenue à ce sujet, à Besiers, en 1612. La principale proposition était énoncée ainsi : *Valde esse probabile Pythagoram philosophum etiam fuisse Carmelitam.* Un certain *Papebrochius* prit la peine de réfuter cette étrange assertion.

Vallée. Cette terre haute et inégale, se sépare en deux chaînes de montagnes longues et irrégulières, laissant entr'elles un espace vide, large de deux mille pas d'homme.

Ce sol étroit est peut-être le plus fertile de toute l'Asie. Vers le milieu une muraille (1) fortement bâtie, ferme ce vallon, ou le sépare en deux parties à-peu-près égales. Mais l'armée de Cyrus, irritée de l'obstacle, s'y est ouvert un passage dont je profitai. Cette large brèche de long-temps ne sera remplie. Et pourquoi vouloir rompre une communication établie par la nature? On ne lui impose pas de barrière impunément. Tout ce paysage est charmant et varié. Le buis et l'if, la ronce et le mûrier, le melèse et le chêne, le laurier et le myrthe, dérobent sous leur feuillage toujours verdoyant, l'âpreté des roches blanches qui servent de fondement et de rempart à cette délicieuse solitude. La vigne et le figuier, qui ombragent constamment les abris rustiques épars sur la route sinueuse du voyageur, allégent les fatigues qu'il éprouve à franchir les ravins, à monter et descendre sans cesse parmi ce dédale de collines portées les unes sur les autres. Leurs parois sont percés de grottes plus ou moins profondes. Il en est où quinze cents hommes pourraient se retirer.

Je comparai plusieurs fois les sensations qu'on éprouve en passant successivement du plus bas d'une vallée au point le plus haut des montagnes; rien ne prouve mieux l'influence des objets sur l'esprit de l'homme. Dans le vallon, semblable à l'eau du fleuve Oronte,

---

(1) Plin. *hist. nat.* V. 20.

qui l'arrose paisiblement, mon ame se sentait plus calme, plus douce, plus amie du repos, que par tout ailleurs. Parvenu sur les cimes environnantes, elle prenait un caractère conforme au site que j'admirais. J'étais fier comme le torrent qui en tombe avec fracas. Je me sentais son hardiesse. Mon imagination plus ambitieuse se livrait à des conceptions plus fortes.

Sur le roc isolé qui donne lieu au *vallon du Tigre*, je trouvai un autel dressé au soleil, la grande divinité de la Syrie entière. Le plus beau de tous les temples n'inspire pas plus d'idées religieuses que le choix de cet emplacement, voisin d'une autre roche, à travers laquelle un torrent s'est fait un passage, et en même-temps a construit une voûte telle qu'aucun architecte n'osera jamais en essayer une pareille. Le cours rapide du fleuve qui l'a exécutée, semble le dérober à sa gloire ; à quelques pas de-là, il disparaît, mais pour se montrer ensuite fertilisant la vallée en silence, après avoir fatigué l'écho des monts. Ce pays abonde en carrières et en mines, qui resteront long-temps inconnues ou oisives. On n'en a que trop exploitées aux environs. Une éruption brûlante, précédée d'un tremblement, a précipité dans un abyme treize villes florissantes voisines (1). Les habitans épars de ces beaux lieux, qui m'apprirent ce terrible événement, dont ils conservent la mémoire de père en fils, redoutent encore bien davantage un autre fléau, qui se renouvelle presque tous les ans, et qu'ils ont de commun avec les peuples

---

(1) Strabon. XVI. *geogr.*

de l'Egypte et de la Perse. Ce sont les sauterelles, quelquefois si nombreuses, qu'elles obscurcissent l'air par tout où elles passsent, et laissent presque toujours la famine après elles. Un incendie ne cause pas plus de ravages. Tels sont les jeux de la nature : entre ses mains un insecte et un volcan sont des instrumens de destruction pour des nations entières.

L'Oronte et l'Adonis sont les deux principaux fleuves de cette contrée ; rivières tranquilles, telles qu'il en fallait à un pays riche en végétaux délicats ; l'arbre qui porte les dattes ou l'orange, ne s'accommoderait pas du voisinage de fleuves rapides et profonds. On ne rencontre pas par tout ces productions précieuses, dans une contrée qui change de climat et de saison à la distance de six heures de marche. Le froment et l'orge, la féve et l'olive y réussissent bien. L'abricot et la prune, la pêche et la figue s'y disputent de beauté et de parfums (2). L'Egypte est un domaine utile ; la Syrie est un jardin agréable.

Je rencontrai beaucoup de citernes construites avec industrie, pour ramasser et conserver l'eau du ciel, préférée à celle des rivières.

Les habitans varient de mœurs et de couleurs, selon le site qu'ils occupent. Les révolutions politiques les ont mélangés ; on ne retrouve quelque trace des familles nées sur le sol, que dans la vallée de Cœle-Syrie, et sur les hautes montagnes. Les femmes ont conservé leurs belles formes. Elles ont toutes de beaux yeux.

Dans les endroits où la population est éparse,

---

(1) *Voyage* de Volney en Syrie.

je retrouvai des restes de cette civilisation naturelle qui tient le milieu entre la barbarie ou les habitudes sauvages, et les gouvernemens politiques ou corrompus.

Les Syriens de la vallée longue, et les montagnards forment autant de hameaux que de familles ; le plus âgé en est le chef pendant la paix ; en guerre, c'est le plus audacieux et le plus robuste de corps. Chaque peuplade nomade ou casanière est indépendante. Les Syriens agriculteurs se construisent des cabanes et des enceintes. Les pasteurs logent sous des tentes, ou dans des grottes. Leurs besoins ne sauraient être plus simplifiés : un peu de lait et quelques dattes leur suffisent pour tout un jour.

Je remarquai une grand diversité de caractères et d'usages entre les hommes simples de la Syrie creuse et leurs compatriotes, habitans les cités plus voisines des frontières, ou de la mer.

La ville de Bal (1), que l'on nomme Héliopolis en Grèce, offre un tableau plus brillant, moins monotone, plus mobile. Sa position entre Tyr et la ville des Palmiers (2), auxquels elle sert d'entrepôt, lui donne part en même-temps à leur opulence. Elle est voisine des sources de l'Oronte. J'y vis la statue que les Héliopolitains du Nil y transfèrent tous les ans avec beaucoup de solennité. C'est une copie d'Osiris (3). Avant d'y arriver, on la promène dans les principales cités de la Syrie. Le

---

(1) Aujourd'hui les Ruines de Balbek.
(2) Palmyr.
(3) Macrobe. I. 23.

simulacre

simulacre d'or ou doré, et sans barbe, tient la main droite élevée et armée d'un fouet, en qualité de cocher céleste, ou conducteur des autres planètes. La foudre et les épis sont dans sa main gauche, symboles de sa puissance et de ses bienfaits. Cette image sainte fut apportée sur une table ou brancard, et avec la pompe usitée aux jeux olympiques, dans la marche des prêtres.

Les Syriens d'Emèse ont beaucoup simplifié la représentation du soleil : ils l'adorent aussi, mais sous la forme d'une pierre ronde et pyramidale (1), ou d'un gros caillou sphérique (2).

Les étincelles de feu qu'on en tire, et sa configuration ont peut-être suffi pour lui mériter les honneurs qu'on lui rend. Une antique tradition ajoute que cette pierre à veines de feu, détachée du soleil (3), est tombée sur la terre.

On se prépare à la fête d'Héliopolis par l'observation rigoureuse d'une longue continence, et en se rasant la tête. Ces préliminaires ponctuellement observés, on se sent animé de l'esprit divin; le souffle céleste vous découvre l'avenir. On peut alors consulter la divinité qui daigne vous répondre par écrit, si vous l'avez interrogée de cette manière. Les Syriens d'Héliopolis, fidelles à la dénomination de leur ville, ne reconnaissent d'autres Dieux mâles que le soleil; et ils l'appellent en con-

---

(1) *Dominus rotundus*, Dieu rond.
(2) *Silex*, pierre à fusil.
(3) Plutarch. *vita Lysand.*
Plin. *hist nat.* II. 58.

séquence *Adad*, qui signifie *un* ou le *seul*. Ils lui conjoignent *Adargati*; c'est la terre. Ils n'imitent point les peuples qui, non contens de ces deux objets, divinisent encore chacun de leurs attributs. Les Héliopolitains de Syrie ne décernent de culte qu'au soleil et à la terre. Ils représentent *Adad* au milieu d'une auréole de rayons dirigés sur *Adargatis*. Celle-ci, au contraire, lève les yeux et fixe l'astre, sans lequel elle ne peut rien produire. Ces deux statues sont portées sur des lions. La célébration du culte consiste principalement dans le chant des hymnes, où sont renfermés les principes d'Orphée; ils commencent et finissent par cette formule, ou invocation sublime dans sa simplicité :

Soleil ! tu es tout.

Orphée est à mes yeux le premier poëte. C'est lui qui rappela les mortels au culte de la nature. Mes chers disciples! si l'on m'eût demandé : « A quel homme désires-tu ressembler ? A Orphée, me serais-je écrié » (1).

Des deux ruisseaux qui baignent la ville, l'un passe sous une voûte qui sert de fondement au temple du Soleil. Ceux qui le déservent me rapportèrent que cet édifice sacré doit sa fondation à un vœu (2). Les citoyens, menacés d'une invasion, se mirent sous la protection du grand astre et s'engagèrent à lui décerner un culte, qui éclipserait tous les autres, s'ils

---

(1) *Omnino ajunt, Pythagoram stylo animoque Orphei acmulatorem fuisse.*
  Jambl. *vita Pythag. Numerus.* 151.

(2) Laroque. *voyage en Syrie.* tom. I.

demeuraient vainqueurs. Ils furent exaucés, et la reconnaissance suivit le bienfait.

Je prévois que ce vieux temple du Soleil sera remplacé un jour par un monument plus digne du nom qu'il porte.

On me communiqua une chronique syrienne, qui fait remonter l'origine de cette ville jusqu'à Saturne (1). Les cités sont filles des Dieux (2). Ephèse naquit de Diane, Halicarnasse de Salmasis, Paphos de Vénus, Samos de Junon. Ce qu'on ne peut révoquer en doute, c'est la beauté des Héliopolitaines. Elle me frappa. Un citoyen, qui s'en aperçut, me dit : « C'est que le plaisir embellit les femmes, quand elles s'y livrent par amour des Dieux et de leur patrie... Etranger, poursuivit-il, tu parais surpris ; mais écoute : Dans ces régions difficiles à parcourir, l'hospitalité est la première des vertus, et ses devoirs sont au-dessus de toute autre considération. Dans une route de long cours, à travers des sables brûlans et déserts, quels sont les objets pour lesquels le voyageur aspire le plus ? Il en est deux principalement qu'il convoite : une source d'eau vive, et les caresses d'une femme. C'est ce que nous avons réuni dans l'enceinte de cette ville, et de plusieurs autres, surtout à Héliopolis. Nous ne faisons point estime des jouissances exclusives ; nous ne sommes pas de ces peuples qui réservent pour eux et refusent aux voyageurs précisément ce qui fait le plus doux charme

---

(1) Eusebe. *praepar. evang.* IX. 12.
(2) Varron est d'un avis contraire. *Civitates*, dit-il, *diis quos ipsae instituerunt, ut pictor tabella, priores sunt.*

de la vie, et ce dont on supporte la privation le plus difficilement. Nous choisissons nos épouses et compagnes parmi les femmes les plus belles, afin de mériter davantage la reconnaissance des étrangers qui traversent nos plaines, et franchissent nos montagnes (1). C'est nous honorer beaucoup que de partager notre table et notre couche ».

Pythagore. On ne peut guères pousser plus loin la bienveillance. N'appréhendez-vous pas qu'on l'interprète autrement ?

L'Héliopolitain de Syrie. Il y aurait bien de l'ingratitude.

Pythagore. Ceux qui tiennent encore aux convenances sociales....

L'Héliopolitain de Syrie. Peut-on observer mieux qu'ici les lois de la sociabilité ?

Pythagore. Et les droits de la famille, que deviennent-ils ?

L'Héliopolitain de Syrie. N'ont-ils point pour base ceux de la maternité ? et ceux-ci ne sont-ils pas toujours certains ?

Tels sont nos usages : l'étranger qui passe par notre ville, avant tout autre soin (2), va rendre hommage au Soleil dans son temple ; puis il passe dans celui de l'astre des nuits, ou de Vénus : là, se rendent chaque soir toutes nos femmes, excepté celles dont la fleur de beauté est passée. Le voyageur fait son choix; ramené par celle qui a fixé ses yeux, elle le présente à son mari qui se félicite de la préférence accordée à son ménage et qui sort

---

(1) *Voy. en Syrie*, par Volney. tom. II. ch. XXVII. p. 149.

(2) Eusebius. *vit. Const.* III. Socrat. *hist. eccl.* I.

pour laisser à sa compagne le soin de faire les honneurs du logis. Tu souris..... '

PYTHAGORE. Je me rappelle Halicarnasse (1), où j'ai passé.

L'HÉLIOPOLITAIN DE SYRIE. Tant que le voyageur a des affaires qui le retiennent ici, il peut user des droits d'époux. Une contribution pour l'entretien du culte de Vénus l'acquitte ; et tout le monde est satisfait : Vénus est honorée ; notre patrie n'est point déserte ; l'étranger bénit une institution hospitalière qui ne lui laisse rien à desirer ; nos femmes remplissent le vœu de la nature, sans se reprocher rien ; et leurs maris s'applaudissent d'avoir concilié tous les intérêts, et préviennent par ce léger sacrifice des atteintes plus formelles portées aux mœurs et à la tranquillité publique. C'est d'après ces mêmes considérations que nous avons rassemblé ce qu'il y a de mieux en joueurs d'instrumens (2). Les premiers musiciens de l'Orient se trouvent dans notre ville ; ensorte que tout, dans nos murs, inspire l'harmonie et la bonne intelligence ».

Je remerciai beaucoup l'Héliopolitain, en ajoutant que ne me proposant que de passer, je ne pourrais profiter des avantages d'un séjour aussi agréable et dont il faisait les honneurs avec tant de générosité. Je ne voulus point en savoir davantage. Seulement, je lui demandai à combien se montait la population.

L'HÉLIOPOLITAIN DE SYRIE. Notre Syrie peut compter (3) dix millions d'habitans au moins.

---

(1) Voy. ci-dessus, §. XXV de ces voyages.
(2) Laroque. *voyage de Syrie*. tom. I.
(3) Strab. *geogr.* Joseph. *hist.*

le nombre de nos cités dignes de ce rang s'élève à cent ».

Hors des murs, j'aperçus plusieurs citoyens des deux sexes rangés dans une attitude religieuse autour d'une pierre ronde et couverte de vieux caractères qu'un ministre expliquait. On me dit que c'était un *Bœtyle* (1), ou l'une des pierres animées par Ouranos, c'est-à-dire, douées du sentiment de l'avenir et servant d'oracle aux Héliopolitains.

Ce n'est pas la peine de bâtir de si beaux temples. Tout sert de culte au peuple. La multitude est si avide de croyances (2), qu'elle digère jusqu'aux Bœtyles, après les avoir arrosées d'huile (3). Il lui suffit d'entendre dire qu'on a vû ces pierres tomber du ciel, en même temps que la foudre. Sans doute que le soleil d'Emèse en est une aussi.

Je ne pus me résoudre à pénétrer plus loin, avant d'avoir revu la grande vallée syrienne (4); à peine y a-t-on porté les premiers pas qu'elle devient profonde et fraîche. Les montagnes qui la ferment sont tapissées de verdure et couronnées de platanes. J'y distinguai une sorte d'épine blanche qui croît à une grande élévation, et qui devient assez grosse pour servir d'arbre aux pressoirs. (5) J'employai une journée

---

(1) Damasc. cité par Photius. Falconnet. *acad. des inscript. mém.*
(2) Les Grecs ont fait un proverbe de ce mot. Voyez Erasm. *Chiliad.* IV. *cent.* 2.
(3) Pausan. *Phoc.*
(4) Strabo. XVI. *geogr.* Ptolem. Pockoke. *voyages.*
(5) Reland. 521.

entière à parcourir cette vallée, en suivant les petites sinuosités d'un ruisseau qui l'arrose dans toute sa longueur et que je traversai plusieurs fois sur des arbres abattus et couchés en forme de ponts. De petites grottes ou plutôt de petits sanctuaires exposés aux premiers rayons du soleil, s'offrent de distance en distance au voyageur fatigué, ou qui veut méditer sur la beauté des lieux et de l'astre qui ne pénètre jamais dans le fond de ces lieux bas. Quelques hameaux occupent çà et là le penchant des montagnes et jouissent à la fois du double avantage des sites élevés et de ceux qui ne le sont pas. Les fortunés cultivateurs m'offrirent une coupe remplie d'un *vin d'or* (1), heureux produit de leurs vignes dont le soleil se plaît à colorer les grappes. Je pris place au milieu d'eux sur une natte ; et la même coupe pleine de la même liqueur, vint deux fois encore se poser sur mes lèvres, après avoir passé sur celles de mes hôtes. Au troisième tour, je me levai pour demander à la nymphe d'une jolie fontaine voisine un tribut de son onde froide et argentée, préservatif contre les fumées d'une boisson ardente.

Je remarquai plusieurs vieillards d'un âge très-avancé. Il est peu d'endroits sur le globe où l'on vive aussi long-temps que dans la Cœle-Syrie. On m'indiqua un sentier pour atteindre, avec moins de peine, sur la cime d'un grand rocher qui, depuis plusieurs siècles, semble menacer de sa chute les habitans du vallon, et qui semble aussi respecter leur innocence. Ce chemin est factice ; un ingénieux tissu de

---

(1) Expression locale.

grosses branches d'arbres appuyées solidement sur les pointes mêmes de cette roche aussi vieille que le monde, forme une suite de dégrés que j'eus quelque peine à franchir. Je fus bien dédommagé par le spectacle dont on jouit à cette élévation. Je contemplai la vallée dans toute son étendue, dans tous ses aspects. Ce qu'on aperçoit d'en bas donne des ailes pour atteindre au sommet. Arrivé là, ce qu'on voit en plongeant dans la profondeur du vallon fait naître le désir d'y redescendre de nouveau. Nous voulions aller jusqu'aux cédres, au risque de rencontrer les tigres et les ours dont ces hauteurs sont peuplées. Ces animaux féroces abandonnent le reste de la contrée à des troupeaux plus paisibles. J'y distinguai une espèce de taureaux aussi forts qu'en Egypte et par conséquent plus qu'en Grèce et dans l'Italie; ils ont une crinière flottante sur le haut des épaules (1). La queue des brebis est large d'une coudée (2).

J'y vis des chèvres, dont les oreilles pendent si bas qu'elles traînent à terre. Je les mesurai: elles sont en effet longues d'une palme et de quatre travers de doigt (3).

Nous passâmes la nuit dans une grotte voisine d'un bois de Cyprès: le spectacle qui nous attendait à quelques pas, au lever du jour, est imposant; ce sont des nappes d'eau lim-

---

(1) Aristotel. *hist. an.*
(2) Coudée moyenne. Voy. *métrologie* de Paucton.
(3) Pour ne pas trop gréciser le texte, nous plaçons ici en note les deux termes de mesures anciennes : *longues d'une spithame et d'une palaiste*, ou le tiers de la spithame.

pide, des cascades blanches d'écume, qui se terminent en torrent, avec un fracas harmonieux. L'oreille s'y accoutume vîte. Un sentier fort rude, pratiqué au milieu des rochers et non loin de plusieurs précipices, aboutit enfin à la montagne des cédres du *Liban* (1).

Nous remarquâmes d'abord une roche vive d'où sort un ruisseau impétueux dès sa naissance, et qui, avant de quitter ces lieux, fournit une course rapide de deux journées de chemin. En avançant, nous vîmes se déployer tout un amphithéâtre de montagnes : spectacle magnifique ! Après deux heures de détours, après la traversée d'une plaine qui se prolonge vers le septentrion ; le sol s'élève de nouveau et à plusieurs reprises. C'est sur la plus haute de ces cimes, long-temps cachée par plusieurs rangs intermédiaires d'autres monts, et qui ne se montre que quand il ne reste plus que la quatrième partie d'une heure pour l'atteindre, qu'on voit enfin ces cédres, de tous les végétaux connus, les plus dignes de leur grande renommée. Les plus superbes platanes, les sycomores les plus considérables par leur volume n'en approchent pas. Ils sont en petit nombre, il est vrai, mais d'une hauteur et d'une force dont on ne se fait une idée qu'en les contemplant. La cime de plusieurs d'entre eux est pyramidale ; mais celle des autres dessine un cercle parfait de verdure inaltérable, à

―――――――――――――――――――

(1) On croit que ce nom signifie *blanc*, à cause des neiges qui recouvrent en tout temps la partie septentrionale de ces lieux élevés.

Voy. *nouveau voyage en Grèce, Egypte*....: en 1721, La Haye. 1724. *in*-12. p. 168.

l'épreuve des saisons. Le baume qui tombe goutte à goutte de leurs fruits parfume et purifie l'air. Je passai trois heures assis devant ces magnifiques productions de la nature livrée à toute son énergie. Je voulus étudier à loisir le port, l'élévation, les propriétés de ce premier des arbres qui a beaucoup d'affinité avec le melèse. Je mesurai le contour immense du tronc; j'analisai sa résine odorante.

Que les rois qui ne peuvent se regarder sans orgueil, fassent le voyage de Syrie, gravissent les montagnes du Liban, et se mesurent au cédre! Si l'aigle dont je ramassai plusieurs plumes, a de la vanité; on doit le lui pardonner, puisqu'il s'élève encore plus haut que les cédres et pose son nid sur la sommité de leurs dernières branches. Mais l'homme!... qu'il est petit, au pied du cédre! Que son existence est courte, bornée, malheureuse, comparée à celle du cédre qui ne court point après ses alimens pour se conserver! Debout pendant cinq à six siècles sur le même point, la terre et les cieux, le soleil et l'air concourent à sa subsistance. Toute la nature est son tributaire; elle vient à lui de toutes parts, et s'empresse de le servir.

Je fis en même temps une observation applicable à bien des circonstances; c'est que le plus grand des végétaux se trouve placé sur la plus haute des montagnes. Le Liban est d'une élévation telle que les navigateurs qui laissent l'île de Cypre pour cingler vers la Syrie, en aperçoivent déjà le sommet.

Au centre de la forêt des cédres, je vis un rassemblement de beaucoup de blocs de marbre et de pierre. Mon escorte m'apprit que Cyrus avait eu le projet de bâtir en cet endroit un temple au soleil (1). Sans doute que ses successeurs se feront un devoir de remplir un vœu aussi sacré.

Je me dis à moi-même : eh ! pourquoi ce nouveau temple ? quel architecte trouvera des colonnes d'un module plus hardi et plus régulier que la tige de ces cèdres ? Quel sanctuaire, quel autel vaudra jamais ce plateau de montagne, ombragé par le plus majestueux de tous les arbres ? Quel hommage plaira mieux au soleil que le balancement des cèdres courbant leurs têtes ?

Presqu'à tous les grands points de vue des montagnes où l'homme qui pense s'arrête pour se recueillir et se pénétrer des beautés dont il est frappé, l'homme vulgaire s'est arrêté aussi pour y dresser un autel de pierre ou de gazon, se croyant plus près des Dieux, et mieux à la portée de s'en faire entendre (2). Le peuple adore et prie où le sage admire et médite. Tous les lieux hauts, même à des distances d'une heure seulement de chemin, sont marqués par de petits monumens semblables. Toute la Syrie en est pleine. J'en rencontrai beaucoup plus qu'ailleurs, parce que le site y est beaucoup plus religieux, beaucoup plus inspiratif.

On célèbre sur ces lieux hauts une fête dite *des Cèdres* (3), à laquelle j'eus bien du regret

---

(1) Voy. Lucien. *Déesse de Syrie*. Constantin fit abattre ce temple.

(2) Prolégomènes sabéïques. 103. *in*-8°.

(3) Il en reste encore aujourd'hui quelques traces dans une fête de la transfiguration célébrée par les Maronites.

Voy. le recueil des *missions*. tom. IV. *in*-12.

de ne pouvoir prendre part. Les montagnards habitant les grottes voisines se rassemblent à un certain jour pour faire des incisions sur l'écorce de ces beaux arbres, et pour recueillir le baume qui en découle en forme de gomme : c'est un prompt dessiccatif pour les plaies.

Après cette précieuse récolte, on chante des hymnes aux divinités bienfaisantes des montagnes. Sur celle du Liban, ainsi que dans Sidon, ma ville natale, un gnomon (1) de trente-cinq parties projeterait à l'équinoxe vingt-quatre parties d'ombre.

La plus longue journée compte quatorze heures et la cinquième partie d'une heure.

§. XCIII.

Pythagore au temple de la Déesse de Syrie.

JE descendis de ces hauteurs, pensif et pénétré des grands phénomènes de la végétation. J'avais donné l'ordre de tourner notre marche vers la ville des Palmiers.

Je m'arrêtai devant plusieurs hauts pilastres de brique (2) chargés de caractères.

Un vieillard assoupi tout auprès, et réveillé par le bruit des hommes armés qui m'accompagnaient, vint à moi, et pénétrant ma pensée, me dit :

« Honorable voyageur ! tu es ici sur le terri-

---

(1) Plin. *hist nat.* VI. 34.
(2) *Antiquités judaïques*, par Jos. Ph. I. 2.

toire des *Kelbéens* (1). Nous nous appelons ainsi, de la brillante constellation du *Sirius* (2). Nous en avons calculé le cours céleste sur ces monumens, afin d'en perpétuer le souvenir, à travers les inondations que cette contrée a déjà essuyées. Ces pilastres nous servent en même-temps d'autels; car nous nous sommes fait de l'astronomie une religion; et la brillante étoile du Sirius est notre divinité, ainsi que chez nos voisins d'Egypte, auxquels elle annonce le débordement du Nil. Puisse cet astre répandre sur toi, comme sur nous, ses bénignes influences!

Tu rencontreras plus loin une vieille statue, représentant une belle femme, mais triste. Sa tête abattue repose sur sa main (3); des larmes coulent de ses yeux, e' un grand voile la recouvre à moitié. C'est une image de la Nature, en hiver, c'est-à-dire veuve du soleil, qui s'est éloigné d'elle.

Ce monument entretient la reconnaissance parmi nous autres peuples, favorisés plus long-temps qu'un grand nombre de nations, de la présence du roi de la nature.

Je vis en effet cette image symbolique et grossièrement travaillée. Je remarquai qu'elle avait pour siége une grande pierre plate et ronde; et cette forme ne me parut point sans intention. J'appris par la suite que les premiers habitans de ces contrées désignaient ainsi le Soleil. Ils l'appellent encore le *Dieu-Rond*.

---

(1) Peuplade curde. Consultez *la religion des Perses*, par Th. Hyde.
(2) *Kelb*, la canicule, ou la constellation du chien.
(3) Macrob. *saturn.* I, 21.

Ce simulacre, qui me rappela la statue de Vénus à Cypre, a été pris plusieurs fois pour elle, parce que la Phénicie du Liban s'appelle aussi *la terre de Vénus* (1). D'ailleurs, elle a un culte solennel dans la ville voisine d'Arca où d'Archis (2).

Nous nous dirigeâmes entre le septentrion et le levant, à travers une plaine unie et sablonneuse. Douze heures suffirent à peine à ce trajet pénible. Dénués d'arbres et de rivières, nous avions à notre gauche et à notre droite une double chaîne de monts stériles, qui parurent se rejoindre une heure avant notre arrivée dans une large vallée, offrant le phénomène inattendu de deux sources, après tant de chemin parcouru au milieu d'un désert aride. Sans doute la ville voisine doit son existence à ces deux fontaines (3), ombragées de palmiers. Elle est ceinte de fortes murailles. Jamais je ne vis tant de perles ; c'est l'une des principales branches de son commerce. On y vend aussi beaucoup d'or, d'encens et de paons.

Les femmes y sont de mœurs déjà très-équivoques ; et je prévois qu'elles n'en resteront pas-là. Elles imaginent plusieurs sortes d'habits, selon les circonstances où elles se trouvent. Le plus décent est celui qu'elles appellent *énomide* (4). Ce vêtement, fort étroit au dessous du sein, s'évase beaucoup pour laisser à découvert le sein lui-même et les épaules.

---

(1) Eschyl. *supplic.* V. 562.
(2) Macrob. *saturn.* I. 21.
(3) Palmyre.
(4) Barthelemy. *antiq. Palmyréennes.*

La ville du Soleil et celle des Palmiers, prennent tous les jours, me dit-on, un nouvel essor, et chaque année on y élève de nouveaux monumens.

Les habitans y sont gouvernés par leurs propres lois, mais avec l'agrément du roi de Perse. Ils se contentent de cette demi liberté. Le culte, le négoce et le plaisir les occupent trop, pour qu'ils désirent un ordre de choses moins précaire. Ici, comme ailleurs, on dirait que l'indépendance n'est qu'une belle superfluité.

Ces étranges usages, presque les mêmes dans les deux villes, n'y sont dus sans doute qu'aux excès, suites nécessaires du concours et du mélange de plusieurs nations également superstitieuses. Je résolus de remonter à leur source, en poussant mes recherches jusqu'à Hiéropolis, près l'Euphrate, où règnent semblables mœurs. Il ne m'en coûtait d'ailleurs que six à sept journées de marche pour visiter le temple de la grande déesse de Syrie. La route qui y conduit est traversée par quantité de canaux souterrains et d'aqueducs pour ramasser les eaux de toutes les sources et les conduire dans le désert. C'est l'ouvrage des Syriens, secondés par les Perses, leurs conquérans. Mais fallait-il commencer par la guerre ces monumens de paix et d'hospitalité ?

La route est bordée de hameaux très-populeux qui se sont formés autour des citernes d'eau pluviale, fort fréquentes dans ces lieux arides, que les montagnes et le ciel peuvent seuls arroser et féconder.

Il n'y a qu'un seul monument à voir dans

la ville sainte (1); c'est le vieux temple qui en occupe le centre, sur une petite colline, autour de laquelle il paraît qu'on a bâti successivement. Le culte qu'on y célèbre est la seule chose à observer. L'objet de ce culte est la grande déesse Syrienne, m'ont dit les Hiéropolitains; parce qu'il n'y a rien de plus égoïste que le peuple. En rassemblant toutes les traditions, j'ai découvert sans beaucoup de peine, que cette grande solennité a pour but quelque chose de bien plus sublime qu'une divinité locale.

Les conquérans de ce beau pays en ont tous respecté les idées religieuses, en cela meilleurs politiques que Cambyse. Si bien que le temple d'Hiéropolis est peut-être le plus riche de tous ceux qui existent; tous les princes de l'Orient ont voulu le doter à l'envi l'un de l'autre; et, si cette piété continue, il faudra construire un nouvel édifice pour recevoir les superbes offrandes qui affluent chaque jour de toutes parts, et qui feront dans peu perdre tout-à-fait de vue le sujet principal. Ainsi toujours de brillans accessoires éclipsent la solidité du fonds le plus respectable.

Une ouverture profonde, au milieu de la place publique, devant la principale porte du temple, m'a paru l'origine et du temple et de la ville, et de toutes les richesses qu'on y apporte. Deux fois l'an on y verse de l'eau (2), qu'on va puiser jusqu'à la mer, emblême commémoratif de cette époque reculée où la terre que nous habitons, fut délivrée des eaux

---

(1) Traduction d'*Héra*, ou d'*Hiéropolis*.
(2) Boulanger, *antiquité dévoilée*.

primitives,

mitives, et devint habitable et féconde. Nos Grecs, qui ne grandissent pas toujours ce qu'ils perfectionnent, n'y voient que le déluge de Deucalion. Il paraît que du temps de Sémiramis, la trace de cette première origine du monde n'était pas encore effacée; car la princesse de Babylone envoya au temple d'Hiéropolis, pour son présent, une grande statue, représentant une figure, femme par en haut, poisson depuis la ceinture jusqu'en bas; Hiéroglyphe de la terre encore à moitié inondée. La partie supérieure de cette image est consacrée à Rhea, sœur et femme de Saturne; ce qui rappelle l'époque heureuse où l'homme, à peine sorti des mains de la nature, étranger aux vices comme aux vertus, vivait dans l'innocence. Portée sur un char attelé par des lions, sa tête est ceinte d'une couronne murale; image symbolique des premiers linéamens de la société civile, quand la terre desséchée par les ardeurs du soleil, au signe du Lion, vit ses habitans cultiver leurs héritages, et tracer les premiers enclos.

Le simulacre le plus révéré dans ce lieu saint, est celui de l'organe générateur, exprimé dans les proportions les plus colossales (1): naïf emblême des prodigieux succès de la population humaine dans ces temps primitifs où la terre, vierge jusqu'alors, avait toute son énergie.

Deux fois par an, un homme monte au sommet du Phallus, et s'y établit pendant sept jours sans en descendre, c'est-à-dire jusqu'à

---

(1) Trois cents brasses, dit Lucien, ou *orgyes*. Voy. la *Déesse de Syrie*.

ce qu'on ait versé l'eau dans l'espèce d'abyme voisin du temple.

C'est encore l'image de l'espèce humaine à son berceau, quand elle fut obligée de construire ses premiers établissemens sur le haut des montagnes. Il fallut bien sept siècles pour laisser à la terre le temps de devenir susceptible de culture et d'habitation dans la plaine. L'homme qui se hisse vers l'extrémité du phallus, se lie par le milieu du corps avec l'organe générateur, appuie le bout du pied sur des saillies pratiquées à cette fin, et imite ceux qui montent sur les palmiers en Egypte. Arrivé au sommet, une chaîne en descend, qu'il retire à lui quand il la sent chargée de monnaies de tous métaux.

Ce temple regarde le soleil levant; il est exhaussé de terre de six pas d'hommes, divisés en douze degrés, qu'il faut franchir pour se trouver sur le seuil. A peine touche-t-on au vestibule, on respire un air aromatisé, qui porte à l'ame un baume salutaire, du moins pour ceux qui sont bien pénétrés des vrais mystères.

Mes chers disciples, la robe de lin que je portais alors, et que je garde, est encore empreignée de ce parfum, composé de tout ce que l'Arabie à de plus pénétrant et de plus exquis.

Les premiers objets qui frappent en entrant, sont deux statues d'or. L'une portée sur un taureau; c'est Jupiter, ou plutôt Sérapis; c'est-à-dire le Soleil. L'autre offre une belle femme dans toute la force de la santé : c'est la terre, ou si l'on veut, la nature. Sa tête est ceinte de rayons ; sa coiffure est un cercle de tours.

De son col retombe, par-devant elle, sur ses genoux, et jusqu'à ses pieds, une longue écharpe (1), toute chargée de riches métaux et de pierreries représentant les douze animaux du zodiaque.

Dans l'une de ses mains est un sceptre ; dans l'autre, une quenouille. On veut que ce soit Junon. De tous les ornemens qui la couvrent, le plus merveilleux est une pierre placée sur son front, on l'appelle *la Lampe* (2) ; parce que, à elle seule, elle suffit pour éclairer tout le temple, par la clarté qui en jaillit dans les ténèbres : le jour, elle ne paraît que du feu. Les nuits, sa lumière est en progression des phases de la lune (3).

Ce simulacre, qui ne saurait être que celui de la nature, a encore cette singulière vertu : de quelque côté qu'on le regarde, lui-même aussi vous regarde toujours en face ; ses yeux semblent suivre le spectateur; on ne saurait les éviter. Ainsi la nature voit tout, embrasse tout d'un coup-d'œil; on ne peut se soustraire à sa pénétration, à sa surveillance. Quelque part que l'homme aille, il est toujours en présence de la nature.

L'orgueilleuse Sémiramis lui rendit un hommage volontaire, ou plutôt forcé par les circonstances. La colombe d'or placée sur l'épaule de cette statue, est un don de la reine des Babyloniens. Deux fois l'année, on conduit en grande pompe, jusque sur les rives de l'Euphrate, l'oiseau d'or de Sémiramis, en com-

---

(1) Sorte d'*étole* de prêtre christolâtre.
(2) Lychnis.
(3) Plin. *hist nat.* XXXVII. 10.

mémoration des jeunes filles qui descendaient tous les ans des lieux hauts pour connaître les progrès du desséchement de la plaine.

Par la suite des temps, on avisa de peupler le temple d'Hiéropolis de toutes les statues qu'on y voit. Les origines du pays apprennent que d'abord la colline qui sert de fondement au temple, servait d'autel; et l'heure du culte était celui où le soleil levant semblait venir s'y reposer dans toute sa pompe matinale. Quand on crut devoir entourer cet autel d'une muraille, qui long-temps fut regardée comme le temple, on menagea plusieurs petits tabernacles pour y placer des figures symboliques de divers attributs du soleil; mais on n'eut jamais la pensée de lui consacrer une statue, et de lui offrir sa propre image; entreprise au-dessus des forces du génie des plus habiles artistes! On se contenta de lui creuser ce sanctuaire qui reste vide; mais dans l'intérieur viennent frapper les premiers rayons du jour. Alors, on peut se dire en la présence même du Dieu. Il n'est pas invisible comme tous ceux qu'on a imaginé depuis pour l'accompagner dans ce lieu saint. On en agit de même à l'égard de l'astre des nuits. La lune elle-même vient recevoir les hommages qu'on lui rend, le soir, pendant certains jours du mois.

On raconte que Sémiramis, devenue jalouse des honneurs décernés à la Lune, voulut en défendre le culte, non-seulement chez les siens, mais encore en Syrie, et dans toutes les contrées soumises à sa domination par ses armes. Une telle impiété lui réussit mal. De ce moment, sa gloire politique fut éclipsée par des revers sans nombre. Pour appaiser le ciel, elle se hâta d'envoyer sa statue en airain, qu'on voit à la porte du temple, en dehors. Cette reine orgueilleuse est représentée dans l'attitude d'une suppliante ; de la main, elle semble inviter les peuples à venir sacrifier, plus sages et plus modestes qu'elle.

Mais Sémiramis s'en est dédommagée sur une montagne de la Médie (1). Là, on voit un autre simulacre taillé d'une seule pierre, de dix-sept stades, et représentant cette femme altière, debout, au milieu de cent figures d'hommes agenouillés.

D'autres statues, moins colossales que la sienne, ornent le parvis du temple d'Hiéropolis. J'y reconnus celles d'Hélène et d'Andromaque, celles de Pâris et d'Achille ; on aurait pu les assortir mieux : rarement la raison préside au culte des Dieux, et aux pratiques religieuses des hommes.

On leur a conjoint la figure de certains animaux, tels que le bœuf et le cheval, le lion et l'aigle.

Les desservans du temple sont en grand nombre ; j'en comptai plus de trois cents dans une de leurs solennités ordinaires. Ils sont tous vêtus de blanc, et coiffés d'une toque haute. Le souverain pontife porte une thiare d'or et une robe de pourpre.

Outre ces ministres, il y a quantité de joueurs de flûtes, de cymbales et de chalumeaux.

Dans ce temple habitent aussi des femmes parmi les prêtres, mais impunément, puisque ceux-ci n'ont point de sexe. Vouées au célibat, elles ont reçu en dédommagement le dou

---

(1) Le *Bagisthan*, dependance de la chaîne du Caucase.

d'une sainte fureur périodique. Que toutes ces institutions religieuses, vues de près, font pitié !

Au milieu d'un étang rempli de poissons aux nageoires d'or, s'élève un autre autel où l'on va sacrifier en nageant, rite commémoratif de ce qui se passa dans les temps primitifs. Alors les familles isolées sur des tertres, se visitaient, en traversant à la nage les vallons comblés d'eau ; alors on prenait le plaisir de la pêche où depuis on se livre à ceux de la chasse.

Ce qui contribue à effacer de jour en jour ces précieux vestiges de la vénérable antiquité, c'est que depuis que ce culte rendu à la nature et au soleil, fut connu des nations voisines, chacune d'elles y apporta ses Dieux, ses usages, sa théogonie. Assurément l'ancien culte, dans sa première simplicité, n'exigeait pas des adorateurs de la féconde nature le sacrifice des organes de la génération. Je vis de ces prêtres nouveaux qui ont renoncé à leur sexe, se flageller les épaules, et se tirer du sang de leurs coudes. Certes ! une inspiration vraiment divine ne conseille pas à l'homme de s'armer d'un couteau, et de faire trophée d'une mutilation que le soleil éclaire à regret de ses rayons fécondans. D'un autre côté du temple, se passent des scènes d'un genre tout opposé ; les deux sexes n'y suivent que leur grossier instinct, peu jaloux des jouissances exclusives et soumises aux lois de la raison. De tels spectacles seraient mieux placés dans la Cappadoce et en Arabie (1), où l'on adore la déesse Soleil.

---

(1) Renaudot. *mém. de l'acad. des insc.* t. III. *in* 12.

Jadis ils ne remplissaient pas de leurs scandales les avenues de ce temple. Les nouveaux époux venaient dans toute leur innocence y cueillir les prémices de l'hymenée ; d'autres, mal assortis, y réparaient leurs méprises, en changeant de liens. De jeunes voyageurs y venaient chercher des compagnes que leur refusait une patrie en proie à de grandes calamités. De cette source pure, découlèrent quantité d'abus ; et c'est ainsi qu'on en vint aux mutilations d'Hiéropolis, et aux usages moins cruels, mais plus étranges peut-être encore de l'Héliopolis syrienne.

Tous ces actes religieux qui ont tant dévié de la première institution, n'ont pas lieu dans l'intérieur du temple ; il n'est souillé ni par le sang des victimes égorgées, ni par celui des prêtres mutilés, ni par l'haleine impure des amans libertins et des maris sans pudeur. D'anciens hymnes pleins de sens, et des nuages de parfums y célèbrent plus dignement la nature et son agent producteur. De jeunes filles y consacrent les prémices de leur chevelure, qu'elles déposent dans un vase d'or. De jeunes hommes en font de même de la première barbe qui ombrage leur menton.

Mais hélas ! j'ai été presque le témoin d'une offrande abominable que des mères, dignes de figurer parmi les hiènes des montagnes, viennent consacrer sur les plus hautes marches du temple. Je vis une de ces femmes, sans doute dans le délire, envelopper son enfant dans une draperie, puis le précipiter elle-même jusqu'au bas des degrés, pour le plonger ensuite dans le fond des eaux sacrées de l'étang. La vue de cette atrocité me fit sortir précipitamment, la tête enveloppée dans mon manteau.

§. XCIV.

Pythagore à Babylone. Topographie, usages et mœurs de cette ville.

Je ne commençai à respirer librement que quand je me trouvai sur les rives de l'*Euphrate* (1), pour descendre à Babylone, la plus grande de toutes les villes que le soleil éclaire (2).

Par tout, le fleuve tranquille offre une douce navigation à l'homme paisible qui voyage pour s'instruire. Il semble refuser son onde aux marchands avides, aux ambitieux téméraires qui arment et chargent de gros navires. Je confiai ma personne à une barque du pays, presque ronde comme un bouclier. On n'y distingue ni poupe ni proue ; c'est un fort tissu d'osier, soutenu avec des perches de saule, et revêtu de la dépouille du quadrupède à longues oreilles. Il ne faut qu'une rame pour lui faire tenir le fil de l'eau.

Les *Gorrhéens* qui trafiquent à Babylone (3), ne se servent que de radeaux tout simples.

Les Arméniens navigent sur l'Euphrate, et voiturent des cargaisons de cinq mille talens du pays, sur des nacelles qui leur sont particulières. Le talent babylonien représente sept mille dragmes attiques (4) ou euboïques (5).

---

(1) C'est-à-dire, les eaux du *Phrath*.
(2) Expression de Pausanias.
(3) Strabo. XVI. *geogr.*
(4) Pollux. IX.
(5) Herodot. III.

Le cours de l'Euphrate est lent, et laisse tout loisir pour contempler la belle plaine qu'il traverse et fertilise. Il se trouve des roches qui ressèrent plusieurs fois son lit. Plusieurs fois aussi, sur sa route, il distribue ses eaux aux agriculteurs qui lui ouvrent un canal dans leurs champs altérés ; ce qui lui ôte beaucoup de sa profondeur, et trouble son courant. Qu'on le laisse reposer et s'éclaircir, il procure la boisson la plus légère et la plus saine. Il nourrit encore dans son sein des poissons d'espèces différentes, tous très-propres à satisfaire les besoins de l'homme.

Épris des beautés de cette région, l'une des premières habitées du monde, je ne quittai pas un seul instant ma nacelle, pour aller à terre, et visiter les habitations construites sur ce rivage enchanté.

Ces bords sont couverts de machines qui servent à élever l'eau ; espèces de bascules qu'on hausse et baisse à force de bras.

L'Euphrate fait végéter une sorte de papyrus qui serait aussi propre à l'écriture que celui du Nil (1) ; mais les Orientaux préfèrent de transmettre leurs pensées sur de la tuile, ou sur des toiles.

Par tout j'admirai les heureux effets de l'industrie, et les ressources immenses d'une seule rivière pour tout un grand peuple. Que serait-ce, si ce grand peuple se montrait dans sa conduite et dans ses sentimens, plus digne du sol qu'il habite, et des trésors mis à sa disposition.

Que l'Euphrate cesse de couler pendant

---

(1) Plin. *hist. nat.* XIII. 11.

une saison seulement ! la Babylonie et la Chaldée, qu'un ciel sans nuages ne rafraîchit jamais par des pluies bienfaictrices, deviennent une autre Lybie. La présence de l'Euphrate a déterminé le séjour des sciences et leurs progrès. De ses bords, l'esprit humain s'est élevé et plane sur le reste du globe.

Mes regards ne tombaient point sur ces beaux vignobles, sur ces plans d'oliviers, sur ces petits bois de figuiers, qui font la richesse de la Syrie : mais le seul palmier pourrait compenser tous ces avantages ; les terres arrosées par l'Euphrate en sont couvertes, et presque tous portent des dattes.

Les Babyloniens ne tarissent point en éloge sur ce beau végétal ; ils lui attribuent autant de propriétés diverses, qu'ils comptent de jours dans l'année (1).

Les poëtes chaldéens chantent tous, les trois cent soixante bienfaits du palmier, qui, à lui seul, donne à l'homme le pain et le miel, le vin et le vinaigre, et même des vases pour contenir ces deux liqueurs. Le palmier se plaît beaucoup sur cette terre, quoiqu'ami du sel (2); mais les Assyriens ne manquent pas d'en répandre aux environs de ce superbe végétal.

La présence du saule de Babylone annonce un sol humide et fécond : il aime à croître aux environs de la capitale de la Chaldée. Je le rencontrai fréquemment ; son feuillage s'incline et retombe sur lui-même (3) avec beaucoup

---

(1) Plutarque. *propos de tabl.* liv. VIII. *quest.* 4.
(2) Théophraste. *de causis.* III. 22.
(3) C'est ce que nous appelons *le saule pleureur*.

de grâce. On appelle le territoire de Babylone, *la vallée des Saules* (1). Je remarquai aussi des mûriers à fruits rouges (2).

Le sésame fournit de l'huile abondamment. Le millet, l'avoine et le froment y croissent à la hauteur des arbres, et chaque grain en rend deux cents, et assez souvent, jusqu'à trois cents.

On coupe deux fois le blé en herbe ; la troisième fois, on y laisse paître les bestiaux, autrement, il ne donnerait que du gazon.

Quelques heures avant Babylone, à l'endroit appelé *Agrani*, qui bientôt ne sera plus (les Persans en ont ordonné la destruction), le *corps* de l'Euphrate (3) essuie une perte plus considérable que toutes les précédentes ; on lui fait une forte saignée, pour le mettre hors d'état de causer une inondation à la ville (4).

Sur la grande route de terre qui y mène, et qui aboutit à la porte d'Arménie, je m'arrêtai un moment pour examiner une masse pyramidale (5), dressée par les ordres de Sémiramis, et consacrée au Soleil. Cet obélisque est d'une seule pierre, arrachée des monts arméniens, et haute de cent pas d'homme. Plusieurs couples d'ânes et de bœufs la traînèrent jusqu'à l'Euphrate, où l'attendait une barque construite exprès.

Ce monument annonce bien mieux la plus

---

(1) *Monde primitif*, de Gébelin.
(2) Ovid. *metam.* lib. IV.
(3) Expression antique, employée aussi par Chérémon le tragique.
(4) Plin. *hist. nat.* VI. 26.
(5) Diod. sic II. 11. *bibl.*

grande des cités, que ces poteaux dressés par les ordres de cette même reine sur les grandes routes des contrées soumises à sa domination, et sur lesquels on distingue encore l'image, sans voile, du sexe de Sémiramis (1).

On me prévint que Babylone occupe intérieurement autant de stades qu'il y a de jours dans l'année, trois cent soixante-cinq. Je reconnus déjà dans ces mesures le goût des Chaldéens pour l'astronomie; ils en laissent des traces jusque sur les objets les plus indifférens à cette science. Babylone n'est pas la seule cité de l'orient soumise à ces calculs, par la forme de ses murailles et leur circuit. L'ancienne Ecbatane offre une singularité du même genre.

Lors de sa première fondation, l'enceinte extérieure des murailles de Babylone, qu'on porte jusqu'à quatre cent quatre-vingt stades (2), avait quelque rapport aux ailes déployées d'un aigle; aujourd'hui elle exprime un quadrilatère exact, que le fleuve traverse directement du septentrion au midi. L'Euphrate fait deux cités de cette ville, qui serait une monstruosité, si elle était toute d'une pièce, tant elle a d'étendue.

Le commandant de l'escorte qui m'accompagnait m'apprit que Cambyse, afin d'humilier une ville (3), qu'il n'avait pas eu cependant la gloire de conquérir, la destinait à lui

---

(1) *Antiquités étrusques*, par Dancarville. tom. V. p. 107. in-4°.

(2) Rocoles, *impostures insignes*. Ce qui reviendrait à soixante milles anglais.

(3) Danville. *mém. de l'acad. des inscript.*

servir de *parc* (1), pour y prendre le plaisir de la chasse aux bêtes fauves. Est-ce donc ainsi que devait se terminer le premier et le plus considérable des établissemens connus, ouvrage de la main des hommes ? ils auront le courage d'en élever d'autres, sans avoir plus de certitude d'une destinée moins malheureuse. Le sort de Babylone, de Thèbes et de Memphis ne dégoûtera point encore de sitôt les peuples de se parquer comme de vils troupeaux.

Les dehors de Babylone annoncent une immense prison ; ses hautes murailles font un contraste parfait avec le riant aspect de la campagne qui les environne. Ce ne sont que vergers ; je n'ai vu nulle part de plus belles pommes (2).

Il faut que les hommes soient bien timides, ou bien méchans, pour se résoudre à s'enfermer ainsi sous des murs épais, et se priver du spectacle ravissant que la nature leur offre de toutes parts.

Ces murailles sont cimentées avec un bitume (3) de la vallée de Sidim (4), supérieur en bonté à celui qu'on retire d'un puits que

---

(1) Nous n'avons pas cru devoir hazarder *Paradis*, qui est pourtant le mot propre, le terme persan que les Grecs et les Romains ont fait passer dans leur langue. Ce mot est aussi dans la nôtre; mais il exprime bien autre chose.

Pollux. IX. 3.
A. Gell. II. 20.
Xenophon. *memorab*. V.
(2) Athénée. VII.
(3) Ciment naturel.
(4) *Dissertation sur l'Asphalte*, par Eyrini. 1721. *in*-12.

je rencontrai à sept heures de chemin avant Suse. Ce dernier est d'une teinte fort brune.

Babylone est assise au milieu d'une plaine charmante qui se ressent peu des ardeurs d'un ciel brûlant. Ah! sans doute les premiers ancêtres des habitans de la Babylonie et de la Chaldée, descendus des montagnes du Caucase qui en bornent l'horizon à la partie septentrionale, ont vécu long-temps sur les deux rives de l'Euphrate, trop occupés des beaux phénomènes du ciel, et des bienfaits de la terre, pour songer à se construire, à force d'art, un lieu d'asile inexpugnable. C'était bien la peine d'élever si haut une large ceinture de pierres, pour devenir la proie d'un voisin ambitieux.

Quels citadins ne se seraient cru invincibles, garantis par cent portes d'airain, et trois tours entre chaque porte, servant à les défendre; un rempart épais de cinquante pas, construit de pierres et de briques cimentées avec du bitume? Un quadrige peut y tourner sur lui-même. Il faut passer un pont pour pénétrer dans la ville, ceinte au dehors d'un large fossé que l'Euphrate remplit de ses eaux.

Entré à peine, par la porte *Belide* (1), je me crus dans un monde nouveau, fabriqué de main d'homme, et avec une symétrie qui semble rivaliser le bel ordre qui règne dans l'univers. Les maisons, toutes spacieuses, sont alignées, et laissent entre elles un libre passage à l'air. Il y a des rues qui ont jusqu'à

_____
(1) Herodot. III. 155. 158. *Belide*, peut-être à cause de *Belus*.

deux plethres (1) de largeur. Sans cette sage précaution, une cité aussi immense n'eût point été habitable, à cause de la chaleur du climat concentrée parmi cette prodigieuse quantité d'édifices. Chaque maison est isolée, et a son jardin, sa terrasse, sa fontaine. La plupart des carrefours sont ombragés par de belles plantations d'arbres ou égayés par de grands tapis de verdure, que rafraîchissent des nappes d'eau et des bassins.

Un seul pont forme la communication des deux moitiés de Babylone coupée par l'Euphrate ; placé au centre et aboutissant à deux palais, il est beau, commode et digne de la ville. Quantité de jolies nacelles font le reste du service. Ce pont n'est destiné qu'aux gens de pied ; on y marche sur un parquet de bois de cèdre, soutenu par des poutres de palmier. Sa largeur est de vingt-cinq pas.

Tous ces grands travaux supposent un peuple au maintien mâle et remarquable par des formes musculeuses. Je m'attendais à voir des citoyens à la démarche ferme, au regard sévère. Dès mes premiers pas dans la ville, quelle fut ma surprise de ne rencontrer que des hommes habillés avec toute la mollesse et le luxe des femmes ! On a peine à distinguer leur sexe. Les traits de leur physionomie ressemblent à ces ressorts usés par le frottement. Leurs longs cheveux, ainsi que tous leurs membres, sont oints d'huile de sésame parfumée. Coiffés d'une mitre haute et brodée en or, ils se couvrent de trois vêtemens l'un sur l'autre : d'abord, c'est une tunique de lin qui retombe jusque sur le

---

(1) Diod. sic. II. *bibl.*

bout du pied ; par-dessus, c'est une autre robe de laine fine ; et enfin, un court manteau qui ne dépasse point le coude (1). Le peuple même porte en cuir cette pièce de vêtement (2). Chacun de ces habits n'est que d'un seul tissu, peint de diverses couleurs et brodé à l'aiguille (3). Leur chaussure est celle des habitans de la Béotie, espèce de cothurne en bois peint et doré avec beaucoup de recherche. Je vis plusieurs Babyloniens qui affectaient de paraître plus grands qu'ils ne sont, en se haussant sur du liége, à la manière des Perses. Leurs doigts sont chargés de bagues et d'anneaux. Les deux sexes, indistinctement, suspendent à leurs oreilles percées, des ornemens dont les moins précieux sont des pièces de monnaies (4) d'or ou d'argent représentant d'un côté une brebis et sur le revers un arc et un carquois. On les appelle *kesitah*. On transperce ces monnaies, ou bien on les encadre dans un cercle. Quelquefois on les place sur la chaussure. Par tout, ailleurs qu'à Babylone, les femmes et les esclaves seulement percent leurs oreilles.

Ils portent tous à la main un roseau qui a la forme du sceptre des rois. Il est surmonté d'un ornement qui varie selon les personnes, et qui sert à distinguer leur état, leur famille. C'est une fleur ou un oiseau figuré avec beaucoup de soin et de prétention, et plus ou moins riche, en or et ivoire.....

Les habitans de Babylone sont obligés par

---

(1) A la manière de nos anciens pélerins.
(2) Alph. Costadau. *traité des signes*. tom. IV.
(3) *Ricamare*, disent les Italiens.
(4) *Journal de Trévoux*. avril 1704.

la loi à ne point sortir de chez eux, et se montrer en public, sans cette marque destinée à les faire reconnaître au premier abord : mesure prudente au milieu d'une aussi grande population.

Beaucoup de Babyloniens ont naturalisé un usage fort singulier de la Perse. Pour garantir la peau de leurs mains de l'action brûlante du soleil, ils leur donnent une sorte de vêtement de lin (1), tissu avec art, et de façon que chaque doigt de la main a son fourreau.

Les femmes de haute fortune suspendent à leurs jupes, en guise de franges, des fleurs de grenade fort bien imitées et des petites sonnettes d'or (2).

Dans toute les places, je vis des groupes fort attentifs autour de plusieurs saltimbanques, se donnant pour élèves des Chaldéens. Ces charlatans mettent à contribution la crédulité des citoyens oisifs et souvent ivres dès le matin. Ils respirent la fumée de certains fruits jetés sur un brâsier (3). La vapeur du vin le plus fort n'affecte pas davantage le cerveau.

Les jeunes hommes, et même les vieillards, vont par la ville, en frédonnant certains airs langoureux et sans suite. Quand deux Babyloniens se rencontrent, ils s'abordent après plusieurs gestes singuliers et rapides, et se parlent avec volubilité : on dirait de gens qui se dédommagent de plusieurs années d'un silence rigoureux.

---

(1) Des gants. Xenophon. *instit. de Cyrus* VIII.
(2) *Monde primitif* de Gébelin, *dissert. mél.* tom. I. *in*-4°. p. 155.
(3) Herodot. I.

Ma robe de lin, sans autres ornemens que sa blancheur intacte, les amusa beaucoup. D'autres parurent concevoir avec peine comment on pouvait se croire vêtu, sans être chargé de dorures et de broderies. D'autres me mesurèrent insolemment d'un œil dédaigneux.

Mes bien-aimés disciples, n'allez point à Babylonne, si vous êtes sensibles à ces petits outrages de la société civile.

A l'aspect des dehors de cette ville, j'avais peine à croire à sa conquête, si facilement exécutée par Cyrus ; l'intérieur me fit revenir de mon étonnement : certes ! la gloire du vainqueur de Babylone perd beaucoup de son éclat, quand on sait à quel peuple il avait affaire. Trois jours après la prise (1), une partie des habitans ignoraient encore et la fin du siége et leur changement de maître. Cyrus n'eut pas besoin de beaucoup de force et de génie pour réduire une nation qui porte si loin l'apathie touchant sa destinée politique. Il ne fallut que se montrer pour conquérir. Les esclaves se prosternent à la vue des courroies. Il n'y a point de forteresses qui puissent garder un peuple efféminé. Les Babyloniens fidelles à leur caractère jusqu'après leur mort, couchent les cadavres dans du miel. Presque tous les jours les femmes, et même les hommes, prennent un bain de lait pour adoucir la peau (2), et la conserver dans toute sa blancheur.

Babylone est la ville des contrastes. Dans un faubourg voisin de l'Euphrate, et l'asile de l'indigence, les habitans se nourrissent d'un pain

---

(1) Voy. les *politiques d'Aristote*.
(2) Plin. *hist. nat.*

fait avec du poisson ; ils en fabriquent aussi des gâteaux fort délicats, à l'usage des riches, rassasiés de mets plus délicats encore. On expose au soleil la pêche aussitôt retirée du filet ; quand elle est bien desséchée, on la broye sous le pilon ; puis on passe cette espèce de farine à travers un morceau de lin. Le culte interdit cet aliment ; mais la nécessité, qui commande aux Dieux, n'a pas moins d'empire sur les hommes. Le pauvre a-t-il donc le choix de ses alimens ?

Je vis dans ce faubourg de Babylone plusieurs habitans occupés à faire tourner dans une fronde des œufs au lieu de pierres. C'est ainsi, me dit-on, que nous les faisons éclore. Sans doute que la rapidité du mouvement leur communique une chaleur égale à celle des fours de l'Egypte.

La vue des jardins aëriens me frappa sans doute, moins cependant que ce procédé dont on parle à peine.

Un Babylonien de la classe mitoyenne me dit à ce sujet : « Cela n'est pas étonnant. Les peuples derniers venus éclipsent facilement leurs aînés. Les habitans du Nil, parce qu'ils sont loin de l'Euphrate, espèrent, par leur silence affecté sur notre compte, faire oublier que c'est nous qui les avons mis en état de voler de leurs propres ailes. La sagesse de l'Egypte est fille de Babylone.

PYTHAGORE. Si cela est, la mère a bien tort de ne pas se respecter davantage ».

Je remarquai quelques autres machines d'une ingénieuse simplicité ; tels que les siphons (1)

---

(1) Isidor. XX. 6. Senec. *quaest. n.* II. 16.

pour éteindre les incendies. Représentez-vous un canal portatif et recourbé, qu'on remplit d'eau; laquelle, chassée par l'une des ouvertures, est contrainte par l'autre bout de jaillir avec force, même de s'élever à la hauteur qu'on veut. On se sert encore de cette pompe foulante pour rafraîchir ou nettoyer la voûte des édifices échauffée par les rayons du soleil, et souillée par des nuages de poussière à la suite d'un tourbillon de vent.

Il y a une de ces machines dans chaque temple. J'oubliais de vous dire que les prêtres à Babylone, ont tous beaucoup d'embonpoint. C'est qu'ils se repaissent la nuit des grasses offrandes (1) que le peuple débonnaire vient déposer pendant le jour sur les autels, et qu'il croit fermement servir à la nouriture de ses Dieux.

A Babylone, on entretient avec soin plusieurs lions dans une espèce de tannière (2). Les prêtres et les lions coûtent cher aux habitans de cette grande ville, qui s'en passeraient fort bien.

Comme en Egypte, à Babylone on expose les malades sur le seuil de leurs maisons (3), le peuple est le médecin (4). Le citoyen qui ne s'arrêterait pas pour s'informer du mal que souffre l'homme gissant sur sa couche (5), si celui-ci venait à mourir, en serait pour ainsi

---

(1) Stuckius. *convivialium*. lib. I.
(2) Voyez le conte oriental de *la fosse aux lions* du jeune Daniel.
(3) Herodot. *clio*. I. *loi sagement établie*, dit le père de l'histoire.
(4) Montaigne. *essais*. II. 37.
(5) *Médecine ancienne et moderne*, de Fr. Clifton.

dire responsable devant la loi. J'aime à rencontrer quelques vestiges des anciennes mœurs ; mais plus sage que les habitans du Nil, ceux de l'Euphrate en agissent ainsi, parce qu'ils ne souffrent point dans leurs murs, des médecins de profession.

A Babylone, la première chose que font deux époux, le matin, en sortant de la couche nuptiale, est de jeter des parfums sur un brâsier (1), et de prendre un bain : coutume louable, et que j'avais déjà remarquée avec plaisir sur les rives du Nil (2).

Aux environs de cette ville, je visitai des puits d'où l'on retire une eau, laquelle condensée, devient un bitume (3), si semblable à l'huile, qu'on s'en sert pour les lampes.

Le fond de ces sortes de citernes est un lit épais de sel.

On me conduisit à un lac dont les eaux rougissent en été pendant onze jours (4). Je ne vérifiai point le phénomène.

Dans une carrière voisine de la grande ville, je trouvai de très-belles cornalines attachées à des roches (5), et figurant un cœur d'homme.

J'allai voir les hauts jardins attribués à Sémiramis ; c'est un ouvrage postérieur, dont l'origine ne répond pas à la magnificence. On en est redevable aux caprices d'une courtisane de Perse. Un roi de Babylone, pour lui plaire, se prêta volontiers à cette entre-

---

(1) Herodot. I.
(2) Herodot. II.
(3) Plin. *hist. nat.* XXXI. 7.
(4) Plin. XXXI. 5. *hist. nat.* Athén. II.
(5) Plin. XXXVII. 8. *hist. nat.*

prise bizarre, mais hardie. De terrasse en terrasse, on arrive enfin à une plate-forme carrée, ombragée d'une grande quantité d'arbres de toute espèce; il s'en trouve même des plus gros et des plus élevés. Dans l'épaisseur des murs sont pratiqués plusieurs corps de pompe qui aspirent l'eau de l'Euphrate, pour arroser ce grand verger artificiel. L'humidité de la terre, indispensable pour la végétation de ce jardin, ne pénètre point la voûte qui le soutient. On a su prévenir cet inconvénient grave, par trois couches de pierres, de bitume et de briques, revêtues de plomb. Cette promenade paraît aërienne, parce qu'en effet elle est portée sur des arcades qui sont à jour; c'est au haut de cette terrasse que le prince se livrait en toute assurance aux plus honteuses faiblesses. Inaccessible aux regards jaloux de la multitude, entre la terre et le ciel, il se croyait un demi-dieu.

Les deux palais bâtis par Sémiramis, l'un vis-à-vis de l'autre, sur les deux rives de l'Euphrate, sont moins étonnans, mais d'une plus haute importance. A l'abri des attaques du dehors, au moyen de ses fortes murailles, la reine qui se sentait des torts, voulut se garantir des insurrections populaires, en se rendant maîtresse du seul point de communication des deux moitiés de Babylone. En conséquence, elle imagina ces deux grandes forteresses, toutefois en déguisant son motif et leur véritable destination sous les plus magnifiques accessoires. Elle en fit couvrir les murailles à triple enceinte de sculptures en demi-relief. Au palais du levant, elles représentent plusieurs parties de chasse; le palais de l'occident offre l'image de plusieurs batailles. Sémiramis ne s'y est pas oubliée ; on la distingue combattant tantôt les animaux les plus féroces, tantôt les peuples les plus rebelles. Ce sont des avertissemens symboliques donnés aux citoyens de Babylone, pour les engager à se tenir tranquilles, sous peine d'être traités en bêtes fauves ; et ils ont été dociles à la leçon d'une femme. Le pont qui lie extérieurement ces deux édifices, n'est pas le seul passage de l'un dans l'autre. Ils communiquent secrètement par une galerie construite sous le lit même de l'Euphrate. Les murs qui en soutiennent les arçaux ont vingt briques de large, recouvertes d'une couche de bitume, épaisse de quatre pas d'homme. Ce canal souterrain est fermé par des portes de bronze.

A peu de distance des jardins qui portent le nom de Sémiramis, je crus reconnaître le simulacre de cette reine dans une statue qu'on me dit du poids de huit cents talens. La figure tient de la main droite un serpent par la tête ; de l'autre, elle porte un sceptre chargé de pierreries. Les Babyloniens veulent que ce soit l'image de leur divinité (1), et je fus de leur avis. Quand plusieurs millions d'hommes en sont venus à se reconnaître les sujets d'une femme, ils n'ont plus d'autre excuse à donner pour justifier leur abnégation que de dire : « cette femme est une déesse ».

La statue est gardée par deux lions d'argent.

---

(1) Diodore de Sicile pense que c'est Junon. Un savant d'Allemagne, du commencement de ce siècle, Nicolas Guttler, dans les *origines du monde*, y voit Eve, l'épouse d'Adam.

De tous les monumens de Babylone, le plus beau, comme le plus utile est la tour de Bélus que le peuple s'obstine à nommer le temple. En effet, on trouve au milieu de la cour un autel d'or, et une statue de même matière, haute de douze coudées, représentant le prince assis. Chaque jour, on dresse un banquet devant lui et à son usage. Les prêtres vivent de la desserte, et vivent bien. Car des Dieux de métal, ou de pierre n'ont point d'appétit. Une singularité qui me frappa, c'est qu'on ne peut immoler sur l'autel d'or que des animaux qui tettent (1).

Ce lieu sacré est de forme quadrangulaire comme tous les édifices de cette ville. Les architectes, sans doute, ont tous adopté cette construction, à cause de la solidité qui en résulte. C'est une pyramide moins haute que les principales de l'Égypte, et bâtie non pour durer aussi long-temps, mais avec beaucoup plus d'art. Celle-ci étonne moins, et plaît davantage. Je voulus en faire le tour, pour avoir la mesure de son circuit : je comptai onze cents trente-quatre de mes pas.

Ce superbe obélisque fut d'abord consacré aux savantes études des Chaldéens, et fit désigner la ville de Babylone par quelques-uns sous le titre de *Porte du Soleil* (2). Chacune de ses faces est opposée à l'un des quatre points cardinaux de la sphère du monde. Peignez-vous huit tours carrées assises les unes sur les autres, pour représenter le cube du nombre

---

(1) Herodot. I.
(2) *Traité de la formation des langues.* 2 vol. 1765. tom. I.

deux. On parvient jusqu'à la dernière par une terrasse en dehors s'élévant par gradins, espèce de parapet, qui se replie autour de chaque étage. On y trouve des enfoncemens pratiqués dans la muraille et garnis de siéges pour laisser reprendre haleine au voyageur fatigué. L'ensemble de l'édifice est du plus heureux effet. Les mêmes procédés et les mêmes matériaux ont servi à sa construction, comme à celle des autres bâtimens de Babylone. Ce sont des massifs de carreaux de brique (1), de la grandeur d'un pas d'homme, liés ensemble avec du bitume ; suc pierreux qui découle des fentes de rochers sur les rives de l'Euphrate. Les citoyens pauvres le sèchent pour le brûler, en place de bois.

Une fois ces carreaux de brique cimentés ainsi, il est presqu'impossible de les détacher ; il faut les briser en morceaux : si Cambyse pour faire son parc, eût entrepris la destruction des grands monumens de Babylone, cent mille bras (2) ne lui eussent point suffi pour en déblayer les décombres dans l'espace d'une année.

On me parla, à ce sujet, des belles murailles de la ville de Medie (3), proche Babylone. Elles sont aussi de brique, liées avec du bitume. Je ne jugeai pas à propos d'aller les voir. Sans doute pour exciter ma curiosité, on m'entretint d'une pyramide élevée sur les

---

(1) La brique, matière si facile à composer, et en même temps si solide, qu'elle donne encore des preuves de sa durée dans les campagnes que Babylone couvrait autrefois... Caylus. *antiq. rom.* tom. III. p. 253, 254. *in*-4°.

(2) C'est ce que tenta vainement Alexandre, avec vingt mille bras, pendant deux mois.

(3) Xenophon. *Expédition de Cyrus.*

rives du Tigre, et construite avec les mêmes matériaux; on lui donne pour mesure un arpent d'étendue, et l'on m'ajouta qu'elle en avait deux de hauteur.

Le sceau royal dont j'étais muni m'ouvrait toutes les portes. Aussitôt que je l'avais montré, les citoyens les plus considérables de Babylone s'empressaient autour de ma personne. Le protégé de la cour était pour eux un objet de vénération; jeune encore, ils me supposèrent leurs goûts. «Seigneur étranger, me dirent-ils! nous ne vous proposons pas de monter au plus élevé de tous ces étages : ce qu'on y voit maintenant intéresserait peu votre curiosité. Dans l'origine, c'était un observatoire, qui fut dans la suite converti en un sanctuaire à Vénus. Aujourd'hui il est redevenu ce qu'il était. Un savant de la Perse y donne ses leçons. Il a obtenu de nos nouveaux maîtres cet emplacement. Les prêtres qui en desservaient l'autel, sont rentrés dans le temple de Mylitta (1), ou Salambo (2). Tout étranger y porte son tribut; peu s'y refusent».

Je me laissai conduire. Je ne m'attendais guerre au spectacle qu'on y donne. Sous le vestibule distribué en plusieurs avenues, je vis quantité de citoyennes de tout âge, couronnées de fleurs, et rangées avec beaucoup d'ordre; une barrière tissue de joncs est devant elles, pour empêcher l'une de dépasser l'autre, et pour procurer la vue de toutes à la fois, et dans un jour également favorable. Elles sont assises et brûlent chacune un parfum dans une petite

---

(1) Herodot. I. ch. 199..
(2) Hesychius.

cassolette plus ou moins riche. Les citoyennes les plus opulentes ne sont point exemptes d'y venir; elles se rendent aux avenues du temple dans leur char couvert, et y attendent le moment. On me fit visiter tous les rangs. Ces femmes ne sont point toutes belles. Toutes me parurent avoir un extrême désir de le paraître. J'en remarquai plusieurs qui ne semblaient pas là, à leur place, ni à leur aise : des nuages de chagrin obscurcissaient leur front, malgré le soin qu'elles prenaient de cacher leur déplaisir. Je demandai à mes guides ce que signifiait tout cela. « Quelle sorte de fête religieuse célèbre-t-on aujourd'hui à Babylone ? Que veulent ces femmes ? Attendent elles la présence de la Divinité pour lui adresser leurs vœux et leurs offrandes » ?

Le guide. Seigneur ! de temps immémorial, les filles de Babylone sont astreintes à un usage sanctifié par le culte. Toute femme doit, une fois en sa vie, faire les honneurs de cette ville aux étrangers (1). Celles que vous voyez ici n'en peuvent sortir qu'elles n'aient rempli ce saint devoir de l'hospitalité ; espèce de tribut auquel la déesse Mylitta, ou Vénus, les a toutes assujetties, on ne sait trop à quelle occasion. Aucune n'en est dispensée.

Pythagore. Aucune ! Mais les moins belles ; celles qui ne le sont pas : (la nature laisse quelquefois échapper des monstres d'entre ses mains), que deviennent-elles ?

Le guide. Elles attendent. Il en est plus d'une qui, depuis quatre ans, n'ont pu encore avoir leur tour. Choisissez, vous laisserez tomber

---

(1) *Teste Sardo, de variis moribus gentium.*

une pièce de monnaie sur les genoux de celle qui aura le bonheur de vous plaire : puis vous la conduirez dans le bois sacré ; les prêtres y tiennent préparée la couche sainte (1) où vous devez sacrifier tous deux à la déesse de la génération (2).

Mais, repris-je encore, tout étonné : si moi-même je ne plais pas à l'objet de mon choix.

LE GUIDE. La femme élue ne vous en accompagnera pas moins au pied de l'autel de Mylitta. C'est un devoir dont elle s'acquitte. Une fois rempli, et rendue à elle-même, elle aura le droit du refus. Mais jusqu'au retour en sa maison, dans sa famille, l'obéissance la plus passive lui est recommandée de la part des Dieux. Seigneur étranger ! nous vous devions ces détails. Permettez - nous de vous laisser.... »

Je me sentais une répugnance que d'abord je ne m'efforçai point de vaincre ; mais réfléchissant à quoi on s'expose, quand on semble répondre par l'indifférence ou le mépris aux offres d'un peuple hospitalier, je me rendis extérieurement à l'usage. Je rentrai dans les rangs, et fixai mon choix sur une jeune fille plus décente que jolie, et vêtue avec plus de goût et de propreté que de luxe et d'élégance. Je lui jetai la pièce d'argent convenue. Elle se leva aussitôt, baissa les yeux, rougit beaucoup et m'accompagna d'un pas timide.

Un prêtre nous voyant arriver de loin, vint à nous pour nous conduire à la statue de

---

(1) Jerem. proph. *lament*. Strabo. *geog*. Herodot. I.
(2) *Muleta Venus genitrix*. Scaliger.

Vénus, habillée de pourpre (1). Un genoux sur les marches de l'autel, nous répétâmes une invocation à Mylitta, prononcée par le pontife, qui nous fit passer tout de suite après derrière la statue, dans un réduit secret, espèce de tente, au milieu du bois sacré. Une draperie s'ouvrit en deux pour nous recevoir, et se referma sur nous. Le prêtre nous quitta à ce rideau sur lequel étaient peintes l'étoile de Vénus et la constellation des pléiades (2). Je remarquai encore que le pontife avait dans son costume une partie des habillemens d'une femme.

Je me trouvai donc seul avec ma jeune compagne ou plutôt avec ma victime; elle en avait toute la tristesse. Il ne faisait plus jour dans ce réduit mystérieux; des voiles repoussaient les derniers rayons du soleil. Il ne se trouvait d'autre siége qu'un lit somptueux et dans toute la mollesse des Orientaux. La jeune fille restait debout, comme dans l'attente des ordres que j'avais le droit de lui donner. Son sein était fort agité. Après un assez long silence, elle leva enfin les yeux sur moi sans le rompre. J'étais déjà assis sur le bord de notre couche parfumée. Un vase d'encens achevait d'embaumer l'air, et mettait le comble au prestige du lieu. Enfin, me reprochant d'avoir joui trop long-temps de son embarras, je lui dis, en la faisant asseoir près de moi : « Fille honnête, reprenez vos esprits ; le sacrifice est consommé. Je n'exigerai pas davantage. L'innocence des mœurs est chose sainte

---

(3) Jerem. *lament*.
(2) Selden. *de diis syr.* II. 7.

pour un initié. Réservez à un époux de votre choix, ce que l'usage vous ordonne de laisser ravir par un étranger. Sortons. Je veux vous remettre entre les mains de vos parens. Venez.

« Hélas me répondit-elle après avoir pressé mes mains dans les siennes : Généreux étranger ! ma vie entière ne suffira point à ma reconnaissance ; et cependant, permettez-moi de contracter envers vous une dette nouvelle. Une autre loi, qui ne souffre pas non plus d'exception, ordonne que toutes les Babyloniennes nubiles soient exposées publiquement pour passer dans les bras des hommes qui en offrent le plus. Car l'amour des femmes est encore plus vif à Babylone que celui des richesses (1). J'ai fait un choix ; mais celui qui en est l'objet n'est pas assez opulent pour me disputer à beaucoup d'autres. On peut tout espérer d'un initié. Les sacrifices ne lui coûtent pas. Voudrez-vous mettre le comble à vos bons procédés, en assistant à la solennité prochaine des mariages.

PYTHAGORE. Fille intéressante, achève de m'instruire....

LA JEUNE BABYLONIENNE. Eh bien ! vous mettrez votre enchère ; je vous serai adjugée, et puis...

PYTHAGORE. Et puis....

LA JEUNE BABYLONIENNE. Vous me donnerez alors à l'époux de mon choix, comme vous me rendez aujourd'hui à ma famille ».

J'acceptai avec empressement ce qu'elle me demandait avec une naïveté précieuse et une confiance rare.

---

(1) Egesippus.

Le jour des mariages vint à luire. Je me trouvai l'un des premiers au lieu désigné pour le cérémonial. Sur des gradins placés en amphithéâtre, toutes les filles de Babylone parvenues à l'âge prescrit, se rangèrent sans confusion. On les assembla selon le dégré de leur beauté ; et l'on commença par celles qui étaient le plus favorisées de la nature (1). Un crieur public les faisait lever tour-à-tour, les conduisait sur une espèce de piedestal, et leur donnait une valeur ; puis, il répétait le prix que chaque assistant y mettait ; un second amphithéâtre en face du premier contenait les citoyens qui désiraient prendre femme.

Mes chers disciples ! je ne vous esquisserai point ici cette scène immorale, mais vraiment piquante, et neuve pour moi. La jeunesse, la beauté, l'innocence, l'hymenée, tout ce qu'il y a de plus saint, de meilleur dans la la nature, mis à l'encan ! Je ne vous peindrai pas toutes les passions aux prises à la vue des objets les plus capables de les exciter. Le désespoir des amans sans fortune, la joie barbare et lubrique des hommes riches. Ce qui se passe sur le front et dans le cœur des femmes en cette circonstance singulière, est encore plus inexprimable.

Un grand vase placé au milieu de l'assemblée, renferme les sommes provenant de la vente des femmes belles, et devant servir à doter celles qui ne le sont pas.

Le tour des jeunes filles moins belles arriva. Sulmé, c'est le nom de celle qui m'avait chargé de ses intérêts, me lançait des regards expres-

---

(1) Polyd. virg. IV. 4 *invent. rer.*

sifs, dont son ami paraissait navré. L'enchère s'éleva fort haut, d'autant plus que ma persévérance à la couvrir, excitait la vanité. Voyant que je m'obstinais, on lâcha prise. J'obtins Sulmé. J'en déposai aussitôt la valeur dans le vase : la loi exige un serment et une caution d'épouser la fille adjugée. L'amant attendait dans les angoisses de l'impatience l'issue de cette nouvelle difficulté.

« Citoyens, m'écriai-je, chaque pays a ses coutumes que l'étranger vertueux respecte, tant qu'elles ne blessent point les saintes mœurs. Je ne suis pas venu à Babylone pour faire le commerce des femmes; j'ai pu, j'ai dû en racheter une, et la soustraire au joug infamant d'une loi immorale. D'après vos usages, Sulmé m'appartient. Mais la raison veut que je la rende au citoyen à qui elle s'était donnée, avant de subir l'épreuve du temple de Mylitta, et celle de vos mariages à l'encan (1). Magistrats! recevez ma déclaration, scellée de mon nom: *Pythagore, initié de Thèbes* ».

Personne n'osa prendre la parole. Les deux amans unis sous mes yeux, me pressèrent dans leurs embrassemens, et me conduisirent du même pas au banquet des nôces. Excepté le couple heureux et sage qui me devait son bonheur ; (mes chers disciples, souffrez que je parle ainsi de moi-même; j'ai toujours été fier de mes bonnes actions, j'en fais l'aveu) excepté les deux époux, je fus très-mécontent de tous les autres convives : leur conduite ne démentit pas le bruit peu honorable que font dans le monde les mœurs babyloniennes. Le

---

(1) Strabon. XVI. *geogr.*

moindre de leurs excès est l'ivresse qu'ils pensent justifier en qualifiant leurs vins de nectar des Dieux (1). Je fus témoin de ce que j'avais beaucoup de répugnance à croire. Vers la fin du repas, et à la suite de plusieurs propos obscènes circulant de bouche en bouche, je vis les femmes, même de jeunes filles, échauffées par les mets et les provocations des hommes, détacher successivement chaque pièce de leur vêtement, et en venir à une nudité complète (2).

Je me levai, et sortis. Les deux époux coururent sur mes pas, et m'atteignirent comme j'allais franchir le seuil de la maison. « Pardonnez, me dirent-ils; c'est l'usage.

PYTHAGORE. Il est des usages auxquels un initié ne se fera jamais.

A cette solennité domestique, je reconnus l'instrument de musique à trois cordes (3), inventé par les Troglodytes, et construit avec le bois d'un laurier maritime.

Le lendemain commençaient les saturnales babyloniennes (4), restes méconnaissables de l'égalité primitive. En les célébrant, les Baby-

---

(1) Athénée. I. *deipnos*.

(2) *Feminarum convivia ineuntium in principio modestus est habitus : dein summa quæque amicula exuunt paulatimque pudorem profanant : ad ultimum, ima corporum velamenta projiciunt. Nec meretricum hoc dedecus est, sed matronarum, virginumque; apud quas comitas est vulgati corporis vilitas.*
Quint. Curt. V. I. 38. Salmuth in Panciroll. *reb. deper. inv.*

(3) *Essai sur la musique*. tom. I. *in*-4°. p. 16.

(4) On les appelait *sacées*. Fête respectable, qui est parvenue jusqu'aux modernes. On ne peut nier que le *carnaval* n'en fût un reste.

Ioniens ne se doutent seulement pas qu'elles furent instituées pour rappeler ce temps où les hommes ont consenti à reconnaître un chef, sous l'expresse condition qu'il marcherait toujours à la tête de ses égaux (1).

Cette fête dure cinq jours. Toute la ville est en rumeur. Les maîtres et les valets changent de rôle, les hommes et les femmes de sexe, ou du moins d'habits. C'est une confusion, un vertige qui ne déplaît pas aux chefs de maison. Si cette solennité se passait avec plus de calme, ils craindraient que leurs serviteurs ne fissent des retours sur eux, ou ne regardassent en arrière.

Les esclaves et les valets jouissent pendant cette solennité civile d'une autre prérogative qui eût pu allarmer leur maître, ou tout au moins le faire rougir (2). Ils ont le droit de lui adresser les reproches les plus amers, les plus vifs, et de dévoiler toutes ses turpitudes. Mais la crainte du lendemain des fêtes est un frein qui captive bien des langues. Néanmoins l'instinct de la liberté, plus fort que toute autre considération, donna de la hardiesse à plusieurs. Les sarcasmes les plus virulens échappèrent de la bouche muette pendant tout le reste de l'année.

Ces jours-là, un homme du vulgaire se promène dans les carrefours, le manteau royal sur les épaules. Ses amis, gens salariés et dans le service, lui forment une cour. Si ce monarque dont le règne n'est que de cinq jours, rencontre

---

(1) *Primus inter pares.*
(2) Cette fête, l'une des plus antiques, passa aux Grecs, aux Romains, en Thessalie, en Crète, etc.

sur sa route un des premiers citoyens de Babylone, celui-ci est obligé de lui céder le pas, et de lui rendre les mêmes honneurs qu'on décernait à Bélus et à Sémiramis de leur vivant. Ce roi du peuple a le droit de se choisir une reine et compagne dans les premières familles, s'il le trouve bon. Et la femme élue doit se résigner et obéir. Malheur à ce prince éphémère, s'il se permet quelques abus d'autorité; les courroies en font justice, le sixième jour.

Avant la conquête, me dit un officier de Cambyse à ce sujet, c'était un criminel condamné au dernier supplice qu'on chargeait de ce rôle, terminé par la mort. Il expirait sous les verges. Notre grand Cyrus abolit cet usage (1).

Il n'est pas jusqu'aux prêtres mutilés et aux infortunés préposés à la garde des femmes qui ne veuillent prendre part à ces fêtes. Ils portent en triomphe l'image de ce qui leur manque, et font trophée de leur nullité. Ces journées de dissipation générale sont très-propices aux intrigues d'amour. Et il doit s'en tramer beaucoup dans une monstrueuse cité où les femmes sont à l'encan; où l'hymen n'a que les restes de la débauche; où le pauvre n'obtient que le rebut du riche; où la liberté est devenue un vain simulacre, pour distraire un moment le peuple de sa servitude réelle.

---

(1) Voy. Berose. *hist. babyl.* I. Ctesias. *hist. pers.* II. *Zend-avesta.* tom. II.

§. XCV.

Pythagore et Zoroastre.

Fatigué de tous ces spectacles honteux, mais dont il faut pourtant être le témoin une fois, il me revint à la pensée ce savant de Perse donnant des leçons dans la haute tour de Bélus. Je me dis à moi-même : serais-je assez heureux, pour y rencontrer le célèbre Zoroastre? (1) Non! ce ne peut être lui. Un sage dans Babylone! Voyons pourtant.

Je montai jusqu'à la huitième tour. Des officiers de Cambyse qui ne m'avaient point quitté m'annoncèrent. J'entrai dans un lieu superbe, qui avait servi de sanctuaire; mais il n'y restait plus d'autre Divinité que Zoroastre. Il était debout, devant une table d'or, couverte de rouleaux écrits, et vêtu d'une robe longue et blanche, assujettie par une ceinture de la couleur du feu. Aussitôt qu'il me vit, il me salua du titre d'initié, puis alluma aux rayons du soleil concentrés dans un miroir d'airain, de l'encens et d'autres parfums; tout l'appartement en fut rempli, et des nuages s'en élevèrent jusqu'au ciel, par la voûte

_____

(1) ... S'il y a quelque chose de certain touchant le temps de ce Zoroastre, c'est qu'il a vécu environ vers le temps de Cambyse et de Pythagore. La pluralité des auteurs et la tradition des Perses vont là.

Existence de Dieu, par Jaquelot, p. 277. *in* 4°.

Clément d'Alexandrie semble dire que Pythagore fut le premier qui fit connaître Zoroastre à l'Europe....

Zoroastrum magum Persam Pythagoras ostendit.
  Strom. I.

entr'ouverte de la tour. Ce tribut d'hommage rendu en son nom et au mien au premier des astres, le sage persan fixa d'abord mon attention sur une statue du soleil contrebalancée au milieu de la voûte par plusieurs aimans (1) placés convenablement pour produire ce merveilleux effet.

Puis il m'invita de m'asseoir, en partageant avec lui un lit (2) de toute magnificence qui, jadis, servait aux Dieux.

On nous servit des dattes royales (3), réservées pour la bouche du prince; elles donnent un aliment beaucoup plus léger que celui des autres dattes (4) dont les orientaux composent leurs vins. Nous prîmes ce repas sur la table d'or, carrée-longue et du poids de cinquante talens.

ZOROASTRE. Pythagore, où nous rencontrons-nous? Est-ce bien ici la place d'un initié de Thèbes et du mage (5) d'Urmi (6)?

PYTHAGORE. Zoroastre! L'ami de la sagesse est bien par tout où il y a des vérités à apprendre ou à dire.

ZOROASTRE. Tu dois être surpris des ameublemens du lieu que j'habite. Ils ne s'accordent guère avec mes habitudes, pas plus qu'avec les tiennes. J'éprouve quelqu'orgueil à me trouver ici; j'en ai chassé la plus stupide, comme

---

(1) Maimonides, cité par Kircher.
(2) *Pulvinar*, lit ambulant, espèce de brancard destiné à porter l'image des Dieux, et les choses saintes dans une pompe religieuse.
(3) Théophrast. *hist. plant.* II. 8.
(4) Plin. *hist. nat.* XIII. 4.
(5) *Mage* est le synonyme de *sage*.
(6) Lieu natal de Zoroastre. Anquetil.

la plus impure de toutes les superstitions. Ici, un prêtre impudent donnait chaque nuit des leçons de débauche, au nom du dieu Bélus dont il revêtissait le costume. Ici, la beauté crédule venait se purifier dans les embrassemens d'un pontife corrupteur (1).

PYTHAGORE. Comme dans la sainte Diospolis.

ZOROASTRE. J'ai chassé le prêtre ; et de ce lieu purifié, je fais une école de raison.

PYTHAGORE. A Babylone !

ZOROASTRE. Oui. Et le moment est plus favorable que jamais. Déjà l'usurpateur du trône de Cambyse a fait place à Darius. Et l'opinion publique se prononce déjà sur nos trois derniers monarques ; elle donne à Cyrus (2) le surnom de *père*, à Cambyse celui de *maître*. Darius (3) s'entend appeler l'*agioteur*. En effet ce prince régnant eût été plus propre au commerce des aromates qu'à l'administration d'un grand empire. Dénué de science et de caractère, ce roi superstitieux (4) est comme il me le faut, pour achever et consolider la réforme (5)

---

(1) Hérodote assure qu'à Babylone, une femme que le dieu Bélus avait choisie, couchait avec lui dans le huitième et dernier étage de la tour du temple. Il s'en faisait autant à Thèbes, en Egypte.
Bayle. *républ. des lettres*.

(2) *Cyrus*, en langue persane *Gay Khosrou*.

(3) C'est le Darius, premier de ce nom.

(4) Les éclipses de lune, citées par Ptolémée, fixent le règne de Guchtasp, protecteur de Zoroastre, à l'an 550 avant l'ère vulgaire. Langlès.

(5) Sous le règne de Darius Histaspe, les Perses eurent Zoroastre nommé autrement Zerdusth, qui supprima les coutumes introduites par les Sabiens, et en institua de nouvelles. *Hist. vet. pers.* T. Hyde. *in*-4°. 1700.

religieuse que j'ai entreprise et qui avait besoin d'une secousse politique pour arriver à son terme.

PYTHAGORE. Tu veux donc fonder un culte (1)?

ZOROASTRE. C'est déjà fait; et je suis venu sans bruit à Babylone, me reposer de mes premiers succès : ils ont passé mon attente.

PYTHAGORE. Ton nom (2) a pénétré jusqu'à moi, en Egypte, et même dans Samos ; le bruit de tes prodiges aussi.... tu souris?..

ZOROASTRE. Initié ! l'hiérophante de Thèbes t'a sans doute appris comme il faut s'y prendre chez les rois et avec le peuple. Le peuple et les rois sont les mêmes partout, en Egypte comme dans la Bactriane.

PYTHAGORE. Ne crains-tu pas le sort de *Prométhée?*

ZOROASTRE. Il y a loin d'ici au *Cou-Caf* (3).

PYTHAGORE. Evite les rapprochemens.

ZOROASTRE. Né dans la poussière (4), je veux vivre et mourir avec quelque éclat. Disciple des mages et des Chaldéens, j'ai corrigé dans la retraite la science de mes maîtres. Ces volumes que tu vois sont le résultat de mes méditations. Tout est dans cet écrit que j'appelle

---

(1) Zoroastre a été l'introducteur d'une nouvelle religion dans la Perse, et il a fait cela environ le règne de Darius qui fut le successeur de Cambyse.
Bayle, *dictionn.*

(2) Zoroastre s'appelle *Zerctoch*, en persan.
(3) Le *mont Caucase*, dans la langue persane.
Relandi *dissert.*
(4) Thom. Hyde. *relig. pers.* XXIV.

Zend-avesta (1). Titre pompeux, aussi nécessaire à la vérité qu'un beau frontispice à un temple !

PYTHAGORE. Tu passes pour fécond ; on t'attribue un autre livre que tu as intitulé *les Similitudes ;* (2) il couvre, dit-on, douze cents soixante peaux de bœufs (3), et tu en fais tant de cas que tu les renfermes, ajoute-t-on, dans une arche d'or.

ZOROASTRE. Bruit populaire ; mais qui prouve du moins qu'on s'entretient de moi. Et je te l'avoue sans honte, je ne suis pas insensible aux charmes d'une grande renommée. Eh ! n'est-ce point la plus noble de toutes les ambitions, de vouloir être pour la Perse ce que l'*Albordi* (4) est pour le monde ? Cette montagne en est la limite. Au-delà, il n'y a plus rien.

PYTHAGORE. Tu ne te bornes pas sans doute à vouloir seulement faire parler de toi.

ZOROASTRE. Mon but est des plus louables.

PYTHAGORE. Je sais quelque chose de mieux à faire que de créer une religion nouvelle.

ZOROASTRE. Dis !

PYTHAGORE. Fonder l'empire des mœurs sur la ruine de tous les cultes.

ZOROASTRE. Tous ?

---

(1) Les Chaldéens et les anciens Perses appelaient le feu *avesta*. Zoroastre a intitulé son fameux livre *Zend-avesta :* la Garde du feu.

Mirabaud. *err. bib. in-8°.* p. 87.

(2) G. *Saldeni otia theologica.*
(3) Edouard Pockoke. *hist. de Zoroastre.*
(4) Montagne de Perse, qui touche à la mer Caspienne.

Voy. Anquetil.

PYTHAGORE. Oui ! tous ; sans en excepter celui du soleil.

ZOROASTRE Pourtant, c'est le seul excusable.

PYTHAGORE. N'importe !

ZOROASTRE. Pour aller bien, n'allons pas si vite. Ecoute, Pythagore ! Le culte et la législation des peuples ont besoin d'être *recrépis* à certaines époques. Y avait-il quelque chose de plus digne d'être offert à une admiration constante, à une imitation fidelle que les phénomènes célestes de la nature et l'ordre invariable qu'elle observe dans ses révolutions ? Y avait-il rien de plus moral que d'en prendre l'esprit ? et c'est précisément ce que le peuple a perdu de vue le plutôt : il s'attache au matériel. Il y a loin sans doute du culte primitif de l'étoile de Vénus à celui qu'il rend à la divinité de ce nom. Il en a été de même du reste. Je prétends, moi, relever l'espèce humaine qui se traîne dans la fange. Parce qu'il y a le jour et la nuit, parce qu'il y a du bien et du mal, ils ont imaginé avant moi un Dieu bon et un Dieu méchant ; je viens les rappeler à l'unité de doctrine, pour les engager à en mettre aussi dans leur conduite. Je viens leur annoncer l'éternité de la nature ou le *feu* (1) *principe* qui l'anime. Voilà le Dieu qu'on adora dans les premiers temps, quand on rendit un culte au soleil. Ce qui éclaire, ce qui échauffe représentait à l'œil de l'ancien mage et du Chaldéen, l'agent qui attire, retient et féconde les êtres composant la nature.

Mais pour justifier l'hiérarchie que je me

---

(1) Stanleii. *hist. philosophiae.* p. 1122 et 23. *de aeternâ naturâ sive deo. paternus ignis.*

propose d'établir sur la terre, il m'a bien fallu en composer une parmi les attributs ou les qualités de la nature et du feu. Il m'a fallu parler d'intelligences de différens ordres.

Pythagore. Zoroastre, te voilà rentré dans le cercle que tu avais assez heureusement franchi.

Zoroastre. Pourvu que le peuple croie voir une *nouveauté* dans ce qui n'est qu'un *renouvellement*; c'est tout ce que je désire pour le rendre meilleur, et moi célèbre. Lis :

« Le temps sans bornes (1), seul incréé, et créateur de tout. La parole en naquit d'abord; puis Ormusd (2), auteur du bien ; puis Ahriman, auteur du mal » (3).

Pythagore. Il y a de la profondeur dans ces premières lignes, mais le peuple n'y atteindra pas.

Zoroastre. Tant mieux ! Il n'en sera que plus religieux.

Pythagore. Tout cela n'est pas neuf. Osiris et Typhon....

Zoroastre. Je le sais. Le peuple n'est pas difficile. Je le place entre deux Divinités rivales,

---

(1) L'Eulma-elan (ouvrage qui forme la tradition des Perses) nous apprend que dans la loi de Zoroastre, il est déclaré positivement que *Dieu a été créé par le temps*, avec le reste des astres... Et le temps n'a point de bornes ; il n'a rien au-dessus de lui, il n'a point de racine (de principe). Il a toujours été... Quiconque a de l'intelligence ne dira pas : d'où le temps est-il venu?

Mém. d'Anquetil du Peron. tom. XXXVII. *Acad. des inscript.*

(2) *Zend-avesta.* tom. II. *in-4°.*

(3) On donne à *Zoroastre* pour surnom *Meïkhoush*, mot persien qui signifie *aigre-doux*, à cause des deux principes, bon et mauvais, qu'il établissoit.

Herbelot. *bibl. orient.*

afin qu'il craigne l'une et qu'il espère en l'autre. Tu conçois combien l'espoir et la crainte, consacrés par la religion, offrent de ressources au législateur et au magistrat. J'enchaîne les hommes par la prière ; je leur en fais le premier des devoirs et le plus fréquent de leurs exercices. Tant que la prière est un besoin pour le peuple, on n'en a rien à craindre. Dans ma loi, il priera long-temps, car j'annonce que la guerre d'Ahriman contre Ormusd durera douze mille années (1). C'est-à-dire qu'on n'en verra pas la fin. La prière tient le peuple sans cesse en haleine ; il n'est jamais livré à lui-même ; et toujours il se sent dans la dépendance divine.

PYTHAGORE. Afin de l'habituer à la dépendance de quelques hommes devenus ses maîtres.

ZOROASTRE. Avant d'agir comme après, je veux qu'il prie. Je lui ordonne une prière avant la coupe de ses ongles, de ses cheveux, avant l'acte conjugal, avant ses repas, avant d'allumer sa lampe, avant de tirer de l'eau d'un puits. Je lui enjoins de prier, après qu'il a éternué, après une surprise des sens quand il dort, après ses repas, au retour d'un voyage.

PYTHAGORE. Il s'en fera une habitude ; et le but sera manqué.

ZOROASTRE. Non ! une nation routinière est toujours paisible. La gouverner n'est qu'un jeu. Continue de lire.

Je lus :

« Invoque le taureau céleste qui fait croître l'herbe et donne l'être à l'homme.....

---

(1) *Boun. degesch.* Zend-avesta.

Zoroastre. C'est le soleil, parvenu à ce signe. Je retombe un peu dans les anciennes pratiques superstitieuses ; mais je donne une sauve-garde au quadrupède le plus utile à l'agriculture.

Lis encore ; tu vois que j'annonce aux méchans une punition pour la fin de leurs jours.

Pythagore. Pourquoi pas pendant leur vie; pourquoi mettre un si long intervalle entre la faute et le châtiment ? il faut qu'il la suive, comme l'ombre suit les corps.

Zoroastre. C'est que cela n'est pas toujours vrai. Il y a des criminels heureux.

Pythagore. Non, Zoroastre ! ils n'ont que l'air du bonheur. Sans doute c'est pour l'entretien de tes prêtres que tu ouvres les portes de l'enfer pendant cinq jours aux ames dont les parens auront beaucoup sacrifié sur les autels.

Zoroastre. Quand ce serait-là mon intention ?

Pythagore. Tu ne parais pas assez convaincu de la vérité de cette remarque : les prêtres font plus de tort à la religion que les poëtes.

Zoroastre. J'ai plus besoin des premiers que des autres.

Pythagore. Je lis une disposition de ton code qui semble détruire ce qu'il renferme autre part en faveur de l'agriculture. Tu défends de labourer pendant cinquante années le champ qui recèle un cadavre.

Zoroastre. C'est pour inspirer la plus grande horreur du meurtre, et pour éloigner de l'esprit du peuple toute idée de destruction. Il n'y est déjà que trop porté. C'est un premier pas de fait pour éteindre le fanatisme de la guerre.

Pythagore. Zoroastre ! pourquoi ne pas laisser à tes disciples le soin de te louer ? ils s'en acquitteront de reste. Pourquoi te faire appeler par Dieu même, le plus sage, le plus véridique des mortels ? (1)

Zoroastre. Il le faut bien. L'observance d'un culte dépend des idées de vertu qu'on attache à la personne de son auteur. La modestie ne réussit pas auprès de la foule ; et d'ailleurs, tu sais que les monarques de l'Asie sont les plus vains des mortels ; je me suis plu à les humilier, en insinuant aux Orientaux de placer l'esclave Zoroastre bien au-dessus du roi des Perses (2).

Pythagore. Ce *kosti* (3) que tu fais prendre au jeune homme qui embrasse ta loi, n'est-il pas un petit moyen ?

Zoroastre. En fait de culte il n'y a pas de petits moyens. Tout ce qu'on donne pour sacré prend un caractère qui en impose. D'ailleurs, le kosti est une espèce de lien fraternel dont mes sectateurs se serviront pour se reconnaître entr'eux.

Pythagore. Pourquoi tant de fêtes à l'occasion de la fin et du renouvellement de l'année ? dix jours entiers et de suite ! que de temps perdu pour le travail !

Zoroastre. D'abord, la mollesse du climat et la fécondité de la terre me justifient. Mais

---

(1) Hyde. ch. XXIV. *relig. pers.*
(2) *Zoroastre, Confucius et Mahomet* P. Pastoret. p. 40. *in*-8°. 1787.
(3) C'est un cordon.

en outre, lis donc ce que j'ordonne pendant ces fêtes. Elles sont consacrées au souvenir du père, de l'ami, de l'épouse qui ne sont plus. leurs ames viennent converser au milieu de leurs familles. Ces soins touchans ne sont pas perdus pour les mœurs.

Pythagore. Les prêtres de Memphis ont semblable doctrine, prise à la même source, dans la nature (1).

Zoroastre. Je me suis bien donné de garde d'abolir les *sacées* (2). L'observation de cette fête, encore plus morale que religieuse, est chose très-politique. Elle rappelle un moment aux hommes leurs droits naturels. Les maîtres en deviennent moins durs; les serviteurs, prêts à se décourager de l'état précaire où l'ordre social les retient, s'en consolent.

Pythagore. Cette loi spéculative est belle; mais son exécution, dont je viens d'être le témoin au pied de cette tour, y répond mal.

Zoroastre. C'est que le précepte a vieilli. Ce qui prouve la nécessité d'en renouveller l'esprit. Avant moi, le pauvre seul ne participait pas à la joie commune : dans mon code plus de banquets, sans une part pour l'indigent.

Pythagore. Faire disparaître l'indigence est encore plus beau que d'aller à son secours.

Que ne rappelais-tu tout de suite les hommes à cette égalité primitive dont ils jouissaient sous le régne de la nature, et qu'ils ont perdue sous celui de la politique. D'un trait, tu allais à la gloire que tu idolâtres.

Zoroastre. Et au supplice que je crains.

---

(1) Voy. ci-dessus, §. LVII. p. 11 de ce volume.
(2) Stuckius. *conviv.* I. *in fol.*

Car je n'aurais été réclamé par aucun de ces mêmes peuples pour lesquels je me serais exposé ainsi.

PYTHAGORE. Les *Samanéens*, tes voisins, ont eu plus de courage.

ZOROASTRE. Dis plus d'imprudence. En demandant trop, on ne leur a rien accordé. Ils végètent dans les bois et ne doivent leur salut qu'à leur obscurité.

PYTHAGORE. Zoroastre ! je lis au titre des purifications : « Le cadavre des prêtres (1) souille moins que celui des laboureurs..... »

ZOROASTRE. Eh bien ! que trouves-tu dans ce dispositif ? Il est une suite de l'hiérarchie religieuse et civile ; pour la faire observer pendant la vie, il fallait en ordonner l'observance même après le trépas. Avec la multitude, il faut demander trois choses, pour en obtenir une.

PYTHAGORE. Ta loi permet au pontife d'être magistrat ou guerrier, mais non artisan et laboureur. Je n'aime pas cette exception.

ZOROASTRE. Elle est nécessaire cependant; pour conserver le régne de l'opinion sur l'esprit du vulgaire, il ne faut pas qu'à ses yeux les prêtres soient d'autres hommes. Ils doivent ressembler aux Dieux ; ceux-ci agissent et sont présens partout, sans avoir des mains ou des pieds ; du moins ils ne s'en servent pas. L'ouvrier qui aurait un prêtre pour compagnon de ses travaux, cesserait d'avoir confiance à ses prières, ou à ses oracles. P'us bas, je défends au pontife de boire dans une autre coupe que la sienne ; loi de précaution, qui

---

(1) Vendidad-sadè fargard. 7.

d'ailleurs retient les profanes à une certaine distance du sacerdoce.

Pythagore. Mais s'il importe qu'on croie les prêtres plus purs que les autres hommes, il est bon aussi qu'on les estime plus désintéressés. Or....

Zoroastre. Or, tu lis qu'outre le décime des biens, et une part dans les offrandes, ils perçoivent des droits pécuniaires pour chaque purification; ils se font payer les prières qu'ils disent (1); tandis qu'eux-mêmes loin de prêcher d'exemple, ils s'acquittent en vœux stériles des honoraires du médecin qui les traite (2). C'est que le peuple n'attache de l'efficacité, de la vertu, une valeur qu'aux choses qui lui coûtent. Un culte gratuit n'inspire pas de ferveur. Un pontife mal entretenu, n'invite pas au respect.

Pythagore. J'ai à cœur tes prêtres qui sont en même-temps magistrats.

Zoroastre. C'est pour donner un caractère de plus aux ministres de la justice.

Pythagore. S'il est quelque chose au monde qui puisse se passer de la religion, c'est la justice. Un juge, pour se faire considérer n'a pas besoin d'être en même-temps prêtre : qu'il soit intègre !

Zoroastre. Passons à mes lois civiles; mon code religieux n'en est que le vestibule.

Pythagore. Voici peut-être le plus beau de tes préceptes : « Le mage pardonnera les injures reçues (3), comme le soleil qui ne refuse

---

(1) Ieschts-sadès. §. 29.
(2) Vendidad-sadès. farg. 7.
(3) *Encyclopédie* de Diderot.

point

point sa lumière à ceux qui souillent ses rayons ».

ZOROASTRE. Entre nous, les prêtres un peu irascibles et vindicatifs, avaient besoin de ce commandement. Mais dans mon code civil, avant toutes choses, je m'occupe de la population.

PYTHAGORE. Préfèrerais-tu la quantité des hommes à leur qualité ?

ZOROASTRE. C'est du moins le vœu de la nature; adresse lui tes reproches; j'ai cru devoir me modeler sur elle.

PYTHAGORE. Malgré l'éloignement où nous en sommes ? Je serais de ton avis, tout au plus, si ta grande réforme était consommée, et si tu m'en garantissais la durée. Tu fais donc grande estime d'une population semblable à celle de Babylone ?

ZOROASTRE. Je persiste.

PYTHAGORE. C'est que tous les chefs de secte ont besoin du nombre.

ZOROASTRE. La raison régnera, quand elle aura le grand nombre de son parti.

PYTHAGORE. En attendant, Zoroastre prend sa place.

Je reprends ma lecture : « L'œuvre le plus méritoire devant Ormusd est de bien labourer son champ, de l'abreuver d'eaux courantes, d'y multiplier les plantes et les animaux, d'avoir de nombreux troupeaux, de jeunes femmes fécondes (1) ».

ZOROASTRE. De plus, je fais un crime au père de refuser à sa fille nubile le mari qu'elle lui demande. Je vais plus loin ; je condamne aux

---

(1) Sad-der. *Zend-avesta.*

enfers la fille de dix-huit ans qui meurt vierge.

PYTHAGORE. Tu peux sans inconvénient être sévère sur ce point.

ZOROASTRE. Je compte parmi les enfans les bonnes actions qui servent de monnaie pour payer le passage du pont *Tchinevad*.....

PYTHAGORE. Et toujours, et par tout de la mythologie.

ZOROASTRE. C'est une vieille tradition que j'ai adoptée à cause de sa singularité. La vie présente, et celle à venir, communiquent par un pont ; là, se trouve un péage à satisfaire. On ne s'acquitte que par des vertus, ou en présentant une nombreuse famille.

PYTHAGORE. Quoi ! tu attaches une flétrissure à l'impuissance. Mais ce n'est pas un crime ; punit-on un accident, une maladie ?

ZOROASTRE. Il fallait atteindre la débauche dans des climats où tout la provoque, et tâcher d'en prévenir les suites. L'impuissance presque toujours est sa fille. Il ne faut rien laisser à l'arbitraire des hommes ; ils ne sont que trop enclins à outrepasser la loi, ou a rester en-deçà. C'est ce qui m'oblige à descendre dans les plus petits détails. Tout est important en fait de législation physique et civile. J'ordonne à l'époux de mettre au rang de ses plus saintes obligations, le devoir conjugal ; et je le lui prescris une fois au moins tous les neuf jours.

PYTHAGORE. Législateur de l'Orient ! comme le soleil, ton génie éclaire tous les objets.

ZOROASTRE. C'est ce qu'il faut avec le vulgaire, et il me saura gré de mes soins.

Je recommande à l'épouse de voir dans son mari un souverain et presqu'un Dieu. Dans une maison bien réglée, il ne faut qu'un maître.

Pythagore. Mais tu sanctionnes dans ton code la vieille croyance de deux souverains pour gouverner le monde, Arhiman et Ormusd. Crains de te laisser surprendre en contradiction.

Zoroastre. Les nations sont trop inconséquentes pour remarquer les inconséquences de leurs législateurs.

Je promets des récompenses, je garde des châtimens aux femmes plus ou moins soumises et dociles. La religion en pareil cas parle plus haut que la nature.

Pythagore. Que vois-je ? Peine de mort contre le fils qui désobéit trois fois à son père.

Zoroastre. Sans doute.

Pythagore. Le Dracon des Grecs n'est pas plus sévère. Si cette loi me révolte, en voici une autre que j'approuve encore moins : Eh ! quoi ! tu enlèves aux pères la plus belle, la plus importante de leurs fonctions ; tu charges l'ordre sacerdotal de l'éducation de leurs enfans.

Zoroastre. C'est une loi de circonstance, de localité. Tant que le peuple, fidelle à l'étymologie de son nom, ne saura que faire des enfans, et sera dépourvu du talent de les élever, il faudra bien les confier à la surveillance des prêtres, les seuls en état de leur donner cette seconde existence.

Pythagore. J'aime beaucoup cette loi. «Jusqu'à cinq ans, le père et la mère ne doivent point apprendre à l'enfant ce que c'est que le bien et le mal, mais seulement le garantir de toute impureté... ».

J'effacerais, *jusquà cinq ans*. On ne saurait trop prolonger le sommeil de l'enfance. Passons à une autre loi.

Voilà donc où conduit ton culte du feu, que tu aurais dû borner à celui du Soleil. Tu te vois forcé de proscrire l'art du forgeron, si nécessaire dans les villes et même aux champs. Il te faut déclarer impur ce laborieux artisan, parce qu'il souille la flamme en y touchant.

Zoroastre. Dans la rédaction de mes lois, oublies-tu que je compte beaucoup sur le peu de logique du peuple. Rarement sa conduite répond aux principes religieux qu'il professe.

Pythagore. En ouvrant le livre de tes lois morales, j'y remarque un vice dans la division des devoirs de l'homme. Tu en distingues de trois classes : ce qu'il doit à Dieu forme la première. Mais ce n'est pas ici sa place. Comme bien d'autres, tu confonds les mœurs et le culte; et tu dois savoir qu'il y a moins de distance de la terre au soleil. La morale n'est pas la religion. Elles n'ont rien de commun entre elles. Il était digne de Zoroastre de consacrer ce grand principe, au lieu de renouveler une vieille erreur.

Zoroastre. Il n'en est pas temps. On a dû te le dire, puisque tu es initié.

Pythagore. Pendant combien de siècles encore comptez-vous donc prolonger l'enfance déjà si longue du genre humain ?

Zoroastre. Je t'en fais juge : d'ici, regarde autour de toi. Descends ! vas proposer au peuple de Babylone des lois morales toutes nues, sans leur donner une teinte de religion. C'est tout ce que tu pourrais hasarder dans les murs d'une petite cité. Et encore, je ne serais pas garant du succès, ni de leur durée.

Pythagore. Zoroastre ! je m'annoncerai pour le réformateur de mes semblables, quand j'aurai à leur apprendre quelque chose de mieux que ce qu'ils savent.

La Grèce est l'écho de l'Egypte ; l'Egypte l'est de l'Ethiopie ; l'Ethiopie de la Chaldée. Je n'entends par tout que les échos de la politique. J'espérais que ces murailles purifiées par Zoroastre, retentiraient des mâles accens de la vérité. Zoroastre, lui-même, qui semble braver les rois, semble aussi ménager les peuples.

ZOROASTRE. Oui, je ménage les peuples, autant pour leurs intérêts que pour ma gloire. C'est une loi commune, dictée par l'expérience de tous les pays et de tous les siècles. Tu seras quelque jour de notre avis.

PYTHAGORE. Jamais !

ZOROASTRE. La fréquence des prières et des ablutions a dû te paraître minutieuse dans mon code religieux ; vois le parti que j'en ai sçu tirer dans mes lois morales ; et en même temps remarques comme elles se prêtent un mutuel appui. Si je recommande à tout propos dans mon premier code, de prier et de se laver de ses souillures ; voici à quelle intention ; dès la première ligne de mon *Vendidad-sadé*, je prononce cette formule, la base de toute ma législation, formule que je fais répéter jusqu'à la satiété dans tous mes livres (1) :

« *Je prie avec pureté de pensées, de paroles et d'actions* ».

J'attache à cette loi fondamentale tous les biens qui touchent le plus l'homme ; non pas les biens vus dans l'avenir ; mais ceux qui sont sous notre main et à la portée de tout le monde :

(1) *Visbered.* card. 8. Izeschné. 19. ha.

la santé, de beaux enfans, une riche moisson, de gras troupeaux, et de longs jours; en un mot: le bonheur pour l'homme pur.

Toutes mes lois morales tournent sur ce pivot.

Le riche, vain de son opulence, est impur.

Une femme belle et vaine de sa beauté est impure.

Celui qui prononce légérement et sans le méditer, le nom du *Temps sans bornes* est impur.

Aucune loi civile n'atteint le menteur. Dans mon code moral (1), je déclare méprisable et vil, l'homme impur qui se permet le mensonge.

Une nation est impure, quand elle devient injuste et se livre aux violences. Pour la châtier, puisse s'asseoir sur sa tête un roi impur comme elle (2), c'est-à-dire, adonné au despotisme, et l'ennemi de l'abondance!

Le prince et le peuple sont impurs, quand on les voit d'accord tous deux pour s'adonner aux vices les plus honteux, pires encore que des sacriléges: alors, dans ce royaume, pour punition, tout diminue d'un tiers, les sources fraîches, les arbres fertiles, et les hommes sains, grands et pleins de gloire.

PYTHAGORE. Zoroastre! je rencontre un singulier correctif à tes lois: un prince, ou un homme du peuple qui ne s'énivre qu'une fois par an (3), ne cesse pas d'être pur.

ZOROASTRE. C'est parce qu'il faut qu'un législateur se relâche de temps à autre de sa sévérité, et aille au-devant du découragement.

---

(1) Sadder. *porta.* 67.
(2) Le IXe. ha de l'Izeschné. Vendidad-sadé.
(3) Hyde. ch. 34.

Je déclare impure une femme vivant avec deux hommes : et j'intéresse toute la nature à ce crime contre la continence. Si une telle femme jette la vue sur la superficie d'un fleuve, les eaux de ce fleuve deviennent troubles aussitôt. Si elle touche un arbre de sa main polluée, l'arbre tombe en poussière : les fleurs du gazon où elle s'asseoit se changent en épines. Dans des temps de calamité, le peuple prendra cette loi morale à la lettre. Il ne m'en faut pas davantage. J'ai rempli ma tâche.

PYTHAGORE. Ainsi, tu fais des lois avec des hyperboles orientales.

ZOROASTRE. Je taille le vêtement à la mesure du corps pour lequel il est destiné.

Cette idée de pureté morale dont je fais un devoir religieux, même aux époux dans le sein des jouissances, seconde la nature, et contribuera à la beauté des formes des générations à venir.

J'en suis tellement persuadé, que j'en ai fait une loi expresse que tu peux lire :

On ne pourra se livrer à l'acte conjugal, sans avoir dit neuf fois : (1)

« C'est le désir d'Ormusd que l'on fasse des œuvres pures ».

PYTHAGORE. Cet autre passage donne à réfléchir. Tu fais dire à Ormusd : « Je veux que l'humanité conduise au trône. Je n'établis roi que celui qui nourrit le malheureux ».

Zoroastre ! les tartufes politiques, les usurpateurs de couronnes ne s'y prennent pas autrement ; et tu sanctifies leurs pièges.

ZOROASTRE. Il sera toujours temps de les pu-

---

(1) Ieschts-sadès. §. XX.

nir quand ils quitteront ce masque. Pour le moment, honorons la vertu par tout où elle se trouve, et la vérité, même sur les lèvres de l'hypocrite. J'ai prévu ta difficulté. Je dis de pardonner les premières fautes d'un prince; s'il récidive, je ne veux pas qu'on récidive le pardon. Ce serait faiblesse. Ce serait s'entendre avec Arihman.

Je m'attends aux méprises inévitables du peuple. Je ne suis pas venu changer son caractère, mais seulement diriger ses passions. Je prévois donc qu'il se permettra ici ce qu'il fait en Egypte. Mon taureau céleste, ou plutôt solaire, et les autres constellations animaliformes deviendront pour lui des objets d'adoration. Il perdra l'ensemble de la nature, pour ne s'attacher qu'aux détails. Je l'y ramène, sans qu'il s'en doute, par cette loi physico-morale: « Faites en sorte de plaire au feu, de plaire à l'eau, à la terre, aux arbres, aux bestiaux, à l'homme pur, à la femme pure ».

Plaire au feu, par exemple, c'est en faire un usage raisonnable; mettre le feu à une grange, c'est souiller la flamme, en lui faisant commettre un crime. Il en est de même du reste.

Sage initié, je t'avoue que je suis content de moi, quand je relis ce dispositif de mon code.

PYTHAGORE. Je t'en félicite de même. Mais pourquoi prendre tous ces biais ? En a-t-on besoin pour persuader le peuple de la beauté du soleil ?

ZOROASTRE. Tu arrives d'une contrée qui le maudit (1). La sagesse nue est belle, mais froide.

───────────
(1) L'Ethiopie. Voy. ci-dessus, p. 297 de ce vol.

Il lui faut des atours. Une nation est une femme qui baille et s'endort à des préceptes de pure raison. Le moraliste et le législateur doivent savoir assaisonner d'un peu de poësie leurs graves documens.

PYTHAGORE. Où tout cela ménera-t-il? On finira par ne plus s'entendre.

ZOROASTRE. Pourvu que l'homme d'état s'entende bien lui-même, cela suffit.

PYTHAGORE. Voici une de tes lois qui ne souffre ni réclamation, ni exception (1) : « Le meilleur des gouvernemens est celui qui fertilise la campagne ». Mais celle-ci, ah, Zoroastre!.. (2) « Celui qui violera la loi, qu'on lui coupe le corps du haut en bas, avec un couteau de fer ! » -- Celui qui désobéit sans cesse à la loi, que son corps coupé à chaque jointure, expie sa faute ! »

ZOROASTRE. Songe donc que la loi est le bien de tous. La violer, c'est blesser les individus de tous ces millions d'hommes qui reposent à son ombre; c'est, comme Arhiman, vouloir tuer la nature, qui a servi de modèle à la loi. D'ailleurs, le coupable en connaissait toute la sévérité. Je ne lui en fais pas un mystère. Il sait d'avance à quoi il s'expose; et puisqu'il persiste, la rigueur du châtiment est justifiée. Loin d'être trop forte, cette loi pénale ne l'est pas assez, puisqu'elle n'a pas été capable d'arrêter le crime dans son germe. Mais qu'as-tu donc à sourire ?

PYTHAGORE. Est-ce bien toi, grave législateur,

---

(1) *Vie de Zoroastre*. Anquetil.
(2) Vendidad-sadé. farg. 4. *idem*. farg. 3.

qui a rédigé ce jugement (1) : « On pourra expier son crime, en donnant une jeune vierge pour épouse à un disciple fidelle de Zoroastre ».

Ainsi, le père ou le frère d'une Chaldéenne aimable, pourra se dire : « Parmi les crimes, choississons le plus avantageux; l'impunité m'est assurée d'avance : j'en serai quitte pour conduire ma fille ou ma sœur au plus jeune, au plus ardent des sectateurs de Zoroastre; il me renverra absous ». Cela est très-commode. Législateur, efface vîte ces trois lignes impures. Malheureux que je suis, s'écriera sur l'échafaud le criminel prêt à être scié en deux : pourquoi n'ai-je pas une sœur ou une fille vierge à donner aux fidelles de Zoroastre ?

Zoroastre. Cette loi ne m'appartient pas. Je l'ai trouvée parmi plusieurs autres de cette trempe; et lui ai donné place entre les miennes, pour servir de mesure à mon travail. Il est bon qu'on sache à quel point en étaient le culte et la législation, quand j'ai entrepris leur réforme. D'ailleurs, j'ai besoin de composer avec le mal pour affermir le bien. L'art de la nature est dans l'accord des contraires.

Pythagore. Je n'insiste point, sans être plus satisfait. Passons. Le même esprit, mais contenu dans de plus étroites limites, a dicté cette autre loi qui condamne le coupable opulent à donner un champ fertile, ou un troupeau au laboureur pauvre.

Zoroastre. J'ai pris l'idée de ce dispositif dans ce qui vient d'éprouver ton animadversion. Tu t'es hâté peut-être de me blâmer.

Considère en outre que je place au rang des

---

(1) Vendidad-sadé. farg. 14.

crimes soumis à l'action de la loi, une parole mal gardée. Par tout ailleurs, on ne punit que les actes écrits. Cette innovation avait besoin de quelque correctif.

PYTHAGORE. Tu estimes donc bien peu les hommes : celui qui nie sa dette, ou fausse sa promesse, est dans ton code, condamné aux courroies de peau de cheval ou de chameau. Le cheval et le chameau eux-mêmes ne subissent pas une autre peine, quand on en est mécontent. Pourquoi ravaler ainsi le genre humain, en l'assimilant à l'espèce animale ?

ZOROASTRE. Entre nous, Pythagore, je n'admets presque pas de différence entre la brute et le peuple. Je prononce les mêmes peines dans un cas semblable, aux animaux ainsi qu'aux hommes (1).

PYTHAGORE. Zoroastre, je t'avoue que n'ai pas le courage d'achever la lecture de tes lois criminelles ; les unes me répugnent, les autres me révoltent. Pour le moindre délit, des coups de verges, des oreilles coupées ; pour des faiblesses dûes au climat, ou au tempérament, le bûcher ou la croix. Tu lapides, tu haches en morceaux, pour des fautes graves, mais plus dignes de pitié ou de mépris, que de peines capitales.

ZOROASTRE. Quand tu connaîtras davantage les hommes, tu sentiras mieux la nécessité de ces mesures rigoureuses.

PYTHAGORE. Est-ce un crime de ne pas parler avec assez de respect à l'homme juste, de ne point partager son bien avec lui ?

ZOROASTRE. Si ce n'est pas un délit, c'est

---

(1) Vendidad-sadé, farg. 13.

la marque du moins d'une ame cadavéreuse et ouverte à tous les crimes.

PYTHAGORE. Je ne puis me faire à ce pénible détail de supplices. Je te le répète : si un conducteur de chameaux ou d'éléphans, transcrivait les régles de conduite qu'il observe à l'égard des quadrupèdes qui lui sont confiés, ce code serait bien moins cruel, bien moins avilissant, comparé à celui que Zoroastre rédige à l'usage des peuples.

ZOROASTRE. Est-ce ma faute, si les hommes en société sont bien moins raisonnables, bien plus mal-faisans que les autres animaux?

PYTHAGORE. Le genre humain te devra beaucoup de reconnaissance... Tu appliques les mêmes peines à l'animal et à l'homme (1), coupables l'un envers l'autre, et le peuple ne s'aperçoit pas du mépris poussé jusqu'à la dérision, que tu professes pour ta propre espèce.

ZOROASTRE. Bientôt, je veux qu'il me croye d'un ordre beaucoup au-dessus. Il le faut même. Le nom que je porte, et dont je lui suis redevable, signifie *astre vivant* (2).

PYTHAGORE. Tu fais donc du peuple ce que tu veux.

ZOROASTRE. A peu-près, et sans beaucoup de peine.

PYTHAGORE. Cela est pénible à entendre.

ZOROASTRE. Mais je veux me concilier avec toi, avant de nous quitter. Lis encore : Tu vois que je défends d'acheter des denrées dans sa propre ville, pour les y revendre ensuite avec

---

(1) Vendidad-sadé. farg. XIII.
(2) Naudé, *apologie des grands hommes.* VIII.
Eponymologium. Tob. magiri. *in*-4°. 1644.

gain. Je poursuis l'accapareur avide (1), le monopoleur sans entrailles, qui fait emplette de grains, et attend que leur prix hausse pour s'en défaire à son profit. Aucun législateur n'avait porté la vue dans ces ténèbres d'iniquité.

Pythagore. Cette dernière loi me semble belle et sage ; elle seule fera réussir les autres. C'est beaucoup, c'est tout pour un législateur d'avoir le peuple de son côté. Peu de législations le favorisent davantage que la tienne. Politiquement parlant, si tu avois eu les mêmes égards pour les femmes, tu aurais, à mon avis, beaucoup approché du but qu'on doit se proposer dans tout systême social.

Zoroastre. Les femmes, dis-tu ? Dans vos contrées occidentales, je leur aurais accordé un autre traitement.

Pythagore. Du moins fallait-il masquer un peu davantage tes intentions à cet égard. Je lis dans ton code : « Le matin, après avoir ceint le *Kosti* (2), l'épouse, debout devant son mari, et les mains croisées, lui dira : « Que désirez-vous que je fasse !.... » Puis, elle le saluera, en baissant le corps, et portant trois fois la main de son front à la terre, de la terre à son front ; puis, elle ira sur-le-champ exécuter ses commandemens ».

Zoroastre. Je ne changerai rien à ce dispositif de mes lois. Voilà mon opinion en deux mots : la femme et le peuple ne sauraient être dans une trop grande dépendance de l'homme et du sage.

---

(1) Vendjdad-sadé. farg. 15, 16.
(2) Anquetil, *traité des usages d Perses. in-*4°. 561, 552.

Pythagore. Et le prince, de qui doit-il dépendre ? De la loi, vas-tu me répondre. Je te répliquerai : c'est au nom de la loi, d'une loi réformée par Zoroastre, que Cambyse vient de commettre tous les forfaits en Egypte. Par suite de l'horreur que tu sçus lui inspirer pour le culte des animaux, par zèle pour une religion plus raisonnable, ce prince a envahi tout un empire, en a pillé les villes les plus riches, brisé les plus respectables monumens, et brûlé les prêtres dans leurs temples.

Zoroastre. Attends le règne de Darius pour porter un jugement sur ma réforme. Cambyse l'outre-passa. Il se modela sur Arhiman, le principe du mal : je me suis toujours annoncé, au nom d'Ormusd, le principe du bien.

Pythagore. Il est fâcheux que l'un de tes premiers disciples se soit montré usurpateur féroce, et que les prémices de ta législation religieuse ayent été de grands forfaits politiques.

Zoroastre. Pythagore, je t'ai déjà dit que le Temps sans borne accorde quelque milliers d'années à la lutte des bons et des méchans. Le bien obtint le dessus, il y a long-temps, lors de la première réforme, qui eut tant d'éclat sous l'ancien archimage dont j'ose prendre le nom. (1) Le mal à son tour semble avoir prévalu depuis jusqu'au trépas de Cambyse. Mais le nouveau monarque, le fils d'Hystaspe m'appelle auprès de son trône ; je veux te rendre le témoin du triomphe de la vérité en ma personne, en t'enmenant avec moi à Suse. Prépare-toi à ce voyage.

---

(1) Des historiens comptent plusieurs Zoroastres.

Pythagore. Aurais-je le temps de visiter les savans de la Chaldée (1)?

Zoroastre. Oui! Il est même à propos que tu les voyes, avant les mages de la Perse.

Je quittais Zoroastre.: il me retint par ma ceinture, pour me demander :

« Mais enfin, que dis-tu donc de l'ensemble de mes lois ?

Pythagore. Elles annoncent un homme qui ne s'occupe de ses semblables que pour les occuper de lui ; un homme qui a rêvé trop long-temps dans le creux des montagnes, et qui n'a pas assez étudié les ressources de la nature. Tes lois réussiront ; puisqu'elles sont la plupart assujettissantes, minutieuses, plus singulières que sages : la multitude aime cela. Pourtant si jamais les hommes cessent d'être peuples, Zoroastre cessera d'être législateur.

Zoroastre. Nous ne verrons pas cette révolution. Elle arrivera sans doute au renouvellement de la grande année. Encore une parole : Que penses-tu, que faut-il que je pense de Babylone? J'ai besoin de le savoir.

Pythagore. Je ne l'ai, pour ainsi dire, que traversée, pour parvenir jusqu'à toi. Tu pourrais l'appeler le chef-lieu de la puissance de ton Arihman : c'est le Tartare pour un million d'hommes ; c'est l'Elisée pour quelques centaines de leurs semblables. Si tu ne connais pas cette grande ville, elle te rend bien la pareille. Elle n'a pas daigné s'informer de toi. Le génie et la vertu ne lui semblent pas dignes de son attention. Les derniers rangs et les

---

(1) *Regio altrix philosophiae veteris.*
Ammian. Marcel. XXIII. 20.

classes opulentes sont également étrangers à tout ce qui est grand, à tout ce qui est pur. Les premiers citoyens de Babylone, c'est-à-dire les riches et les hommes en place y professent le mépris le plus marqué pour le talent, pour la science, et pour les saintes mœurs.

Zoroastre. S'y trouve-t-il quelques personnages éclairés?

Pythagore. L'homme simple, ami de la sagesse et de la vérité, s'il craint le ridicule, doit y vivre inconnu, et loin de toutes fonctions publiques. On l'accable de dégoût et d'outrages. Les autres savans, dont on parle, sont encore plus vils que les protecteurs dont ils baisent les genoux. On les entend chaque jour prostituer la louange aux magistrats sans justice et sans capacité qui gouvernent la Babylonie.

Ce n'est pas le soleil, ce n'est pas même Vénus qui sert ici de Divinité. Le luxe en est le seul Dieu. On lui sacrifie tout, honneur, famille et patrie; tout un million d'hommes vend son existence aux riches pour entretenir leur vanité. Faste et insolence stupides d'une part; abnégation et misère de l'autre; voilà Babylone. C'est l'endroit de la terre le plus méprisable et le plus révoltant. C'est la ville des paons et des pourceaux.

§. XCVI.

DE PYTHAGORE. 465

§. XCVI.

Quelques détails sur l'astronomie babylonienne.

ZOROASTRE me remit entre les mains d'un prêtre chaldéen nommé Bérose, servant d'interprète aux étrangers. Bérose (1) me fit parcourir tout l'intérieur de la tour de Bélus et m'arrêta sous un long portique dont la voûte peinte en azur et en or (2) offre de relief toutes les constellations, et l'ensemble exact et complet de tout le système planétaire. Les parois de cette galerie astronomique sont recouverts de tableaux faits à l'aiguille (3), représentant les révolutions célestes sous l'emblème d'événemens héroïques : j'y reconnus les originaux de la plupart des demi-Dieux qu'Hésiode et Homère ont chantés, et que la Grèce adore.

On me montra aussi l'œil de Bélus; pierre précieuse (4) qui ressemble à la prunelle de l'œil, entourée d'un cercle jaune, couleur d'or. Cet objet sacré sert de symbole au soleil, la première et peut-être la seule véritable Divinité de tout l'orient.

Bérose me fit entendre qu'il me serait permis de transcrire sur mes tablettes les caractères

---

(1) Sénèc. *quaest. nat.* 7.
(2) Liv. I. ch. 18. de la *vie d'Apollonius de Thianes*, par Philostrate.
(3) Des tapisseries.
(4) Plin. *hist. nat.* XXXVII. 10.

Tome II. Gg

de la colonne *d'Acicaros* (1) fameux mage de la Babylonie. Je laissai à d'autres ce soin. (2) Tous ces secrets astrologiques nuisent plutôt qu'ils ne profitent aux vérités naturelles. On abuse étrangement de cette correspondance du ciel à la terre.

Bérose me montra ensuite le dépôt des grandes tables de brique (3) où sont gravées les annales babyloniennes dont la rédaction est confiée aux astronomes de la Chaldée, afin d'établir une concordance suivie entre les événemens de la vie des grands hommes, auteurs des révolutions politiques, et les mouvemens des corps célestes : rapports qui demandent beaucoup de sagacité pour être saisis. Mais il est certain que le chaud et le froid de l'atmosphère ont une influence marquée sur les actions humaines. Les magistrats devraient chaque matin consulter le tableau exact des variations de l'air. Le vice et la vertu ne sont pas toujours au choix libre des hommes. La cause première de beaucoup de choses qui se passent sur ce globe terrestre est écrite à la voûte du ciel.

Cette suite d'observations remonte très-haut. Ainsi, le système religieux et le système social coïncident avec celui des astres ; et c'est pour

---

(1) Clement Alex. *strom.* I.

(2) Démocrite prit cette peine. Voy. Plin. *hist. nat.* chap. de la *magie*.

(3) Epigène, écrivain du premier mérite, enseigne que chez les Babyloniens (ou la Chaldée babylonienne), les observations astronomiques de sept cent vingt années, étaient gravées sur des briques, *coctilibus laterculis inscriptas* ; d'où il paraît qu'on a de tout temps fait usage des lettres.

Plin. *hist. nat.* VII. 56. traduct. de Poinsinet.

cela que les Chaldéens furent en même temps astronomes, prêtres et hommes d'état. La tour de Bélus sert tout à la fois de temple au soleil et de palais à la science astrale.

Je fis à Bérose une remarque qui me surprit moi-même et l'embarrassa beaucoup. Il me montrait des calculs qui se perdent dans des époques bien antérieures à celles consacrées par l'histoire. Je lui en demandai la solution qu'il ne pût me donner. «Pardonne, lui dis-je. Mais les Chaldéens ne seraient-ils que des dépositaires? Je ne vois pas que vous ayez beaucoup ajouté aux découvertes qui vous ont été transmises ; vous avez même de la peine à les entendre et à me les expliquer. Il est peu naturel qu'en cultivant le grand arbre des connaissances humaines, on n'y ajoute point quelques branches. Les neveux devraient, ce semble, en savoir plus que leurs ancêtres.

Les Chaldéens distinguent deux années, l'une civile de trois cent soixante-cinq jours et six heures ; l'autre positive, à laquelle ils ajoutent onze minutes, et quelques secondes, en conformité au mouvement des étoiles fixes (1). Ils prétendent que les comètes appartiennent au système planétaire ; et ils se vantent d'en connaître la marche assez bien pour annoncer l'époque précise de leur retour (2).

L'Égypte tient d'eux le zodiaque (3), qu'ils divisèrent les premiers en douze signes, dont ils firent autant de Dieux pour le peuple. Si

---

(1) Montucla. *hist. des mathém.* tom. I. *in-4°*.
(2) Stobée. *eclog.* 25.
(3) *Tradidit Egyptis Babylon, Egyptus achivis.*
            Ancien vers latin proverb.

quelque chose mérite un culte sur la terre, sans doute ce sont les phénomènes du ciel.

Le soleil et la lune servent de mesure au temps sans bornes. L'un décrit la révolution d'une année, l'autre d'un mois, selon leur degré de vîtesse. L'un éclaire par lui-même, l'autre emprunte la lumière qu'elle verse sur les voiles de la nuit, et cette lumière s'éclipse, quand le disque de la lune vient à se perdre dans l'ombre du globe terraqué.

Nous avons cherché, me dit le savant Bérose, un moyen pour connaître la grandeur de la terre. Ils nous est presque démontré qu'un homme qui réglerait son pas sur le mouvement des rayons du soleil, paracheverait avec lui le tour du globe dans une année (1).

Bérose me montra la grande coudée chaldéenne qui servit d'original au nilomètre, mesurée sur une échelle de proportion au-dessus de la stature humaine d'aujourd'hui ; ce qui recule le berceau des hommes primitifs dans une profondeur à laquelle nous ne pouvons plus remonter. Ce qui semblerait aussi prouver notre dégénération ; nos premiers pères surpassaient leurs enfans en hauteur de corps comme en vertus, et même en lumières. Cette mesure antique sert d'élémens à deux sortes de stades, calqués sur les deux sortes d'années : l'astronomique et le civil.

On me fit voir encore deux instrumens d'autant plus ingénieux, qu'ils sont moins compliqués. On les appellent, l'un *le Pôle* (2), espèce

---

(1) Achille Tatius, *uranolog*. 26. Voy. Cassini.
(2) Bailly, *hist. de l'astr. ancienne*. in-4°.

d'héliotrope servant à montrer les conversions du soleil.

L'autre, est le gnomon déjà si connu.

Bérose, d'après ses maîtres, prétend que le soleil est, de tous les corps célestes, celui dont on tire le plus de prognostics pour les grands événemens sublunaires (1). C'est l'un des cinq astres interprètes qui commandent à trente étoiles. L'une d'elles, de dix jours en dix jours, est envoyée par les cinq planètes sur la terre, pour leur apprendre ce qui s'y passe, ou pour y intimer leurs ordres.

A en croire les savans de Babylone, l'influence des astres sur la naissance et la vie de l'homme est immédiate et nécessaire. L'observation de leurs aspects divers fait connaître les biens et les maux qu'il doit espérer ou craindre. Ils prédisent l'avenir avec une justesse frappante. Hors du zodiaque, ils déterminent vingt-quatre constellations, dont douze visibles dominent sur les vivans ; les douze qu'on ne peut voir, servent à juger les morts.

A ce sujet, je demandai à Bérose s'il continuait de me parler comme prêtre ou comme astronome.

BÉROSE. Tu te récrierais donc bien davantage, si je te disais que nous possédons une suite non interrompue d'observations depuis près de quatre cent soixante-treize mille années.

Si nous ne pouvons pas le prouver mathématiquement, qui osera prendre sur lui de nous contester cette prétention avantageuse au progrès de la science ? Personne jusqu'à présent ne m'a nié que la lune ne soit comme une

---

(1) Diod. sic. lib. II. *bibl.*

boule, ayant une moitié lumineuse, et l'autre moitié d'un bleu de ciel, qui se fond dans l'azur du firmament. C'est avec cette image que j'explique au peuple les phases de l'astre des nuits. Pour rendre palpable son immersion, nous plongions cette masse sphérique dans la superbe coupe de Sémiramis (1), que le grand Cyrus nous a enlevée.

PYTHAGORE. Vos quatre cent soixante-treize mille années n'ébranlent pas la foi que je porte à vos observations; il reste démontré pour moi votre droit d'aînesse sur tous les peuples existans. J'en infère aussi que la science des astres et l'art des caractères écrits (2), ont laissé des monumens antérieurs à ceux de la politique; et ce résultat est honorable et satisfaisant pour l'esprit humain.

Zoroastre que tu quittes, me dit Bérose, en me reconduisant, s'est acquis à cet égard un double titre à notre reconnaissance. Avant d'embrasser la profession de législateur de l'Orient, il fut le premier qui consacra dans des montagnes voisines de la Perse, un antre à Mithra (3). L'ayant partagé en divisions géométriques, qui représentent les climats et les élémens, le premier, il imita, dans un petit espace, l'ordre et la disposition de l'univers. Nouveau Mithra, il fit un monde; du moins, il en composa une image en relief, propre à en faire comprendre l'arrangement. C'est à quoi Zoroastre consacra ses loisirs pendant sa

---

(1) Cratère, du poids de quinze talens d'Egypte. Plin. *hist. nat.* XXXIII. 3.
(2) Plin. *hist. nat.* VII. 56.
(3) Eubulus, cité par Porphyre.

retraite ; il se prépara au système social qu'il édifie en ce moment, en recontruisant de ses mains le méchanisme universel des êtres.

PYTHAGORE. Les Hiérophantes de Thèbes s'occupent des mêmes objets dans les souterrains de leurs temples (1).

Bérose me fit ses adieux, un peu piqué de mon observation.

---

(1) Synnesius. *in calvit.*

Fin du second Volume.

www.ingramcontent.com/pod-product-compliance
Lightning Source LLC
Chambersburg PA
CBHW072128220426
43664CB00013B/2172